# 钢铁表面化学镀镍技术

赵 丹　万德成　徐 博　著

北 京
冶金工业出版社
2020

# 内 容 提 要

本书介绍了化学镀镍技术在钢铁领域的应用、镀层沉积机理和镀层耐腐蚀行为，具体包括钢铁表面化学镀镍工艺过程和性能表征，及其在海洋环境中的腐蚀机理和耐蚀性，化学镀 Ni-Zn-P 三元合金镀层的沉积机理及其在海洋环境中的腐蚀行为，钢铁表面化学复合镀技术，化学镀镍废液的处理和再生利用。本书内容侧重基础理论研究和解决实际问题相结合，具有一定的理论价值和实用价值。

本书可供钢铁腐蚀与防护领域和化学镀领域的研究、生产、设计和教学人员参考与使用。

**图书在版编目 (CIP) 数据**

钢铁表面化学镀镍技术/赵丹，万德成，徐博著. —北京：冶金工业出版社，2017.7 （2020.1 重印）

ISBN 978-7-5024-7510-9

Ⅰ.①钢… Ⅱ.①赵… ②万… ③徐… Ⅲ.①钢—化学镀—镀镍 Ⅳ.①TG142

中国版本图书馆 CIP 数据核字 （2017） 第 108047 号

出 版 人 陈玉千
地 址 北京市东城区嵩祝院北巷 39 号 邮编 100009 电话 (010)64027926
网 址 www.cnmip.com.cn 电子信箱 yjcbs@cnmip.com.cn
责任编辑 常国平 美术编辑 吕欣童 版式设计 孙跃红
责任校对 李 娜 责任印制 李玉山
ISBN 978-7-5024-7510-9
冶金工业出版社出版发行；各地新华书店经销；北京虎彩文化传播有限公司印刷
2017 年 7 月第 1 版，2020 年 1 月第 2 次印刷
169mm×239mm；12.75 印张；248 千字；193 页
**45.00 元**

冶金工业出版社 投稿电话 (010)64027932 投稿信箱 tougao@cnmip.com.cn
冶金工业出版社营销中心 电话 (010)64044283 传真 (010)64027893
冶金工业出版社天猫旗舰店 yjgycbs.tmall.com
（本书如有印装质量问题，本社营销中心负责退换）

# 前　言

钢铁在工业中有着广泛的应用，但是世界上每年因腐蚀而损失掉的钢铁材料占总钢铁产量的 1/5 左右，对现代经济发展造成了严重的破坏，有时候甚至可能危及人民的生命安全。

21 世纪是海洋的世纪，海洋科技和工业的发展已引起了各个国家的重视，在海洋开发过程中，钢材起着至关重要的作用。普碳钢及低合金钢因价格低廉、强度高、加工工艺性能好、使用经验丰富，因此在海洋环境中是应用最广泛的材料，占海洋用金属材料的 80%以上。海水是天然的强电解质，其成分大部分是以氯化钠为主的氯化物，含盐量一般为 3.5%，还含有各种微生物以及腐化的有机物等。海水具有很强的腐蚀性，大多数金属和合金在海水中会遭到不同程度的腐蚀。海水对金属材料的腐蚀会缩短材料的使用寿命，大大增加了产品设施的维护成本，存在安全隐患，甚至造成严重的工程事故。为了更好地利用海洋资源，开发先进的防腐耐污材料，提高金属材料在海洋环境中的使用性能已经成为当今材料科学领域的热门话题。

近年来，化学镀技术受到国内外越来越多的关注和重视，在表面处理行业中的地位日益提高，该项技术在电子、计算机、机械、交通运输、能源、化学化工、航空航天等各个工业部门获得了广泛的应用，是目前发展最快的表面处理技术之一。化学镀镍能改善钢铁表面的耐蚀性、耐磨性、可焊性，使镀件获得良好的性能，因此广泛应用于军事、汽车、航空航天等领域。化学镀镍已在电子、计算机、机械、交通运输、能源、石油天然气、化学化工、航空航天、汽车、矿冶、食品机械、印刷、模具、纺织、医疗器件等各个工业部门获得广泛的应用。如按化学镀镍的基材分类，市场占有量最大的基材是碳钢和铸铁，约71%；铝及有色金属占20%；合金钢占6%；其他（塑料、陶瓷等）仅占3%。

目前钢铁表面化学镀类型虽然很多，但是随着科技的发展和对钢铁表面高性能需求，开发新的复合材料化学镀和研制高性能的化学镀层是今后发展方向之一。尽管国内外研究者在钢铁表面化学镀已有不少的研究成果，但是其还存在许多问题，如镀液不稳定、废液污染、镀层结合强度低、镀速慢等，所以研发新配方、废液净化、提高镀速是目前钢铁表面化学镀需要解决的重点问题。

本书是作者根据十多年研究工作所取得的研究成果而撰写的，介绍了化学镀镍技术在钢铁领域的应用、镀层沉积机理和镀层耐腐蚀行为，详细介绍钢铁表面化学镀镍、化学镀 Ni-Zn-P 三元合金镀层和钢铁表面化学复合镀技术的沉积机理及其在海洋环境中的腐蚀行为。全书共8章，第1章由万德成著，第3、8两章由徐博著，其余章节由赵丹著，并进行统稿。本书在写作过程中得到了华北理工大学冶金与能源学院各位老师和研究生李羚、李子潇、杨立根和徐旭仲的帮助，特此表示感谢！

由于作者水平所限，书中难免存在不足，敬请广大读者给予批评、指正。

作　者

2017 年 3 月于华北理工大学

# 目　录

# 1  绪  论

## 1.1  化学镀的定义、种类和应用

化学镀又称为自催化镀或者无电解镀，用英文可表示为 electroless plating、nonelectrolytie 或者 autocatalytic plating。化学镀是指在没有外加电流通过的情况下，利用化学方法使溶液中的金属离子还原为金属并沉积在基体表面，形成镀层的一种表面加工方法，也称为不通电镀。化学镀反应过程是一种自催化的化学反应过程，实质是氧化还原反应，这一过程中，虽然无外加电源提供金属离子还原所需的电子，但仍有电子的转移[1,2]。

在水溶液中，金属离子发生沉积一般是按 $M^{n+} + ne \rightarrow M$ 的还原方式进行，式中 $n$ 是价电子数。化学镀沉积方法分为三种：（1）置换沉积。将还原性较强的金属（基材、待镀的工件）放入另一种氧化性较强的金属盐溶液中，还原性强的金属是还原剂，它给出的电子被溶液中的金属离子接收后，在基体金属表面沉积出溶液中所含的金属离子的金属涂层。（2）接触沉积。将待镀金属工件与另一种辅助金属接触后浸入沉积金属盐的溶液中，辅助金属的电位应低于沉积出的金属电位，两者构成原电池，辅助金属作为阳极放出电子，金属工件作为阴极就会沉积出溶液中金属离子还原出的金属层。（3）还原沉积。在溶液中添加还原剂，由它被氧化后提供的电子沉积出金属镀层。目前化学镀最主要的沉积方法就是还原沉积[3]。

化学镀技术由于获得的镀层通常具有较好的硬度及耐磨性，已经广泛应用在工业生产中。镀液采用次磷酸钠作为还原剂时，化学镀镍按 pH 值可分为酸性和碱性两类，按磷的含量多少可以分为低磷、中磷和高磷三类[2]，目前国内外最常用的是酸性化学镀工艺[4]。化学镀镍按照镀液的酸碱性分类可分为中性槽类型、苛性碱槽类型、酸性槽类型，还有氨槽。酸性槽液的 pH 值为 4~5，镀速快、槽液稳定，而且镀层的耐磨性、耐蚀性和热稳定性都是化学镀层中最优秀的；氨槽通常用于塑料件的化学镀镍；苛性碱槽主要优点是操作时无氨气臭味，但是镀层内应力比较大。

化学镀的种类很多，其中 Ni-P 化学镀是最常用的一种化学镀。Ni-P 镀层为非晶态合金镀层，具有好的耐蚀性、耐磨性、可焊性、高硬度、高导电性等特点，已经被广泛应用于航空、汽车、计算机、电气、机械、化工、冶金、石油等

领域中[5]。Ni-P 镀层早在 20 世纪 40 年代就已研制成功[6]。经过几十年的努力，Ni-P 镀层制备已成为一种比较成熟的技术，解决了如镀液分解、镀液工艺稳定性、镀层组织结构、镀层的各种性能测试、热处理对镀层的影响等多方面的问题。制备 Ni-P 镀层的方法主要有三种：化学镀、电镀及电刷镀。化学镀即以镍盐、次亚磷酸盐为主盐，辅以络合剂、稳定剂、促进剂、添加剂等配制成镀液，调整好各种工艺参数，如主盐、辅盐浓度、pH 值、温度，使镀液中镍盐的镍阳离子还原，同时次亚磷酸盐分解，产生磷原子进入镀层，形成过饱和的镍磷固溶体。化学镀的优点是可以在任何复杂形状的基体上得到均匀厚度的合金薄膜，并具有经济、能耗低和操作方便的特点[7]。

航空航天工业中很多时候要求材料质量轻，铝合金具有较好的强度而且材质轻，在航空航天领域中得到较多的应用，经化学镀镍表面强化后不仅耐蚀性提高，耐磨性也得到提高而且可焊。由于化学镀镀层通常比较均匀，在形状复杂的工件上优势尤为突出，基于以上优点汽车工业中广泛地利用化学镀，如应用化学镀工艺对齿轮散热器进行保护，同时镀层还具有很好的钎焊性。在化学工业中化学镀也得到广泛的应用，对大型反应容器的内壁保护，在阀门制造业应用广泛，油田采油和输油管道设备广泛地采用化学镀镍来保护输油管道。化学镀技术在军事工业上也得到了广泛应用，飞机弹射机罩常用化学镀保护。食品加工行业及电子和计算机工业中化学镀也有着广泛的潜在市场[2]。根据不同的需求，人们在 Ni-P 化学镀基础上逐渐开发出三元化学镀以及复合镀，由于 Ni-W-P 化学镀层具有更高的硬度及更好的耐蚀性能，近年来得到广泛的研究。

## 1.2 化学镀的特点

化学镀具有性能稳定、用途广泛、技术成熟等很多的优点，使得化学镀在表面工程技术领域有着不可替代的地位。化学镀工艺与其他表面处理技术相比，具有相当优异的特点[8,9]。

（1）化学镀层的厚度特别均匀，表面平整、光亮，无论零件形状多么复杂，化学镀液的分散能力都能接近 100%，使得镀件每一部分都能充分接触镀液，无明显边缘效应，所以能使具有锐角、锐边的零件以及平板件上的各点厚度基本一致。此外，在深孔件、盲孔件、腔体件的内表面，也能获得与外表面同样的厚度。这个特点对尺寸精度要求高的零件进行化学镀有利。并且镀液中各处的浓度相当，适用于在复杂零件表面施镀，这是电镀所不能做到的，这也是化学镀在工业界应用较为广泛的原因之一。

（2）化学镀不仅仅适用于金属表面，经过一定的处理手段还可以在非金属表面进行施镀，如通过对塑料、玻璃、陶瓷等非金属材料敏化或者活化处理后，便可以通过化学镀的方法对表面施镀。化学镀施镀对象较为广泛，所以深受学术界和工业界人士的青睐。

（3）化学镀工艺设备简单，一般只需一个恒温磁力搅拌器或者恒温水浴锅配备一个搅拌器即可，把镀件预处理好后，只需正确地悬挂在温度达到预定值的镀液里即可，不像电镀需要直流电机、输电系统等一系列的控制设备操作；并且化学镀的生产效率高，很适合一些小型企业进行批量生产。

（4）化学镀层结合力好，与通常的碳钢、铜等基体结合较好，镀层呈光亮或半光亮的银白色外观，晶体细，由于高磷镀层具有非晶态结构，因此镀层致密、孔隙率低，通过化学镀层还可以使材料具有某些特殊的物理化学性能。同时化学镀还具有稳定性好的特点，如无论在大气还是海洋环境中，化学镀镍层的化学稳定性都高于电镀镍层，因而化学镀镍层在化学稳定性方面更具有实用性。

（5）化学镀层的耐蚀性能好，与不锈钢相比在许多腐蚀介质中表现出优良的耐蚀性能。

（6）化学镀与电镀相比对环境的污染较小，因为化学镀所选用的镀液成分都是食品级别的，如苹果酸、乳酸、柠檬酸等。随着人们现在环保意识的增强，因此化学镀在表面处理方面得到了较为广泛的关注和应用。

化学镀镍镀层，有一些不同于电沉积的特性[2]：

（1）硬度高、耐磨性良好。电镀镍层的 HV 硬度值仅为 160~180，而化学镀镍层的 HV 硬度值一般为 400~700，经适当热处理后，还可以进一步提高到接近甚至超过铬镀层的硬度，故耐磨性良好，更难得的是化学镀镍层兼备了良好的腐蚀与耐磨性能。

（2）采用次亚磷酸盐作为还原剂时，由于有磷析出，发生磷与镍的共沉积，因此化学镀镍层是磷呈弥散态的镍磷合金镀层，镀层中磷的质量分数为 1%~15%，控制磷含量得到的镍磷镀层致密、无孔，腐蚀性能远优于电镀镍。

（3）化学稳定性高、镀层结合力好。在大气中以及在其他介质中，化学镀镍层的化学稳定性都高于电镀镍层的化学稳定性。与通常用的钢铁、铜等基体结合力良好，结合力不低于电镀镍层。

（4）由于化学镀镍层磷含量的不同及镀后热处理工艺的不同，镀镍层的物理化学特性，如硬度、抗腐蚀性、耐磨性、电磁性等具有丰富多彩的变化，是其他镀种少有的。所以，化学镀镍的工业应用及工艺设计具有多样性和专用性的特点。

（5）钎焊性能好。

与其他技术一样，化学镀自身也存在一些缺点，如下所述：

（1）化学镀与电镀相比，镀液的稳定性差，组成复杂，镀液的维护、调整和再生比较麻烦，材料成本较高。

（2）化学镀的沉积速率较慢。

（3）化学镀过程中虽然不需要电能或者需要很少电量，但是需要一定程度的能量来保持镀液的温度恒定。

（4）理论上镀层的厚度应该是无限制的，但是实际操作时，镀层的厚度受到限制，很难镀厚。

（5）化学镀层的光亮性比装饰性电镀层差。

## 1.3 化学镀镍机理

化学镀镍是镀液中氧化剂与还原剂在催化表面催化作用下发生的一种自催化的氧化还原反应过程，利用次磷酸钠、硼氢化钠等还原剂在基体催化作用下将主盐中 $Ni^{2+}$ 还原为单质形态，随之沉积到施镀工件表面形成化学镀镀层的过程。究其本质，化学镀是不需要额外增加电场的电化学反应过程[1]。一般情况下满足以下几方面条件，化学镀工艺才可以实现，才可以在试样表面制备化学镀镀层。

（1）试样材料应该有催化活性，陶瓷、塑料等非金属材料需要通过特殊的前处理及敏化工艺使材料表面能够催化化学镀沉积反应进行。

（2）化学镀过程中，镀液应该在试样的催化表面进行而不能自发地发生氧化还原反应，防止镀液发生自行分解反应使施镀过程失败。

（3）化学镀过程应该可以人为地通过改变镀液 pH 值、温度等因素来控制化学镀自催化沉积过程进行。

对于化学镀原理的探索，主要是以还原剂次亚磷酸盐为主的化学镀镍反应。随着化学镀镍工艺的出现，科研工作者对化学镀镍原理的探索从来没有停止过，但目前化学镀镍原理依旧不是十分清楚。

目前，化学镀 Ni-P 合金有 5 种机理，即原子氢态理论、氢化物传输理论、电化学理论、羟基-镍离子配位理论、歧化反应理论。

### 1.3.1 原子氢态理论

原子氢态理论是由 Guitzeit 在前人工作的基础上提出的。由于 Ni 的沉积需要在催化活性表面上进行，因此还原剂 $H_2PO_2^-$ 必须在催化及加热条件下水解放出原子氢，或是由 $H_2PO_2^-$ 催化脱氢产生原子 H，即：

$$H_2PO_2^- + H_2O \xrightarrow{\text{催化加热}} H_2PO_3^{2-} + 2H_{ad} + H^+ \qquad (1\text{-}1)$$

$$H_2PO_2^- \xrightarrow{\text{催化}} PO_2^- + 2H_{ad} \qquad (1\text{-}2)$$

$Ni^{2+}$ 的还原就是由活性金属表面上吸附 H 原子（活泼的初生态原子 H）释放出电子而实现，$Ni^{2+}$ 吸附电子后立即还原成金属 Ni 沉积在工件表面。

$$Ni^{2+} + 2H_{ad} \longrightarrow Ni + 2H^+ \qquad (1\text{-}3)$$

原子氢态理论又进一步对 P 的沉积和 $H_2$ 析出做出了解释：次磷酸根被原子

H 还原出 P，或自身发生氧化还原反应沉积出 P，即：

$$H_2PO_2^- + H \longrightarrow H_2O + OH^- + P \tag{1-4}$$

$$3H_2PO_2^- \xrightarrow{催化加热} H_2PO_3^{2-} + H_2O + 2OH^- + 2P \tag{1-5}$$

$H_2$ 析出既可以由 $H_2PO_2^-$ 水解产生，也可以由初生态氢原子合成，即：

$$H_2PO_2^- + H_2O \xrightarrow{催化加热} H_2PO_3^{2-} + 2H_2 \tag{1-6}$$

$$2H_{ad} \longrightarrow H_2 \tag{1-7}$$

上述所有化学反应在 Ni 沉积的过程中均同时发生，单个反应速度则决定于镀液组成、使用周期、镀液温度及其 pH 值等条件。

式（1-4）～式（1-7）解释了化学镀 Ni 得到 Ni-P 的原因，由于式（1-4）和式（1-5）反应速度远低于式（1-6）的反应速度，所以合金镀层中 P 含量在 1%~15% 变动，同时伴随着大量 $H_2$ 析出。提高镀液酸度，降低 pH 值可增加式（1-4）和式（1-5）的反应速度、降低式（1-3）的反应速度，使镀层中 P 含量上升。

用以上反应式也可以对 Ni-P 合金镀层的层状组织做初步解释，反应式（1-4）和式（1-5）产生的 $OH^-$ 将使镀层/镀液截面上 pH 值增加，pH 值上升有利于提高式（1-1）和式（1-3）的反应速度，产生的 $H^+$ 又使 pH 值下降，式（1-4）和式（1-5）的反应速度又会使 pH 值上升。如此循环波动，导致镀层中 P 含量发生周期性波动。

原子氢态理论认为真正的还原物质是被吸附的原子态活性氢，而非还原剂 $H_2PO_2^-$ 同 $Ni^{2+}$ 直接作用，但 $H_2PO_2^-$ 是活性氢的来源。$H_2PO_2^-$ 不仅仅释放出活性氢原子，它还分解形成 $H_2PO_3^-$、$H_2$ 及析出 P，因而还原剂 $NaH_2PO_2 \cdot H_2O$ 的利用率只有 30%~40%。

原子氢态理论之所以普遍被人们接受，就是因为它不仅较好地解释了 Ni-P 的沉积过程，同时还体现出反应过程中的氧化还原特性。

### 1.3.2　氢化物传输理论

氢化物传输理论认为，次磷酸根的行为与硼氢根离子类似，$H_2PO_2^-$ 分解时并不释放出原子态氢，而是放出还原能力更强的氢化物离子（氢的负离子），即 $H_2PO_2^-$ 只是 $H^-$ 的供体。$Ni^{2+}$ 被 $H^-$ 还原。酸性介质中 $H_2PO_2^-$ 在催化表面上与水反应。

在酸性介质中：

$$H_2PO_2^- + H_2O \xrightarrow{催化} H_2PO_3^- + H^+ + H^- \tag{1-8}$$

在碱性介质中：

$$H_2PO_2^- + 2OH^- \xrightarrow{\text{催化}} H_2PO_3^{2-} + H_2O + H^- \tag{1-9}$$

$Ni^{2+}$ 被 $H^-$ 还原：

$$Ni^{2+} + H^- \longrightarrow (Ni + H + 2e) \longrightarrow Ni + H_2 \tag{1-10}$$

$H^-$ 同时可以和 $H_2O$ 或 $H^+$ 反应：

酸性：

$$H^+ + H^- \longrightarrow H_2 \tag{1-11}$$

碱性：

$$H_2O + H^- \longrightarrow H_2 + OH^- \tag{1-12}$$

对 P 的共析反应为：

$$2H_2PO_2^- + 6H^- + 4H_2O \longrightarrow 2P + 5H_2 + 8OH^- \tag{1-13}$$

### 1.3.3 电化学理论

电化学理论认为，$Ni^{2+}$ 被 $H_2PO_2^-$ 还原沉积出 Ni 的过程是由阳极反应次磷酸根还原剂的氧化和阴极反应 $Ni^{2+}$ 被还原为 Ni 两个独立部分所组成的，并由它们的电极电位来判断反应过程。

阴极反应：

$$H_2PO_2^- + H_2O \longrightarrow H_2PO_3^{2-} + 2H^+ + 2e \quad E_a^0 = -0.5V \tag{1-14}$$

阳极反应：

$$Ni^{2+} + 2e \longrightarrow Ni \quad E_c^0 = -0.25V \tag{1-15}$$

$$2H^+ + 2e \longrightarrow H_2 \quad E_c^0 = 0V \tag{1-16}$$

$$H_2PO_2^- + 2H^+ + e \longrightarrow P + H_2O \quad E_a^0 = -0.25V \tag{1-17}$$

电化学机理能较好地解释 Ni 沉积的同时析出 $H_2$、$Ni^{2+}$ 浓度对反应速度有影响等问题。

### 1.3.4 羟基-镍离子配位理论

羟基-镍离子配位理论认为，$H_2PO_2^-$ 真正起到了还原剂的作用，其根本在于 $Ni^{2+}$ 水解后形成 $NiOH_{ad}^+$。水在催化剂表面上离解：

$$H_2O \xrightarrow{\text{催化}} OH^- + H^+ \tag{1-18}$$

$OH^-$ 与溶剂化的 $Ni^{2+}$ 与 $H_2PO_2^-$ 反应生成 $NiOH_{ad}^+$ 吸附在催化活性表面，再进一步还原为 Ni：

$$NiOH_{ad}^+ + H_2PO_2^- \longrightarrow Ni + H_2PO_3^{2-} + H \tag{1-19}$$

H 原子来源于 $H_2PO_2^-$ 中 P—H 键，两个 H 原子反应生成 $H_2$：

$$H + H \longrightarrow H_2 \tag{1-20}$$

同时在 Ni 的催化表面上直接反应生成 P，并与 Ni 共沉积：

$$Ni_{cat} + 2H_2PO_2^- \longrightarrow 2P + NiOH_{ad}^+ + 3OH^- \tag{1-21}$$

有关实验发现，能被 $H_2PO_2^-$ 还原的 Cu、Ag、Pd 等金属发生沉积时镀层中并不含 P，这说明金属本身性质对沉积过程起着决定性作用。

### 1.3.5 歧化反应理论

$$H_2PO_2^- + OH^- \longrightarrow H_2PO_3^{2-} + 1/2H_2 + P \tag{1-22}$$

以上理论中的原子氢态理论为现在被大多数人而认可，后来 Reidel 对理论进行了修正和改进[10]，认为真正的还原物质不是还原剂 $H_2PO_2^-$，它只是提供了活性氢。而真正的还原物质是被吸附的原子态氢，是它与 $Ni^{2+}$ 直接反应。

其具体反应过程表示如下：

还原剂 $H_2PO_2^-$ 在催化加热的条件下水解得到原子态的氢，或者 $H_2PO_2^-$ 经过脱氢得到原子态的氢，即发生以下反应：

$$H_2PO_2^- + H_2O \longrightarrow HPO_3^{2-} + 2H_{ad} + H^+ \tag{1-23}$$

$$H_2PO_2^- \longrightarrow PO_2^- + 2H_{ad} \tag{1-24}$$

原子态的氢与镍离子相互作用，释放出电子被镍离子吸收还原为镍沉积在镀件表面上：

$$Ni^{2+} + 2H_{ad} \longrightarrow Ni + 2H^+ \tag{1-25}$$

在经过活化的待镀基体表面原子态氢与 $H_2PO_2^-$ 反应，使得 $H_2PO_2^-$ 还原出磷原子沉积在镀件表面：

$$H_2PO_2^- + H_{ad} \longrightarrow OH^- + H_2O + P \tag{1-26}$$

在催化加热的条件下 $H_2PO_2^-$ 也会发生自发分解反应析出磷原子，沉积在镀件表面：

$$3H_2PO_2^- \longrightarrow H_2PO_3^- + H_2O + 2OH^- + 2P \tag{1-27}$$

而化学镀镍磷过程中，氢气的析出来自于两方面，一方面是 $H_2PO_2^-$ 水解所产生的，另一方面是初生态氢原子的结合所产生的：

$$H_2PO_2^- + H_2O \longrightarrow H_2PO_3^- + H_2 \tag{1-28}$$

$$2H_{ad} \longrightarrow H_2 \tag{1-29}$$

以上反应在化学镀 Ni-P 过程中均同时进行着，每个反应进行程度的相对大小由溶液此时的 pH 值、温度、溶液的组分等条件所控制，所以可以通过控制溶液的组分、温度、pH 值等来制备所需的不同磷含量的镀层。

## 1.4 化学镀镍的发展历史

化学镀的发展历史主要是化学镀镍的发展历史。1844 年，Wurtz 首先注意到了次亚磷酸钠的还原机理。利用次亚磷酸盐作为还原剂，与镍的盐类进行化学反应，将金属镍从它的水溶液中还原出来，但当时得到的仅仅是粉末状的镍的固体颗粒[11]。此后许多研究员进行了充分而大量的研究。

1916 年 Roux 采用化学镀方法以次磷酸盐作为还原剂，成功地得到了光亮的镍磷合金镀层，成为了美国首个成功申请化学沉积镍层专利的人。但是，这一技术并没有引起人们的重视，更没有得到应用。

1944 年，美国国家标准局的 Brenner 和 Riddell[12] 在美国电化学协会（AES）第 34 届年会上，报告了他们在研究化学镀镍时，使用次亚磷酸钠作为还原剂得到的镍量与法拉第电解定律计算的数值相比较，前者超过了后者的理论计算量，并通过大量的实验得到了 Ni-P 沉积的工艺条件，奠定了化学镀镍发展的基础，这项技术得到了重视和应用。

1947 年 Brenner 和 Riddell[13] 比较全面地分析了利用次亚磷酸盐化学沉积镍时，温度、镀液的酸碱度等多种因素与所得化学镀层的质量、成分之间的关系。并认为是由次亚磷酸盐放出的电子使得镍离子还原成镍沉积在镀件表面上。此后国内外许多科研工作者对化学沉积进行了大量的研究和实验[14,15]。美国通用汽车公司工程师 Gutzeit 使用"Kanigen"化学镀技术将镍沉积到运输苛性碱的车内壁上，使这种方法得到了发展，这是化学镀镍工业化的开端[16]。

从 20 世纪 70 年代开始，随着科技与工业的发展，促进了化学镀的发展。科研工作者提出了混合电位理论，并且发明了稳定电位和时间曲线的测定方法，这些理论和方法的提出有助于化学镀液中络合剂、还原剂和其他添加剂的选择，并能判断最大沉积速率等[17]。在实际应用过程中，随着各种化学镀理论的成熟，镀液的稳定性不断提高。而从化学镀的品种来看，从发现化学沉积镍、钴以后，对于化学沉积的研究大部分集中在第八族元素具有催化活性的金属如铜、银等。

从 20 世纪 80 年代开始至今，科研工作者对其做了更为广泛的研究，逐渐向多元化学镀、化学复合镀等方向发展。

通过往二元合金中加入锡、锌和钨等元素逐渐使二元合金化学镀向多元化学镀发展，以此改善化学镀合金镀层的性能。闫洪[15]等人通过向 Ni-P 合金镀液中加入硼氢化钾等相关物质，对化学镀 Ni-P-B 合金的工艺及镀层性能进行了研究，发现 Ni-P-B 镀层的致密性比 Ni-P 镀层好，并且耐蚀性能有了大大提高。李君[18]等人对化学镀 Ni-W-P 三元合金镀层性能进行了研究，发现 Ni-W-P 合金镀层具有较好的热稳定性，并且在强酸性环境下耐腐蚀性能较好，可用于代替厨房用具不锈钢刀。范洪远[19]等人通过正交实验法以镀层的沉积速率和腐蚀速率为考查指标对 Ni-Sn-P 工艺进行优化，最终得到了沉积速率快、组织均匀、耐蚀性能好的化学镀工艺。

化学复合镀层由于镀液中的分散粒子不仅可以提高镀液的稳定性，而且可以改变镀层的物理化学性质，获得许多具有特殊性能的复合镀层，得到了科研工作者的关注。刘锐[20]等人通过化学沉积的方法，以 Ni-Sn-P 合金为基质加入 $Si_3N_4$ 粒子，获得了硬度和耐磨性能都较好的 Ni-Sn-P/$Si_3N_4$ 复合镀层，在一些高耐磨性的零件表面得以应用。徐方超[21]等人以化学镀 Ni-P 合金为基础加入 $MoS_2$ 粒子，在钢基表面对复合化学镀的工艺进行优化，获得了具有减磨、自润滑特性的镀层，在工业中得以应用。宋影伟[22]等人以 Ni-P 合金为基础加入 $ZrO_2$ 粒子，通过在镁合金表面施镀，得到了镀层更均匀，耐蚀性能、耐磨性能较好的纳米化学镀 Ni-P-$ZrO_2$ 镀层，在航空、汽车、电子、通讯等领域得以应用。

由于化学复合镀技术可以获得许多具有特殊性能的复合镀层，因此适用于许多单金属镀层或合金镀层无法胜任的场合。随着科技的发展，化学复合镀技术将在航空、石油化工、电子计算机、汽车等领域复合材料制造中展现出巨大的优势，纳米复合粒子的应用以及多元复合镀层的研究将成为未来的主要研究方向。

化学镀于 20 世纪 40 年代作为技术而应用，并且在工业应用上具有一定的前景，到了 70 年代，化学镀技术才受到了重视，并在工业上开始得到了应用[23]。到了 90 年代初，化学镀技术得到了普遍广泛的应用。而近年来，随着科学技术的发展，化学镀技术迅速发展，应用领域不断扩大，在制备及研究纳米薄膜、纳米粉体包覆等各种新材料方面得到了广泛的应用，满足了工业、国防军工和高新技术等的需求，并且使得相关领域的科学和技术迅速发展[24]。

Ni-P 二元合金化学镀的发展已经拥有 60 多年的历史，该工艺操作简便，所需要的设备简单，镀层具有优良的物理化学性能，在工业上获得了广泛的应用[25,26]。但是还存在一些缺陷，在化学镀镍磷（硼）二元合金体系中加入第三组分，可以使镀层的性能得到更大的提高，化学镀 Ni-Cu-P、Ni-Zn-P 和 Ni-Co-P 等三元合金化学镀表现出优良的力学性能、耐磨耐蚀性、耐热性以及磁性或电阻性等[2,27]。由此，近年来三元合金化学镀的研究及探讨受到重视。其中 Ni-Zn-P 三元合金化学镀的工艺制备，是在 Ni-P 二元合金化学镀工艺的基础上，通过在试样上二次施镀得到 Ni-Zn-P 三元合金化学镀镀层。钢铁表面电镀锌镍合金常作为牺牲阳极镀层而防止钢铁腐蚀。化学镀镍工艺不仅可以均匀地沉积在复杂形状的零件上，而且可以将非金属元素磷加入 Ni-Zn 合金中，将镍锌磷进行合金化，则优化了其微结构，同时提高其耐腐蚀性。而且化学镀工艺操作简便，镀层性能具有良好的均匀性、耐蚀性和耐磨性等综合性能。作为功能性、防护性、装饰性的镀层，化学镀在冶金、汽车、石油化工、机械、电子等行业中是一种具有广阔发展前景的表面处理方法。

## 1.5 化学镀镍的发展前景

化学镀镍将在化工、汽车制造业等传统行业保持稳定增长。21 世纪随着海洋的开发、航空事业和电子行业的发展，化学镀镍将在海洋用钢的防护和镁铝合金防护方面有重要增长。海洋用钢是海洋环境中应用最为广泛的金属材料，由于各种因素对其造成不同程度的腐蚀破坏，腐蚀到一定程度会引发海洋事故，造成经济损失，所以了解海洋用钢的耐蚀性能并采取一定的防腐措施显得尤为重要。化学镀工艺简单并且因其无公害排放的表面处理工艺而得到了工业界的广泛认可，化学镀的研究对于海洋事业的发展具有重要的意义。

## 参 考 文 献

[1] 李宁. 化学镀实用技术 [M]. 北京：化学工业出版社，2004.

[2] 姜晓霞，沈伟. 化学镀理论及实践 [M]. 北京：国防工业出版社，2000.

[3] 刘勇，田保红，刘素芹，等. 先进材料表面处理和测试技术 [M]. 北京：科学出版社，2008.

[4] 夏振展. 酸性化学镀镍工艺的研究与分析 [D]. 山东：山东大学，2014.

[5] 雷天觉，赵源. 铁-镍-磷合金电镀的研究 [J]. 材料保护，1990，23（7）：4~8.

[6] 朱相荣. 非晶态 Ni-P 化学镀的发展及应用前景 [J]. 表面技术，1990，20（1）：34~39.

[7] 宣天鹏，郑晓桦. 镍钴离子浓度比对化学镀 Co-Ni-P 合金工艺的影响 [J]. 材料保护，1997，30（1）：20~22.

[8] 金坤，黄子勋. 化学镀镍 [M]. 北京：北京航空学院出版社，1987.

[9] 张朝阳，魏锡文，张海东，等. Ni-P 化学镀的机理及其研究方法 [J]. 中国有色金属学报，2009（z1）：199~201.

[10] 陈曙光，刘君武. 化学镀的研究现状、应用及展望 [J]. 热加工工艺，2000（2）：43~45.

[11] Molenaar A，Coumans J J C. Autocatalytic tin deposition [J]. Surface Technology，1982，16（3）：265~275.

[12] 冯小龙，火时中. 三价铬镀铬近期进展 [J]. 材料保护，1993，26（1）：18~21.

[13] Brenner A，Riddell G. Deposition of nickel and cobalt by chemical reduction [J]. Journal of Research of the National Bureau of Standards，1947，39（5）：385~395.

[14] Abrantes L M，Correia J P. On the mechanism of electroless Ni-P plating [J]. Journal of the Electrochemical Society，1994，141（9）：2356~2360.

[15] 闫洪. 化学镀 Ni-P-B 合金的工艺和耐腐蚀性的研究 [J]. 功能材料，1993，24（6）：544~547.

[16] 庄瑞舫. 化学镀镍磷合金技术探讨（I）[J]. 材料保护，1997，30（9）：41~48.

[17] 付强. Ni-P 基化学镀在防腐蚀方面的研究 [D]. 大连：大连理工大学，2003.

[18] 储召华，李君. 化学镀 Ni-W-P 三元合金工艺的研究 [J]. 山东化工，1998，30（3）：5~7.

[19] 范洪远，鲜广，归艳华. 镀液组分对高 Sn 含量 Ni-Sn-P 镀层组织和镀速的影响 [J]. 中国表面工程，2014，27（4）：49~57.

[20] 刘锐，王宏智，彭海波，等. 复合化学镀（Ni-Sn-P）-Si$_3$N$_4$镀层及其性能研究 [J]. 电镀与精饰，2009，31（2）：36~39.

[21] 于光. 化学镀复合镀（Ni-P）-MoS$_2$工艺的试验研究 [J]. 中国农业大学学报，2004（3）：53~56.

[22] 宋影伟，单大勇，陈荣石，等. AZ91D 镁合金化学复合镀 Ni-P-ZrO$_2$的工艺与性能[J]. 中国有色金属学报，2006，16（4）：625~630.

[23] 李钒，夏定国，王习东. 化学镀的物理化学基础与实验设计 [M]. 北京：冶金工业出版社，2011.

[24] 赵麦群，王瑞红，葛利玲，等. 材料化学处理工艺与设备 [M]. 北京：化学工业出版社，2011.

[25] 李金桂. 腐蚀控制系统工程学概论 [M]. 北京：化学工业出版社，2009.

[26] 李鑫庆，陈迪勤，余静琴，等. 化学转化膜技术与应用 [M]. 北京：机械工业出版社，2005.

[27] 于芝兰. 金属防护工艺原理 [M]. 北京：国防工业大学出版社，1990.

# 2 钢铁表面化学镀镍研究现状

## 2.1 钢铁表面腐蚀与防护措施

钢铁在工业中有着广泛的应用，但是世界上每年因腐蚀而损失掉的钢铁材料占总钢铁产量的1/5左右[1]，对现代经济发展造成了严重的破坏，有时候甚至可能危及人民的生命安全。因此，研究提高钢铁表面耐腐蚀性能的方法有着重要的意义。

材料的腐蚀破坏是一个比较复杂的电化学过程，受物理、化学等多种因素的影响和控制。钢铁具有的性质如组织的不同及不均匀性、加工的残余应力、非金属夹杂等组织缺陷，在恶劣的工业环境及海洋环境中容易受到腐蚀，因此为了提高钢铁材料的使用性，对其采用化学镀、电镀、电化学镀等防护措施。在海水中由于镀层的耐蚀性主要体现于局部腐蚀的强度即点蚀现象的强度，但是点蚀现象具有隐蔽性、不可预测性、自催化性以及发生几率较大等特点，而且在腐蚀失效中是破坏性最强的，故通常将点蚀强度作为评估钢铁材料好坏的重要标准。Cu、P、Ti等耐局部腐蚀性能较好，Cr对潮差、飞溅区的低合金钢腐蚀起促进作用。其中低合金钢的局部腐蚀不仅具有广泛性而且差别比较大，分别采用金相显微镜、扫描电镜、电子探针等综合方法对锈层的结构、物相组成、合金元素分布等进行了检测及研究，可得到低合金钢的锈层物相组成相同，但其结构的存在形式有明显的差别。钢铁表面电镀锌镍合金常作为牺牲阳极镀层而防止钢铁腐蚀。

随着我国经济的飞速发展，综合竞争力的提高，开发我国富饶广阔的海洋资源拥有广阔的前景，因此海洋的开发受到各行业的重视，从而大量的金属材料将被需要。但目前我们面临着复杂且严峻的海洋腐蚀以及海洋防护问题，为此研究海洋环境中海洋用钢的腐蚀机理和防护方法已经成为海洋腐蚀学研究中的一个很重要的研究对象和方向。近些年来，在海水腐蚀方面，研究了不同钢种以及合金的镀层在不同腐蚀区的耐蚀性，有局部腐蚀、均匀腐蚀等，根据不同海洋条件采取相应的措施进行防护。

碳钢具有良好力学性能和物理化学性能，已逐渐成为必不可少的材料在众多领域得到了广泛的应用[2]。随着人类步入海洋开发的新时代，世界各国政府对海洋科技、海洋工业的发展越来越重视。而良好的物化性能也让碳钢材料在海洋领域得到了广泛的使用，如船舶的螺旋桨、外壳、海港码头的各种设施、海中电缆、海上输油管道和采油平台等，都使用了大量的钢材料。作为自然界中量最大的天然电解质溶液，海水具有很强的腐蚀性，大多数金属和合金在海水中会遭到不同程度的腐蚀[3~5]；除此之外，海水中大量存在着海洋微生物，它们会附着在浸泡于海水中的金属表面，对其表面产生严重的污损[6,7]。海水对金属材料的腐蚀会缩短材料的使用寿命，大大增加了产品设施的维护成本，存在安全隐患，甚至造成严重的工程事故。为了更好地利用海洋资源，开发先进的防腐耐污材料和技术、提高金属材料在海洋环境中的使用性能已经成为当今材料科学领域的热门话题。

为了使金属结构避免腐蚀破坏，人们寻求了很多种防腐方法，目前常见的金属结构防腐方法主要包括以下三种[8]：电化学保护法、缓蚀剂法、隔离法。

（1）电化学保护法。电化学保护原理是通过对被腐蚀金属施加外部电流，使其电位发生变化，以起到减缓或抑制金属腐蚀的目的。电化学保护方法又可以细分为阴极保护和阳极保护两种。阴极保护是向被保护的金属表面通足够的阴极电流，使其发生阴极极化，由于基体电位变负而停止金属的腐蚀溶解。根据电流来源不同，阴极保护又可以分为牺牲阳极法和外加电流法。前者是将易发生腐蚀的金属与电位更低的阳极相连，构成电池闭合回路，使金属表面发生阴极极化，起到保护的作用；后者是将被保护的金属与外加电源的负极连接，利用辅助阳极构成电流闭合回路，使金属发生阴极极化。阳极保护则是向金属表面通入足够大的阳极电流，使金属表面电位变正，发生阳极极化，并使基体处于钝化状态，从而减缓金属溶解。利用船上装载的 ICCP 系统向船体施加电流，并使电流均匀扩散到船体四周的海水中，适时自动调整船体的电位（相对氢标准电极电位保持在 $-0.500 \sim -0.534\text{mV}$）；把化学活性高于铁的金属锌加在船体的表面，相对提高船体电位可以减缓船体的腐蚀。这些都是目前船体防止腐蚀发生的比较有效的方法[9]。

（2）缓蚀剂法。缓蚀剂是一种以适当的浓度和形式存在于环境介质中，可以防止或减缓腐蚀的化学物质或几种化学物质的混合物。缓蚀剂的作用原理是通过改变金属的表面状态，或起催化剂作用，改变腐蚀过程的反应机理，从而提高反应的活化能位垒，使反应速率常数减小，降低整个腐蚀过程的反应速率，达到减缓腐蚀的目的。在腐蚀环境中，加入少量缓蚀剂就可以和金属表面发生物理化学作用，显著地降低金属材料腐蚀。按化学成分分类，缓蚀剂可分为有机型、无机型和复合型三类。有机缓蚀剂包括有机胺类缓蚀剂、含磷有机缓蚀剂等；无机缓蚀剂包括锌盐、钼酸盐、铬酸盐、磷酸盐和聚磷酸盐等；复合缓蚀剂包括锌系复合缓蚀剂、硅酸盐系（硅系）复合缓蚀剂、磷酸盐系（磷系）复合缓蚀剂、钼酸盐系（钼系）复合缓蚀剂、铬酸盐系（铬系）复合缓蚀剂、全有机缓蚀剂等。通常，不同的防腐方法应用在不同的金属材料表面，而最为常见的方法，则是在金属材料表面上制备可以防止腐蚀发生的保护层，阻断引发金属腐蚀的各种条件和金属基体之间的接触联系，起到防腐的效果。

（3）隔离法。造成金属腐蚀的主要原因是微电池作用，电池的构成需要同时具备阴极和阳极。隔离法就是将介质（阴极）和金属（阳极）隔离开，从而无法形成微电池。防腐中应用最为广泛的方法就是隔离法，大量的复合材料涂层、金属镀层、高分子涂层，都可以起到保护基体不受腐蚀破坏的作用。部分金属元件长期处于恶劣的环境中，通常用热浸镀、热喷涂、电泳涂装、粉末涂料等方法在其表面形成无机、有机、有机/无机复合保护层，防止表面发生腐蚀[10]。不过由于各种喷涂会对环境造成不同程度的危害，这种方法在实际应用中逐渐被淘汰。随着人们对环保要求的提高，开发新型的金属表面处理工艺和技术成为热门的话题。在金属表面进行硅烷化处理，利用硅烷试剂硅醇与金属（Me）表面结合及硅醇自身发生的交联反应，在金属表面形成一层致密的保护层，能够大幅度提高金属的防腐性能，已经成为一种比较理想的表面防护处理技术。其过程中用到的试剂合成简单，并且对环境友好[11]。虽然已经有很多学者对化学镀进行了研究，但化学镀简单、方便的优点依旧吸引很多学者研究。

## 2.2　钢铁表面化学镀镍研究现状

目前钢铁表面化学镀的类型很多，不同的化学镀种类及其应用范围也不尽相同，本节依照化学镀中镀层种类进行分类介绍。现在钢铁表面化学镀镍工艺已经比较成熟，随着科技发展，化学镀也由当初的化学镀镍发展为化学镀铜、化学镀银、镍基多元合金化学镀、复合化学镀等工艺，如化学镀 $Ag$、$Cu$、$Ni-P$、$Ni-Co-P$、$Fe-Cu-P$、$Ni-P-TiO_2$、$Ni-P-Al_2O_3$ 等。

### 2.2.1　化学镀 Ni-P 镀层的研究现状

1944 年 Brenner 和 Riddell 首先成功地得到化学镀镍层，不过当时因工艺不稳定和成本较高等缺点而限制了应用范围。但化学镀镍技术仍吸引着许多工程技术人员。由于各国科学家不断研究，20 世纪 80 年代国外已成功地解决了镀液的再生和工艺稳定性等问题，形成了非晶 Ni-P 镀层的生产线[12]，从而使化学镀 Ni-P 镀层的应用前景极为光明，在国内外腐蚀与防护、材料、仪表等部门掀起了进一步研究其性能及推广应用的热潮[13]。

我国在化学镀领域研究起步较晚，却也已取得了一系列瞩目的成就。自 20 世纪 90 年代化学镀开始进入快速发展的时期，在短短的十几年中，不仅很快地从科研走向产业化，而且在生产规模、产品质量以及化学镀液商品化、经济效应等方面，都很快缩短了与其他先进国家之间的差距。目前我国化学镀技术无论是在装饰镀、代替硬镀铬的耐蚀抗磨镀以及功能镀层等方面，都已在国际化学镀领域占有了一席之地[14]。

方其先[15]等人研究了化学镀 Ni-P 合金的耐蚀性。研究表明：Ni-P 合金镀层具有较高的钝化行为和热力学稳定性，耐蚀性能很好，尤其是非晶态结构的镀层耐蚀性更佳。但是由于 P 含量分布不均，当表面出现胞状结构时，镀层耐蚀性下降，P 含量沿镀层厚度方向的梯度分布易呈现针状蚀孔，引起镀层早期失效，发生腐蚀。

王天旭[16]等人研究了在不同配位剂（柠檬酸钠）浓度下 Ni-P 镀层的生长机理。结果表明：镀层在低配位剂浓度镀液中生长速度最快，镀层由层状组织组成；在中等配位剂浓度的镀液中镀层生长速度居中，镀层由较厚的层状组织组成；在高配位剂浓度的镀液中镀层生长速度最慢，由柱状组织组成。

方信贤[17]研究了中温酸性条件对化学镀 Ni-P 合金镀层的影响。结果表明：研制的配方及工艺具有镀速稳定、允许负载大（≤ 2.2dm²/L）和寿命长（≥ 8 个周期）等特点。镀层表面含磷量与化学镀时间有关。镀层具有较高的硬度、良好的耐蚀性，且与基体结合力良好。

王小泉[18]等人研究了镀液中硫酸镍浓度、次亚磷酸钠浓度、pH 值、络合剂浓度及络合剂种类与化学镀镀层沉积速率的关系。结果表明：Ni-P 化学镀镀层沉积速率除随着硫酸镍浓度、次亚磷酸钠浓度、pH 值、络合剂浓度的增大而加快外，还与络合剂种类有密切的关系，但当这些因素取上限值时，沉积速率不再上升，反而会出现下降的趋势。由此可得出优选的镀液配方：硫酸镍、次亚磷酸钠浓度均为 28~35g/L，pH 值 5.5~6.0，并添加复合络合剂，通过溶液中镍离子的浓度确定络合剂的最佳用量。

化学镀 Ni-P 合金的耐蚀性及耐蚀机理是近年来比较活跃的研究内容，研究其耐蚀机理，使得化学镀 Ni-P 合金镀层良好的耐蚀性能在工业生产和日常生活中发挥更大的作用是非常有意义的。

孙冬柏[19]研究了化学镀 Ni-P 合金在 3.5%NaCl 溶液中的化学钝化。用动电位极化技术和电化学阻抗谱（EIS）技术对活化区和钝化区进行测量，结果表明：过电位与化学反应电荷转移电阻呈线性关系，但不同电位区，其斜率相差较大。在活化区，界面电容随过电位的增大而减小，而在钝化区，界面电容维持恒定。对表面膜的 X 射线光电子谱（XPS）分析证实了在活化区形成磷酸盐膜，保护性差，不能有效地抑制溶解过程，而当表面吸附有 $H_2PO_2^-$ 阴离子时，合金进入化学致钝的钝化区。

高进[20]等人研究化学镀非晶态 Ni-P 合金的耐蚀性及耐蚀机理，提出了磷是改善镍基非晶态合金耐蚀性的最有效的金属元素，化学镀 Ni-P 非晶态合金不存在晶界、偏析等晶体缺陷，具有均一的钝化膜，提高了腐蚀抗力，而且化学镀 Ni-P 非晶态合金本身具有高反应活性、极其快速地形成钝化膜的能力使得它具有很高的耐蚀性。

刘仙[21]等人在经过大量试验，测定了化学镀 Ni-P 合金镀层耐蚀性的基础上，讨论了镀层的耐蚀性机理，提出化学镀 Ni-P 合金镀层之所以具有良好的耐蚀性是因为它的组织结构的特殊性。其理论依据是化学镀 Ni-P 合金为非晶态结构、易于生成均一的钝化膜以及镀层的生长方式为层状生长。另外，还从电化学的角度分析了各镀层的腐蚀电位，证实了该合金镀层的层状结构是使镀层具有良好耐蚀性的原因之一。

许多研究者[22~29]对化学镀镍层耐蚀性、耐磨性进行了研究。黄晖[22]等人在碳钢表面化学沉积 Ni-P 合金镀层，借助极化曲线和交流阻抗等电化学技术比较了碳钢和 Ni-P 化学镀层在锅炉水中的耐腐蚀性能。Cheng Yanhai[23]等人通过硬度测试仪和摩擦磨损仪测试了 Ni-P 合金镀层的耐磨性。金永中[24]等人研究温度对化学镀 Ni-P 合金镀层形貌、硬度及耐腐蚀性能的影响。Zhao Guanlin[25]等人通过电化学技术研究了化学镀 Ni-P 合金镀层的耐蚀性。

许多研究者[30~37]研究了工艺参数（温度、pH 值、搅拌速度、施镀时间）和镀液成分（主盐、还原剂、络合剂、稳定剂、添加剂）对 Ni-P 合金镀层组织和性能的影响。刘建成[30]等人研究了乳酸在化学镀镍磷合金中对沉积速度、稳定常数及镀层中磷含量的影响。李新跃[31]等人在低碳钢上进行酸性化学镀 Ni-P 合金工艺，采用单因素实验法研究了温度、pH 值、还原剂以及时间等工艺参数对化学镀层沉积速率及耐蚀性的影响。胡海娇[32]等人在化学镀 Ni-P 合金溶液中，加入有机酸 $L_A$、丁二酸、乳酸和甘氨酸四种络合剂为因素进行正交实验，以磷含量、镀速和稳定时间为考察指标，确定最佳实验方案。朱焱[33]等人采用正交实验考察了镀液中配位剂柠檬酸钠和乳酸钠含量及 pH 值对 Q235 碳钢上中温化学镀层沉积速率的影响，并研究了稳定剂苯并三氮唑、硫代硫酸钠对其镀液稳定性和沉积速率的影响。杨富国[34]等人采用的化学镀镍的配方其中有硫酸镍、次磷酸钠、表面活性剂、醋酸钠及柠檬酸钠，并研究了硫酸镍和表面活性剂的浓度、镀液 pH 值及温度对沉积速度的影响。Ying H G[35]等人研究了化学镀 Ni-P 合金中 $NH_4F$ 浓度对沉积速率的影响。

综上所述，化学镀镍能够很好地提高钢铁表面耐蚀性、耐磨性、硬度，通过控制工艺参数和镀液成分，可以改变钢铁表面的性能，使钢铁材料的应用更加广泛。

## 2.2.2　三元合金化学镀研究现状

近年来，随着科学技术的发展，化学镀技术发展迅速，应用领域不断拓展，在多元合金、海水腐蚀等多方面得到了广泛的应用并促进了相关领域科学和技术的发展。随着化学镀镍的发展，发现化学镀较电镀相比，化学镀镀层可以均匀地沉积在复杂形状的零件上，而且由二元合金改善到三元合金，将其合金多元化以提高这种合金的微结构，进一步提高其耐腐蚀性能。

化学镀合金沉积过程中难免会有孔隙，由于化学镀层属于阴极保护镀层，孔隙的存在使镀层不仅无法保护基体不被腐蚀，反而与基体形成电偶腐蚀，加速基体的腐蚀导致设备的使用寿命甚至要低于普通碳钢设备。随着工业的发展，设备的使用环境日趋苛刻，对镀层的适应性也提出了更高的要求。由于 Ni-P 镀层存在以上的缺点，为了获得性能更加优异的、能满足不同场合要求的镍基合金镀层，人们对共沉积的技术进行了许多研究，包括在次磷酸溶液中可以共沉积的金属的种类与沉积的量，并开发出了各种镍基三元合金镀层，如 Ni-Co-P、Ni-Cu-P、Ni-Mo-P、Ni-Sn-P、Ni-Zn-P、Ni-W-P 等。对 Ni-Sn-P 合金国内外有一些研究，魏雪[38]等人研究发现，Ni-Sn-P 合金镀层的腐蚀速率及孔隙率均随镀层中 Sn 含量的增加而下降，认为金属 Sn 在镀层中起到牺牲阳极的作用，提高了镀层的耐蚀性。为了改善化学镀层对钢铁基体的防护作用，国内外学者研究了化学镀 Ni-Zn-P 工艺及镀层性能[39~42]，取得一定进展。开发三元、多元以及复合型镀层是改善 Ni-P 合金镀层性能的经济、有效的方法之一。

随着社会和科技的进步发展，化学镀单金属合金的性能越来越不能满足人们的要求，因此在原有二元系基础上引进一种或更多种元素如 Cu、W、Mo、Re、V、Se、Mn、Fe、Co、B、Pb 等，以改变镀层的微观结构，从而改变镀层性能，甚至得到新的镀层特性。化学镀镍基多元合金的研究是由于一般的 Ni-P 合金镀层性能不能满足使用要求，而在原有二元镍基合金镀层的基础上引入新的组元，得到多元合金镀层[43]，这种镀层有更加良好的耐蚀性、耐磨性、耐热性等。研究较多的多元合金镀层有 Ni-Cu-P、Ni-W-P、Ni-Co-P、Ni-Zn-P、Ni-Fe-P、Ni-Sn-P、Ni-Co-Fe-P。

### 2.2.2.1 化学镀 Ni-Cu-P 合金镀层

Mallory[44]将 Cu 引入化学镀镍液中，获得了具有延展性的 Ni-Cu-P 三元合金，并且使合金的电导率得到提高。从 1990 年开始出现了大量关于 Ni-Cu-P 三元合金镀层的文章和专利。Ni-Cu-P 化学镀层在镀态下的结构为含铜、磷原子的过饱和置换固溶体，在 25%~50%的氢氧化钠腐蚀介质中，镀态 Ni-Cu-P 合金镀层具有比 Ni-P 好得多的抗蚀性能，热处理对 Ni-Cu-P 镀层的抗蚀性有影响，300℃×1h 和 435℃×1h 热处理时镀层抗蚀性下降，而 600℃×1h 热处理时抗蚀性好转，比镀态时还好[45]。许多研究者[37,46~48]对 Ni-Cu-P 三元合金镀层的耐蚀性、耐磨性、装饰性进行了研究。肖鑫[37]等人在 Q235 钢表面采用酸性化学镀方法，在 Ni-P 合金镀液中加入硫酸铜和光亮剂，成功研制了一种钢铁件的全光亮化学镀 Ni-Cu-P 合金工艺。Xu Yufu[46]等人研究了化学镀 Ni-P 和 Ni-Cu-P 合金镀层的制备，并比较两个镀层的耐磨性。Zhu Liu[47]等人通过化学镀 Ni-Cu-P 合金镀层来提高钢的焊接性。

#### 2.2.2.2　化学镀 Ni-W-P 合金镀层

早在 20 世纪 60 年代就开始有 Ni-W-P 合金镀层研究，将钨酸钠加入到用柠檬酸作络合剂的化学镀镍液中，可得到 W 含量变化较宽的 Ni-W-P 镀层[49]。钨酸钠是镀层中 W 元素的来源，同时还具有增加化学镀沉积速率和提高次磷酸盐利用率的作用。钨酸钠浓度增大，镀层中 W 含量增大、P 含量减小。通过调整镀液成分及工艺可以使 W 含量在 5%~14%、P 含量在 3%~10% 范围内变化。镀液中钨酸钠的浓度及镀层中 P 含量对镀层的应力有很大影响，$WO_4^{2-}$ 浓度大、P 含量低、晶粒大，使镀层应力大，Ni-W-P 镀层通常都是张应力。由于 W 的加入使镀层硬度、耐磨性[50]及高温热稳定性[51]均有改善。一些研究者[52~54]对 Ni-W-P 三元合金镀层的耐磨性、耐蚀性进行了研究。M. Palaniappa 等[52]在 pH = 5.5 情况下分别进行了化学镀 Ni-P 和 Ni-W-P，并对镀层的硬度、耐磨性进行了比较。张俊青[53]等人为了提高 $Cr_{12}MoV$ 模具钢的耐磨耐蚀性，在其表面进行化学镀 Ni-W-P 合金，并通过正交试验及单因素试验优选了镀液主要成分配方及化学镀参数。

#### 2.2.2.3　化学镀 Ni-Co-P 合金镀层

在次磷酸盐作为还原剂的化学镀镍液中加入钴盐可获得 Ni-Co-P 三元合金镀层，镀层具有软磁性[55]，随着镀液组成不同，镀层中 P 含量在较大范围内变化，Co 含量也发生变化。热处理[56]后 Ni-Co-P 三元合金层晶体结构和微观形貌的改变、硬度、腐蚀阻抗也会发生变化，合金镀层 HV 硬度大约在 $400kg/mm^2$，热处理变化规律与 Ni-P 镀层相似。关于 Ni-Co-P 三元合金镀层耐蚀性的研究，曾宪光[57]等人以钢为基体进行化学镀 Ni-Co-P，并采用正交试验法得到了 Ni-Co-P 的最佳配方及工艺条件；在该条件下，该镀层沉积速率可达 $89.83g/(m^2 \cdot h)$，镀层 HV 硬度可达 187.85，具有较强的耐蚀性；该镀层孔隙率分布较窄，镀层表面相对平整、分布较均匀，与基体结合力较好，综合性能良好。

#### 2.2.2.4　化学镀 Ni-Fe-P 合金镀层

Ni-Fe-P 合金主要用在计算机系统的记忆元件上，可在铝、铜、玻璃及聚乙烯对苯二甲酸酯等基材上施镀[58]。用化学沉积方法获得的 Ni-Zn-P 镀层具有厚度均匀、能耗低和操作简便等特点。最早，Schmeckenbecher 在氨碱性介质中用酒石酸钠为络合剂化学沉积制备 Ni-Fe-P 合金并也研究了其镀态时的磁性[59]，三元 Ni-Fe-P 合金具有磁性能，化学镀 Ni-Fe-P 合金镀层具有磁性，镀液中 $Fe^{2+}$/$Ni^{2+}$ 和络合剂含量决定镀层中 Fe 含量。Ni-Fe-P 合金镀层矫顽力各向异性，且与镀层中 Fe 含量及镀层的厚度有关，当 Fe 含量大于 30%，矫顽力小于 10Oe；矫顽力随镀层厚度增加而急剧降低，到一定厚度后保持不变。关于 Ni-Fe-P 三元合金镀层耐磨性、耐蚀性、硬度的研究，李伟臣[60]考察了镀液中 $FeSO_4$ 的质量浓度对合金镀层沉积速率的影响，并通过金相显微镜对镀层表面形貌进行观察，采用硬度计和实验室浸泡方法分别考察了镀层的显微硬度和耐蚀性。

### 2.2.2.5　化学镀 Ni-Sn-P 合金镀层

在化学镀镍液中引入 Sn 可以获得 Ni-Sn-P 三元合金镀层，用 Sn（Ⅱ）离子比 Sn（Ⅳ）离子更适合做 Sn 源，低 Sn 镀层具有高腐蚀阻抗。采用碱性镀液获得的 Ni-Sn-P 镀层具有高 Sn 含量[61]，当 Sn 含量达 10.4% 时，在较低 P 含量时就出现了非晶结构，而 Ni-P 合金要在 P 含量较高时才能具有非晶结构。在 Sn 含量较高（14%）时出现晶体结构，随着 Sn 含量增高，Ni-Sn-P 合金的结晶度增大。具有低晶或非晶态结构和高 Sn 含量的 Ni-Sn-P 合金镀层表现出最高的抗蚀性[62]。关于 Ni-Sn-P 三元合金镀层耐腐性、耐磨性研究，李桥[63]等人采用极化曲线探讨了 L245 钢和 L245 钢化学镀 Ni-Sn-P 镀层的耐腐蚀性能，结果表明：Ni-Sn-P 化学镀层在 3.5%NaCl 溶液中的电化学性能很好，明显高于基体 L245 钢；Ni-Sn-P 化学镀层在酸性介质腐蚀情况下，Ni、Sn 元素溶解，P 元素富集，腐蚀层区域均匀，没有出现像 L245 钢那样的腐蚀坑；腐蚀后的 Ni-Sn-P 化学镀层表面形成的化合物组成了保护膜，对提高 Ni-Sn-P 化学镀层的耐腐蚀性能起到了重要作用。

### 2.2.2.6　化学镀 Ni-Zn-P 合金镀层

目前研究者研究化学镀层由原来的单一镀发展到多元复合镀。虽然其他表面涂覆工艺如电镀有众多优点，但因成本较高而未在工业上形成较大的规模。化学镀镍成本低、操作简便、设备简单，它是化学镀实用化的重要方向。Ni-Zn-P 合金镀层具有优良的耐蚀、机械、耐磨、耐热或磁等特性。因此，研究 Ni-Zn-P 合金镀层具有广阔的应用前景。

Ni-P 二元合金化学镀镀层具有良好的硬度、均匀性、耐蚀、耐磨等综合的物理化学性能，尤其是具有在不同材料如金属、非金属和半导体等以及复杂形状的工件上镀层沉积均匀的特点，已经在材料、机械、化工等工业领域得到广泛的应用[64~68]。但是，随着科技的发展及现代工业的飞速前进，Ni-P 二元合金镀层的性能已不能够满足各行业对材料日益增长的需要，故在二元合金镀层的基础上添加第三种金属成分，即得到了以 Ni-P 为基的三元合金，其导电、耐蚀、耐热、耐磨等多种性能较其二元合金均有更大的增强。在化学镀 Ni-P 的合金镀液中加入适量的锌盐（硫酸锌、氯化锌），可得到 Ni-Zn-P 三元合金镀层，可以用于耐蚀性能要求高和形状复杂的各种工件上。近年来，国内外研究者分别采用柠檬酸三钠[69,70]和乳酸[71]为配位剂，在碱性和酸性介质中进行化学镀 Ni-Zn-P 三元合金，研究了工艺参数对镀速和镀层的组成、微观形貌、结构和腐蚀性能的影响，还研究了镀层表面元素锌的存在形式和热处理对镀层结构、显微硬度、表面形貌和耐蚀性的影响。甚至有的研究者研究了对化学镀 Ni-Zn-P 工艺的优化，确定其最佳的镀液组成和工艺参数，并进行动力学研究[72]，建立 Ni-Zn-P 沉积速率方程，以便对施镀过程进行调节和对产物进行控制。

化学镀 Ni-Zn-P 三元合金的开发始于对牺牲阳极锌基合金腐蚀性能的改善。所谓锌基合金，一般指以锌为主要成分，含有少量其他元素的合金，且在这些合金中 Zn-Co、Zn-Ni 等都是具有高耐蚀性的牺牲阳极镀层，对其电镀工艺的研究与应用在国内外均受到广泛重视。而 Ni-Zn 合金具有良好耐蚀性、轻微的氢脆以及与基体结合力强等优点，在恶劣的工业环境及海洋环境中的防护性能较好。20世纪初，Cocks[73]发表了用硫酸盐电镀 Zn-Ni 合金的文章，之后大量的专家学者对不同体系的电镀 Ni-Zn 合金进行了研究，发现其耐蚀性比镀锌层好。由腐蚀理论知，镀层与基体的电负性的差值是牺牲腐蚀的动力。镀层中 Zn 含量越高，其溶解速率越快、寿命越短。与另一常用的牺牲保护镀层相比，异常沉积的 Zn-Ni 合金镀层的耐蚀性就相形见绌了。国内外研究过的主盐（包括镍盐和锌盐）有氯化盐和硫酸盐两种，早期研究使用 $NiCl_2$、$ZnCl_2$[40,74]，然而，由于氯离子的存在不仅会降低镀层的耐蚀性，还产生拉应力，现在多采用硫酸盐体系。还原剂使用次亚磷酸钠或者次磷酸钠，络合剂采用柠檬酸盐，缓冲剂一般使用 $NH_4Cl$ 型，但是在废水处理过程时需要破坏氨形成的络合物，使得废水处理很麻烦，且镀液温度较高，在施镀时氨易挥发，产生刺激性气味，故国内外的研究者在尝试用其他缓冲剂来替代 $NH_4Cl$。还有研究者在对 Ni-Zn-P 三元合金的研究中使用了氨基乙醇作缓冲剂[75,76]，它的使用保证了 pH 值在碱区的稳定性，同时阻止了 $Ni(OH)_2$ 和 $Zn(OH)_2$ 沉淀的产生。王森林等研究者通过采用硼酸体系作缓冲剂使镀速得到了大大的提高。目前研究过的化学镀 Ni-Zn-P 镀液体系的 pH 值大都在碱性范围，镀液温度则是以高温为主[77]。

关于 Ni-Zn-P 三元合金镀层耐蚀性、耐磨性的研究，朱绍峰[78]等人在 20 号钢表面进行化学镀 Ni-Zn-P 的实验，并研究了沉积层在 0.05mol/L 盐酸流动介质中的冲蚀行为。Z. A. Hamid[41]等人通过一系列实验，研究主盐含量、pH 值、温度、时间等对镀层沉积速度及镀层锌镍比的影响。

潘振中[79]等人通过考察 pH 值、温度、硫酸锌、次磷酸钠等参数对镀速、镀层中锌的质量分数及镀液稳定性等影响，确立了适合于生产应用的化学镀 Ni-Zn-P 工艺。按照实验所确定的配方和工艺，镀速可达到 $0.43mg/(cm^2 \cdot h)$，可获得含锌量为 7.2% 左右的 Ni-Zn-P 镀层，镀层均匀、致密，可以满足化工容器内表面防腐要求。

柳飞[80]等人研究了热处理对化学沉积 Ni-Zn-P 合金组织与性能的影响，结果表明：镀态 Ni-Zn-P 合金主要由非晶相和立方镍两相构成；加热到 400℃ 出现四方 $Ni_3P$ 相，至 500℃ 出现 $Ni_5Zn_{12}$ 相；镀层的显微硬度在 500℃ 以下随温度的升高而增加，超过 500℃反而随着温度升高而下降；在 0.05mol/L 的盐酸冲蚀下原镀层比热处理后的耐冲蚀性好，热处理后镀层的耐冲蚀特性受冲蚀时间、冲蚀角度和介质流速的影响；经过 200℃和 300℃热处理的镀层具有光催化特性。

M. Schlesinger[81,82]等人、M. Bouanani[83]等人和 M. Oulladj[84]等人采用柠檬酸钠为络合剂，在氨性缓冲介质中化学镀 Ni-Zn-P 合金，研究了工艺参数对沉积速度和镀层组成的影响，并研究了镀层的微观形貌、镀态的结构和腐蚀性能。E. Valova[75,76]等人着重研究了该镀层的结构、镀层表面元素锌的存在形式和镀层的磁性能。

王森林[85]等人研究化学镀 Ni-Co-Fe-P 四元合金镀层结构和性能。另外有人尝试进行双层化学镀工艺，范希梅[86]等人研究双层化学镀 Ni-P 工艺和其耐蚀性；姚洪利[87]等人对 Ni-W-P/Ni-P 双镀层进行了热处理研究。

经研究与镍同时沉积的金属（Cu、W、Co、Zn、Fe、Sn 等），加入不同的金属组元对镀层性能有不同的影响[43]，见表 2-1。

表 2-1 镍基多元合金化学镀种类和镀层性能的关系

| 镀 层 种 类 | 镀 层 性 能 |
| --- | --- |
| Ni-Cu-P | 装饰性、耐蚀性、耐磨性、可焊性 |
| Ni-W-P | 耐蚀性、耐磨性 |
| Ni-Co-P | 耐蚀性、磁化 |
| Ni-Zn-P | 耐蚀性、耐磨性 |
| Ni-Fe-P | 耐磨性、耐蚀性 |
| Ni-Sn-P | 耐蚀性、可焊性 |
| Ni-Co-Fe-P | 耐蚀性、磁化 |

目前，国内外对这方面的研究报道不多，大多数研究重点都是化学沉积基础工艺参数（主盐浓度、pH 值、温度）对沉积速度、镀层组成及微观结构形貌和腐蚀性能的影响[75]。少数文献报道了无机离子[75,76,88]或有机添加剂[74,83,89]对镀液稳定性和镀速的影响。近几年来又有研究探索了化学镀后处理工艺，如镀层的钝化处理、热处理对耐蚀性的影响[90,91]。

（1）Y. F. Jiang 等人认为[92]，锌沉积机理和镍沉积机理相似，只需在镀液中加入 $ZnSO_4 \cdot 6H_2O$ 即可。

$$Zn^{2+} + 2e \longrightarrow Zn \tag{2-1}$$

$$Zn^{2+} + 2H_2PO_2^- + 2H_2O \longrightarrow Zn + H_2PO_3^- + 2H^+ + H_2 \tag{2-2}$$

锌的量可以由 $ZnSO_4 \cdot 6H_2O$ 控制。

（2）根据混合电势理论，Basker Veeraraghavan[40]等人提出了一个理论动力学数学模型，模型中除了电化学步骤外还假设了一个吸附步骤，并描述 Ni-Zn-P

化学沉积机理，如下所示。

1）磷酸盐的氧化反应：

$$H_2PO_2^- + H_2O \longrightarrow H_2PO_3^{2-} + 2H^+ + 2e^- \tag{2-3}$$

2）P 的还原反应：

$$2H_2PO_2^- + H^+ + 2e \longrightarrow P + HPO_3^{2-} + H_2O + H_2 \tag{2-4}$$

3）Ni 的还原反应：

$$Ni(NH_3)_6^{2+} + 2e^- \longrightarrow Ni + 6NH_3 \tag{2-5}$$

4）Zn 的还原反应：

$$Zn(NH_3)_4^{2+} + 2e^- \longrightarrow Zn + 4NH_3 \tag{2-6}$$

5）析氢气反应：

$$2H^+ + 2e^- \longrightarrow H_2 \tag{2-7}$$

该机理很好地说明了 pH 值增大，镀速增大，镀层中 Ni、Zn 含量增大，而 P 含量却降低的现象，还可以解释碱性 Ni-Zn-P 氢脆性的降低。

该模型根据吸附步骤的假设，模拟了在各种镀液条件下 Zn、Ni、P 的表面覆盖，模拟数据与实验结果很好地符合，证实吸附在合金沉积过程中占有重要的地位。Zn 离子对沉积反应的抑制作用是通过改变吸附在电极表面的电化学活性离子的表面覆盖度来实现的[77]。

## 2.2.3　化学复合镀研究现状

复合镀技术是材料表面改性的有效途径之一，在提高材料表面物理化学性能、赋予材料表面功能特性等方面获得广泛应用。实际工况中，材料的失效形式主要有断裂、腐蚀和磨损，而这些失效形式一般都发生材料的表面。而表面纳米化就是对材料表面的组织和性能进行强化以期提高材料整体性能的一种有效手段。在化学镀溶液中加入不溶性颗粒，使之产生共沉积而形成同时具有基质金属和固体微粒两种物质综合性能的复合镀层。由于纳米粒子具有量子尺寸效应、小尺寸效应、表面与界面效应等，它具有特殊的物理和化学性能。化学复合镀技术具有工艺简单、成本低廉、在常温下实现材料的复合而不影响基体的性质等优点[93]。通过化学沉积方法将纳米级固体颗粒包覆于 Ni-Zn-P 合金镀层中，由于纳米颗粒对位错和晶界的钉扎作用，可以抑制晶粒的高温长大，有望所获得的纳米复合镀层在热稳定性、耐磨性和硬度等方面可以进一步提高[94~96]。朱绍峰[97]等人报道了化学沉积 Ni-Zn-P-TiO₂ 纳米复合镀层及其性能。采用化学沉积方法获得了 Ni-Zn-P-TiO₂ 纳米复合镀层，并采用 SEM、EDS 和 XRD 对复合镀层进行了表征。研究了 Ni-Zn-P 镀液中纳米 TiO₂ 粒子加入量对沉积行为的影响和沉积层在流动的 0.05mol/L 盐酸介质中的腐蚀行为。结果表明：纳米 TiO₂ 粒子的加入会影响复合镀层的沉积速度和镀层中纳米 TiO₂ 粒子的包覆量；随着盐酸介质冲击镀层的角度的减小及其流速的增加，镀层的质量损失增大；在流动的腐蚀性介质中，化学沉积的 $Ni-Zn-P-TiO_2$ 纳米复合镀层的耐腐蚀性能优于化学沉积的 $Ni-Zn-P$ 镀层。

复合镀层是指通过金属沉积的方法，将一种或数种不溶性的固体微粒、惰性颗粒、纤维等均匀的夹杂到金属沉积层中所形成的特殊镀层[98]。一般来讲，复合镀层的形成包括两步吸附过程：第一步是弱吸附，即携带着离子与溶剂分子膜的微粒吸附在电极表面上；第二步为强吸附，即处于弱吸附状态的微粒，脱去它所吸附的离子和溶剂化膜，与阴极表面直接接触，形成不可逆的电化学吸附基质金属与不溶性固体微粒之间的相界面基本上是清晰的，几乎不发生相互扩散现象，但却具备基质金属与不溶固体微粒的综合性能。复合镀层技术是改善材料表面性能的有效途径之一，而且复合镀层技术具有工艺简单、成本低、可以在常温下操作、不影响主体材料内部性质等优点，因而在材料的研究和开发中占有重要地位[99]。钢铁材料的失效大多发生在材料的表面，如材料的疲劳、腐蚀和磨损对材料的表面结构和性能极其敏感，材料表面的结构和性能直接影响钢铁材料的整体性能。复合镀技术作为材料表面强化的一种手段，因其镀层具有的高硬度、耐磨性、自润滑性、耐蚀性、特殊的装饰外观以及电接触、电催化等功能而备受人们的关注[100]。

早期复合镀中的颗粒一般都是微米级，随着纳米材料与纳米技术研究的不断深入，在基础镀液中加入一种或数种具有特殊性能的纳米微粒（球形、线形、管形等），从而得到具有特殊性能的纳米微粒复合镀层[101]。纳米材料是指由超细晶粒组成（特征维度小于临界尺寸，一般在 $1 \sim 100nm$ 之间）的固体材料，纳米材料是主要由非共格界面构成的材料，处在原子族和宏观物体交界的过渡区域。由于颗粒的尺寸效应、界面效应和量子尺寸效应，纳米材料表现出优异的物理、化学性能，引起了广泛的关注。纳米复合镀层是将非水溶性的纳米固体微粒加入到电镀溶液或化学镀溶液中，在电镀或化学镀过程中使其与主体金属共沉积在基材上得到的镀层。把纳米微粒与金属共沉积得到金属基纳米微粒复合镀层，使纳米微粒的许多独特物理、化学性质与化学镀镍层的优异性能相结合。

纳米微粒在镀液中的分散程度对镀层中纳米微粒均匀分布有重要的影响。纳米微粒的比表面积大、表面能高，使其表面处于极不稳定状态。为了降低表面能，纳米微粒往往通过相互聚集而达到稳定状态。以团聚体存在的纳米微粒会失去其原有的纳米微粒效应，因此，首先要使纳米微粒呈单分散态均匀且稳定地分散在镀液中，才有可能得到高质量的纳米复合镀层。目前纳米微粒的分散方法主要分为物理法和化学法。由于不同粒径和种类的纳米微粒其分散性不同，在制备纳米复合镀层的过程中，往往同时采用几种分散方法。与具有相同组成、微米微粒的普通复合镀层相比，纳米微粒复合镀层的很多性能都得到大幅度提高，正因为如此，尽管纳米复合镀技术的研究始于 20 世纪 90 年代，但纳米微粒复合镀层所表现出的诸多优异性能已使纳米复合镀技术迅速成为人们研究的热点，一些镀种已在工业生产中得到应用。

由于纳米颗粒的表面活性高，在镀液中极不稳定，易发生团聚形成尺寸较大的粉末团，因此为了使纳米颗粒均匀分散于镀液中，纳米颗粒的分散是有待解决的首要问题，必须做更多的研究工作。但国内对纳米颗粒分散问题的理论研究还不够深入，对分散剂的选择也受到一定的限制，纳米颗粒的分散至今还未得到根本性的解决，导致纳米 $SiO_2$ 化学复合镀层诸多性能的提高受到限制。因此，工艺参数的优化和分散剂的选择，对提高镀液的稳定性和复合镀层的性能具有重要的意义[102]。

纳米材料是 20 世纪 80 年代发展起来的新型材料，与具有相同组成、微米微粒的普通复合镀层相比，将纳米材料和复合镀层技术相结合，获得耐磨、减摩、耐高温等性能优异的纳米复合镀层，这些性能提高的幅度往往随纳米粒子粒径的减小而增大。纳米材料的广泛应用，同时为涂层技术进一步提高创造了条件，因而制备纳米复合镀层已经成为近年来国内外竞相研究的热点。目前已经制备出多种具有不同功能的纳米复合镀层，部分工艺已应用于生产实践中。在 Ni-P 镀液中添加纳米粒子制备纳米复合镀层可以提高金属或合金耐磨损、耐擦损和抗蠕变的性能，提高耐腐蚀性、高温强度和高温抗氧化性，作为干性自润滑镀层、电接触功能的复合镀层等。对纳米复合镀层已经进行了大量的研究，主要集中在纳米复合镀层的制备工艺条件、纳米复合镀层的沉积机理、纳米颗粒在复合镀层中的作用机制以及耐磨、减摩及耐高温纳米复合镀层应用等几方面。但其制备技术现在还不够成熟[103]。

常见的复合镀层有 Ni-P-SiC、Ni-P-Al$_2$O$_3$、Ni-P-Si$_3$N$_4$、Ni-P-SiO$_2$ 等。许多研究者对各种镀层的耐蚀性能进行了研究，但由于各研究者的试验条件、评价方法的不同，结果也不尽相同。

张永忠[104] 报道了 Ni-P-PTFE 化学复合镀工艺和镀层的性能，将 PTFE 纳米微粒加入到 Ni-P 化学镀液中，获得了均匀的复合镀层，镀层具有优异的摩擦学性能，其摩擦系数比 Ni-P 合金镀层低很多，同时增强了镀层的抗磨损能力。

周苏闽[105] 等人报道了化学复合镀 Ni-P-CeO$_2$ 纳米镀层的性能。分别采用季铵盐类阳离子表面活性剂和酚醛类非离子表面活性剂对 CeO$_2$ 纳米微粒进行预处理，使微粒在镀液及镀层中分散均匀。该镀层在 10% 的 NaCl 溶液和 1% 的 H$_2$S 气体中表现出良好的耐腐蚀性能。黄新民[106] 等人报道了化学镀 Ni-P-ZrO$_2$ 纳米复合镀层的性能，该镀层经 400℃ 热处理后，HV 硬度达到最大值，接近 900，经 600℃ 热处理后，HV 硬度仍然保持在 800。研究表明，在 600℃ 时 ZrO$_2$ 纳米微粒能有效地抑制 Ni-P 合金基体组织晶粒的长大。曹茂盛[107] 等人报道了 Ni-P-纳米

Si 化学复合镀工艺及镀层性能，分析了 Si 纳米粒子在镀液中的含量、镀液 pH 值、施镀温度及热处理温度对镀层性能的影响。该镀层具有良好的耐腐蚀性能，经过 400℃ 热处理 1h，HV 镀层硬度达到 1000。

王正平[108]等人报道了 Ni-P-Si$_3$N$_4$ 纳米粒子化学复合镀工艺和镀层性能。论述了化学复合镀的机理，确定了工艺过程。镀层 HV 硬度为 560，经过 500℃ 热处理 HV 硬度达到 1265，明显高于 Ni-P 合金镀层的硬度。陈卫祥[109]等人报道了化学复合镀制备的 Ni-P-IF-WS$_2$ 纳米复合镀层，该镀层比 Ni-P 合金镀层具有更高的耐磨性和更低的摩擦系数。蔡莲淑[110]等人报道了 Ni-P-SiC 纳米化学复合镀工艺，在化学镀 Ni-P 合金工艺基础上添加不同质量浓度的 SiC 纳米粒子，探讨了 SiC 粒子及其质量浓度对沉积速度和复合镀层性能的影响。结果表明，添加适量的 SiC 纳米粒子，沉积速度和镀层硬度都有显著的提高，沉积速度达到 68.4μm/h，HV 硬度达到 1650。

许多研究者[111~114]研究了化学镀液中纳米粒子 Al$_2$O$_3$ 对镀层耐蚀性、耐磨性、耐高温性能的影响。王勇[111]等人研究了在 Q235 钢表面制备 Ni-P-Al$_2$O$_3$ 复合镀层的工艺条件，观察了 Ni-P-Al$_2$O$_3$ 复合镀层的形貌，分析了复合镀层的组成、硬度及耐蚀性。曾宪光[112]等人以 A3 钢为基底进行酸性化学镀 Ni-P-Al$_2$O$_3$，采用正交试验法和单因素试验法得到了化学镀 Ni-P-Al$_2$O$_3$ 最佳配方及工艺条件，并对镀层的耐蚀性、硬度、厚度等进行了检测。结果表明，在最佳工艺条件下，镀层的沉积速率较快，可达 28.2g/(m$^2$·h)。S. Karthikeyan[113]等人研究了 Ni-P-Al$_2$O$_3$ 复合镀层的耐磨性和不同浓度的还原剂（次磷酸钠）对沉积速率的影响。Prasanna Gadhari[114]等人也研究 Ni-P-Al$_2$O$_3$ 镀层耐蚀性和耐磨性。

许多研究者[115~117]研究了化学镀液中纳米粒子 SiC 对镀层耐磨性、耐蚀性的影响。赵杰[115]研究了 pH 值对化学镀 Ni-P-SiC 复合镀层的沉积速度、表面形貌以及耐腐蚀性的影响。Amir Farzaneh[116]等人通过动电位极化作用和电化学阻抗谱测试 Ni-P-SiC 复合镀层的腐蚀性能，SiC 纳米粒子在 Ni-P 合金镀层表面的共沉积提高了镀层耐蚀性。Ma Chunyang[117]等人研究 Ni-P-SiC 镀层的硬度和耐蚀性。

许多研究者[64,118~122]研究了纳米粒子 TiO$_2$ 对镀层抗菌性、耐磨性、耐蚀性的影响。S. Ranganatha[64]等人研究了 Ni-Zn-P-TiO$_2$ 和 Ni-Zn-P 镀层的耐蚀性，Ni-Zn-P-TiO$_2$ 比 Ni-Zn-P 镀层有更好耐蚀性。Zhao Qi[118]等人在不锈钢 316L 表面化学镀 Ni-P-TiO$_2$ 复合镀层，结果表明，Ni-P-TiO$_2$ 镀层与不锈钢基体和 Ni-P 镀层相比，细菌减少达 75% 和 70%。Preeti Makkar[119]等人在低碳钢上化学镀 Ni-P-TiO$_2$ 和 Ni-P 镀层，并比较了两个镀层耐磨性和耐蚀性。Hu Xiao[120]、Preeti Makkar[121]等人也研究了纳米粒子 TiO$_2$ 对化学镀层的耐蚀性和耐磨性。

一些研究者研究了纳米粒子 $SiO_2$ 对镀层耐蚀性、耐磨性的影响。Wang Yi[123] 等人在低碳钢表面化学镀 Ni-W-$SiO_2$ 和 Ni-W 镀层，结果表明，Ni-W-$SiO_2$ 镀层与 Ni-W 镀层相比具有较高的硬度。D. Gutsev[124] 等人通过扫描电镜和能谱分析仪分析了 Ni-P-$SiO_2$ 镀层的耐磨性。

关于在化学镀液中加入纳米粒子四氟乙烯（PTFE）对镀层耐磨性的影响，张翠杰[125] 等人研究表面活性剂 $FC_4$ 和 PTFE 添加量对镀层耐磨性影响。关于在化学镀液中加入纳米粒子 $ZrO_2$ 对镀层硬度和耐磨性的影响，Preeti Makkar[126] 等人在低碳钢上化学镀 Ni-P-Al-$ZrO_2$，化学镀 Ni-P-Al-$ZrO_2$ 相比 Ni-P 镀层的硬度和耐磨性有明显的提高。

陈小文[127] 等人研究了添加两种纳米粒子的化学复合镀，得到的镀层比单种纳米粒子具有更好的性能。Wang Yuxin[128] 等人在不锈钢表面进行了双层化学镀，内层为 Ni-P 合金镀层、外层为 Ni-P-$ZrO_2$ 复合镀层，得到力学性能和耐腐蚀性能良好的镀层。

纳米粒子对化学镀层有着良好的作用，能够明显提高镀层的耐腐蚀性、耐磨性、润滑性等。不同纳米粒子在镀层中所起的作用不同，可以改善镀层的硬度、耐磨性、抗菌性、耐高温性等，见表 2-2。

表 2-2　纳米粒子与镀层性能的关系

| 纳米粒子 | 镀 层 性 能 |
|---|---|
| $Al_2O_3$ | 提高镀层硬度、耐腐蚀性、耐高温性 |
| SiC | 提高镀层耐腐蚀、耐磨性 |
| $TiO_2$ | 提高镀层硬度、抗菌性、耐蚀性、耐磨性 |
| $SiO_2$ | 提高镀层耐磨性、硬度 |
| PTFE | 提高镀层自润滑性、耐磨性 |
| $ZrO_2$ | 提高镀层耐磨性、硬度 |

## 2.3　钢铁表面化学镀的发展方向

通过改变镀层种类和工艺参数可以得到不同性能的化学镀层，能满足不同领域的各种要求。目前钢铁表面化学镀类型虽然很多，但是随着科技的发展和对钢铁表面高性能的需求，开发新的复合材料化学镀和研制高性能的化学镀层是今后发展方向之一。尽管国内外研究者在钢铁表面化学镀已有不少的研究成果，但是其还存在许多问题，如镀液不稳定、废液污染、镀层结合强度低、镀速慢等，所以研发新配方、废液净化、提高镀速是目前钢铁表面化学镀需要解决的重点问题。相信通过科研工作者坚持不懈的努力很快会探索出一条适合现在工业化的化学镀工艺，使化学镀得到更广泛的应用[129]。

化学镀技术未来将朝着两个方向发展[130]：（1）发展其他一些先进的辅助技术与功能多样化镀层相互融合，包括印刷电路板的计算机的辅助设计、红外线、超声波、激光、紫外光、诱导化学镀等先进技术。（2）化学镀技术在已有基础上进一步完善和提高。

## 参 考 文 献

[1] 靳素娟. 钢铁材料前处理活化工艺及其活化机理研究 [D]. 湖南：湖南大学，2013.

[2] Qi F, Leng Y X, Huang N. Surface modification of 17-4PH stainless steel by DC plasmanitriding and titanium nitride film duplex treatment [J]. Nuclear Instruments and Methods in Physics Research B, 2007, 257 (1~2)：416~419.

[3] 彭小玲，付卉. 浅谈几种常用金属的腐蚀机理和抗腐蚀性能 [J]. 江西水利科技，2008，34 (1)：69~71.

[4] 王丽荣，张树芳，庄晓娟. 海水中碳钢缓蚀剂研究进展 [J]. 内蒙古石油化工，2008 (1)：5~6.

[5] 王建军，郑文龙，陈家光，等. 表面涂层改性技术在提高耐候钢抗海洋性大气腐蚀中的应用 [J]. 腐蚀与防护，2004，25 (2)：53~56.

[6] 史航，王鲁民. 无公害海洋防污技术的研究进展 [J]. 海洋渔业，2003 (3)：116~119.

[7] Pereni C I, Zhao Q, Liu Y. Surface free energy effect on bacterial retention [J]. Colloids and Surfaces B：Biointerfaces, 2006, 48 (2)：143~147.

[8] Örnek D, Wood T K, Hsu C H, et al. Pitting corrosion control of aluminum 2024 using protective biofilms that secrete corrosion inhibitors [J]. Corrosion, 2002, 58 (9)：761~767.

[9] 张树琴. 镁基合金牺牲阳极保护在船舶上应用 [J]. 科技信息，2006 (12)：231~233.

[10] 宋秀索，石绍辉，史英祥. 金属构件表面防护技术及工艺浅析 [J]. 选煤技术，2007，2 (2)：65~67.

[11] 刘京，胡吉明，张鉴清. 金属表面硅烷化防护处理及其研究现状 [J]. 中国腐蚀与防护学报，2006，26 (1)：59~64.

[12] 何英君，易俊明. 化学镀镍的市场和前景 [J]. 材料保护，1985 (3)：29~32.

[13] 朱相荣. 非晶态 Ni-P 化学镀的发展及应用前景 [J]. 表面技术，1990，20 (1)：34~39.

[14] 刘静萍，葛圣松，孙宏飞，等. 化学镀的国内外研究现状及展望 [J]. 山东机械，2001 (2)：2~5.

[15] 方其先，刘新宽，马明亮，等. 化学镀 Ni-P 合金耐蚀性的研究 [J]. 腐蚀与防护，1998，19 (2)：67~68.

[16] 王天旭，蒙继龙，李子全. 化学镀 Ni-P 镀层的生长机理研究 [J]. 材料保护，2007，40 (12)：4~6.

[17] 方信贤. 中温酸性化学镀镍磷合金组织和性能研究 [J]. 表面技术，2007，36 (4)：

25~27.

[18] 王小泉, 魏帅, 邢汝霖, 等. 镍磷化学镀镀层沉积速率影响因素研究 [J]. 西安石油大学学报 (自然科学版), 2005, 20 (5): 55~58.

[19] 孙冬柏, 杨君德. 化学镀 Ni-P 合金在 NaCl 溶液中的化学钝化 [J]. 腐蚀科学与防护技术, 1994, 6 (2): 131~136.

[20] 高进, 孙金厂, 崔明铎. Ni-P 合金化学镀非晶态合金的耐蚀性研究 [J]. 表面技术, 2001, 30 (5): 36~38.

[21] 刘仙, 班春燕. 化学镀 Ni-P 合金工艺及镀层耐蚀性的研究 [J]. 钢铁研究, 2002, 128 (5): 35~38.

[22] 黄晖, 富阳, 刘艳华, 等. Ni-P 化学镀层对工业锅炉腐蚀防护的可行性研究 [J]. 电镀与环保, 2014, 34 (6): 40~42.

[23] Cheng Y H, Chen H Y, Zhu Z C, et al. Tribological behavior of Ni-P deposits on dry condition [J]. Rare Metal Materials and Engineering, 2014, 43 (1): 11~16.

[24] 金永中, 杨奎, 曾宪光, 等. 温度对化学镀 Ni-P 合金层形貌、硬度及耐腐蚀性的影响 [J]. 表面技术, 2015, 44 (4): 23~26.

[25] Zhao G L, Zou Y, Zhang H, et al. Correlation between corrosion resistance and the local atomic structure of electroless, annealed Ni-P amorphous alloys [J]. Materials Letters, 2014 (132): 221~223.

[26] Cheng Y H, Zou Y, Cheng L. Effect of the microstructure on the anti-fouling property of the electroless Ni-P coating [J]. Materials Letters, 2008 (62): 4283~4285.

[27] Habib Ashassi-Sorkhabi, Moosa Es' haghi. Corrosion resistance enhancement of electroless Ni-P coating by incorporation of ultrasonically dispersed diamond nanoparticles [J]. Corrosion Science, 2013 (77): 185~193.

[28] 胡振华. 马氏体不锈钢化学镀镍工艺的研究 [J]. 电镀与环保, 2015, 35 (1): 32~33.

[29] Duari Santanu, Barman Tapan Kr, Sahoo Prasanta. Comparative study of tribological properties of Ni-P coatings under dry and lubricated conditions [J]. Procedia Materials Science, 2014 (5): 978~987.

[30] 刘建成, 刘定富. 乳酸对柠檬酸化学镀镍-磷合金的影响 [J]. 电镀与精饰, 2013, 35 (2): 34~37.

[31] 李新跃, 曾宪光, 郑兴文, 等. 低碳钢快速化学镀 Ni-P 合金的研究 [J]. 电镀与环保, 2011, 31 (4): 21~24.

[32] 胡海娇, 刘定富. 化学镀 Ni-P 合金复合络合剂的应用研究 [J]. 电镀与精饰, 2014, 36 (3): 34~38.

[33] 朱焱, 孔小雁, 黄锦涛. Q235 钢上中温化学镀镍磷合金工艺 [J]. 电镀与涂饰, 2011, 30 (5): 21~24.

[34] 杨富国, 廖丽萍, 邓应财, 等. 不锈钢化学镀镍工艺研究 [J]. 表面技术, 2010, 39 (6): 84~86.

[35] Ying H G, Yan M, Ma T Y, et al. Effects of $NH_4F$ on the deposition rate and buffering capa-

bility of electroless Ni-P plating solution [J]. Surface and Coatings Technology, 2007 (202): 217~221.

[36] Cavallotti P L, Magagnin L, Cavallotti C. Influence of added elements on autocatalytic chemical deposition electroless NiP [J]. Electrochimica Acta, 2013 (114): 805~812.

[37] 肖鑫, 许律, 李德, 等. 钢铁件化学镀 Ni-Cu-P 合金工艺研究 [J]. 腐蚀科学与防护技术, 2012, 24 (4): 337~341.

[38] Wei X, Feng L M, Gai T. Preparation and properties of electroless Ni-Sn-P coating with different contents of tin [J]. Journal of Materials Protection, 2010, 43 (1): 31~33.

[39] 孟君, 苌清华, 张淼, 等. 热处理对化学镀 Ni-Zn-P 合金性能的影响 [J]. 南方金属, 2013 (5): 15~17.

[40] Veeraraghavan B, Kim H, Popov B. Optimization of electroless Ni-Zn-P deposition process: experimental study and mathematical modeling [J]. Electrochimica Acta, 2004, 49 (19): 3143~3154.

[41] Hamid Z A, Ghanem W A, Enin S A A E. Process aspects of electroless deposition for nickel-zinc-phosphorous alloys [J]. Surface and Interface Analysis, 2005, 37 (10): 792~796.

[42] Wang S L, Wu H H. Electrolessly plated Ni-Zn-P alloy and its corrosion resistance properties [J]. Chemical Research in Chinese Universities, 2005, 21 (3): 315~321.

[43] 姜晓霞, 沈伟. 化学镀理论及实践 [M]. 北京: 国防工业出版社, 2000.

[44] Mallory G O. Ternary and quaternary electroless nickel alloys [J]. Transactions of the Institute of Metal Finishing, 1974, 52 (4): 156~161.

[45] 王艳文, 邓宗钢, 肖长庚. 化学镀 Ni-Cu-P 合金镀层的组织结构及抗蚀性能研究 [J]. 材料保护, 1991, 24 (3): 20~24.

[46] Xu Y F, Zheng X J, Hu X G, et al. Preparation of the electroless Ni-P and Ni-Cu-P coatings on engine cylinder and their tribological behaviors under bio-oil lubricated conditions [J]. Surface & Coatings Technology, 2014 (258): 790~796.

[47] Zhu L, Luo L M, Luo J, et al. Effect of electroless plating Ni-Cu-P layer on brazability of cemented carbide to steel [J]. Surface & Coatings Technology, 2012 (206): 2521~2524.

[48] Supriyo R, Prasanta S. Optimization of wear of electroless Ni-P-Cu coating using artificial bee colony algorithm [J]. Procedia Technology, 2014 (14): 320~327.

[49] 赵晴, 杜楠. 化学镀 Ni-W-P 合金工艺的研究 [J]. 材料保护, 2001, 34 (5): 28~29.

[50] 胡永俊, 熊玲, 蒙继龙. 钨含量对铝合金化学镀 Ni-W-P 硬度和耐磨性的影响 [J]. 中国有色金属学报, 2007, 17 (5): 737~742.

[51] Tsai Y Y, Wu F B, Chen Y I, et al. Thermal stability and mechanical properties of Ni-W-P electroless deposits [J]. Surface and Coatings Technology, 2001, 146 (7): 502~507.

[52] Palaniappa M, Seshadri S K. Friction and wear behavior of electroless Ni-P and Ni-W-P alloy coatings [J]. Wear, 2008, 265 (5~6): 735~740.

[53] 张俊青, 李敏, 李惠琪. Cr12MoV 钢化学镀 Ni-W-P 工艺的优化及性能 [J]. 材料保护, 2014, 47 (2): 51~53.

［54］ He F J, Fang Y Z, Jin S J. The study of corrosion-wear mechanism of Ni-W-P alloy ［J］. Wear, 2014 (311): 14~20.

［55］ Kim D H, Koji A, Osamu T. Soft magnetic films by electroless Ni-Co-P plating ［J］. Journal of Electrochemical Society, 1995, 142 (11): 3763~3767.

［56］ Younan M M, Aly I H M, Nageeb M T. Effect of heat treatment on electroless ternary nickel-cobalt-phosphorus alloy ［J］. Journal of. Applied Electrochemistry, 2002, 32 (4): 439~446.

［57］ 曾宪光, 龚敏, 郑兴文, 等. Ni-Co-P 化学镀工艺优化及性能研究 ［J］. 宇航材料工艺, 2015 (2): 69~72.

［58］ Xue R J, Wu Y C. Mechanism and microstructure of electroless Ni-Fe-P plating on CNTs ［J］. Journal of China University of Mining and Technology, 2007, 17 (3): 424~427.

［59］ Schmeckenbecher A F. Chemical nickel-iron films ［J］. Journal of Electrochemical Society, 1966, 113 (8): 778~782.

［60］ 李伟臣. 化学镀 Ni-Fe-P 工艺的研究 ［J］. 电镀与环保, 2011, 31 (2): 20~21.

［61］ Zhang B W, Xie H W. Effect of alloying elements on the amorphous formation and corrosion resistance of electroless Ni-P based alloys ［J］. Materials Science and Engineering A: Structural Materials: Properties, Microstructure and Processing, 2000, 281 (1): 286~291.

［62］ Hao X W, Bang Z W, Qiao Y Q. Preparation, structure and corrosion properties of electroless amorphous Ni-Sn-P alloys ［J］. Transactions of the Institute of Metal Finishing, 1999, 77 (3): 99~102.

［63］ 李桥, 范洪远, 王均, 等. L245 钢基体表面 Ni-Sn-P 化学镀合金镀层耐腐蚀性能研究 ［J］. 热加工工艺, 2014, 43 (14): 149~152.

［64］ Ranganatha S, Venkatesha T V, Vathsala K. Development of electroless Ni-Zn-P/nano-TiO$_2$ composite coatings and their properties ［J］. Applied Surface Science, 2010, 256: 7377~7383.

［65］ 胡光辉, 唐锋, 黄华娥, 等. 碱金属阳离子对化学镀镍的影响 ［J］. 电镀与涂饰, 2011, 30 (4): 19~22.

［66］ 蒋柏泉, 公振宇, 杨苏平, 等. 预化学镀石英光纤表面电镀镍层的研究 ［J］. 南昌大学学报 (工科版), 2009, 31 (3): 210~214.

［67］ 蒋柏泉, 胡素芬, 曾庆芳, 等. 木材表面化学镀 Ni-P 电磁屏蔽材料的制备和性能 ［J］. 南昌大学学报 (工科版), 2008, 30 (4): 325~328.

［68］ 蒋柏泉, 李春, 白立晓, 等. 石英光纤表面化学镀 Ni-P 的工艺研究及其表征 ［J］. 南昌大学学报 (工科版), 2008, 30 (3): 205~208.

［69］ 李宁. 化学镀实用技术 ［M］. 北京: 化学工业出版社, 2004.

［70］ 王殿龙, 宫玉梅. 酸性化学镀 Ni-Zn-P 工艺的研究 ［J］. 电镀与环保, 2009, 29 (2): 39~42.

［71］ 付川. 电镀 Zn-Ni-P 合金工艺的优化 ［J］. 材料保护, 2003, 36 (12): 29~31.

［72］ 蒋柏泉, 刘贤相, 吴琴芬, 等. 镧-镱改性化学镀制备陶瓷负载型钯膜的动力学研究 ［J］. 南昌大学学报 (工科版), 2008, 30 (1): 12~15.

［73］ Cocks H C. The effect of superposed alternating current on the deposition of zinc-nickel alloys

[J]. Transactions of the Faraday Society, 1928, 24: 348~358.

[74] Bouanani M, Cherkaoui F, Fratesietal R. Microstructural characterization and corrosion resistance of Ni-Zn-P alloys electrolessly deposited from a sulphate bath [J]. Applied Electrochemistry, 1999, 29 (5): 637~645.

[75] Valova E, Georgiev I, Armyanov S, et al. Incorporation of zinc in electroless deposited nickel-phosphorus alloy. I. A comparaive study of Ni-Zn-P coatings deposition, structure, and composition [J]. Electrochemical Society, 2001, 148 (4): C266~C273.

[76] Valova E, Armyanov S, Franquet A, et al. Incorporation of zinc in electroless deposited nickel-phosphorus alloy. Ⅱ. Compositional variations through alloy coating thickness [J]. J. Electrochemical Society, 2001, 148 (4): C274~C279.

[77] 赵富霞. 化学镀 Ni-Zn-P 合金工艺及镀层性能研究 [D]. 哈尔滨: 哈尔滨工业大学, 2008.

[78] 朱绍峰, 吴玉程, 黄新民. 化学沉积 Ni-Zn-P 合金及其冲蚀特性 [J]. 功能材料, 2010, 41 (7): 1181~1185.

[79] 潘振中, 罗建东, 胡小芳. 化学镀 Ni-Zn-P 合金工艺的研究 [J]. 电镀与污染控制, 2008, 28 (5): 28~30.

[80] 柳飞, 朱绍峰, 林晓东, 等. 热处理对化学沉积 Ni-Zn-P 合金组织与性能的影响 [J]. 金属热处理, 2010, 35 (10): 21~24.

[81] Schlesinger M, Meng X Y, Snyder D D. Electroless Ni-Zn-P films [J]. J. Electrochem. Soc., 1990, 137 (6): 1858~1859.

[82] Schlesinger M, Meng X Y, Snyder D D. The microstructure and electrochemical properties of electroless Ni-Zn-P alloy [J]. J. Electrochem. Soc., 1991, 138 (2): 406~410.

[83] Bouanani M, Cherkaoui F, Cherkaoui M, et al. Ni-Zn-P alloy deposition from sulfate bath: inhibitory effect of znic [J]. J. Appl. Electrochem., 1999 (29): 1171~1176.

[84] Oulladj M, Saidi D, Chassaing E, et al. Preparation and properties of electroless Ni-Zn-P alloy films [J]. Mater. Sci., 1999 (34): 2437~2439.

[85] 王森林, 战俊杰. 化学镀镍-钴-铁-磷镀层的结构和磁性能 [J]. 中国有色金属学报, 2008, 18 (6): 1105~1109.

[86] 范希梅, 张会广, 郝军, 等. 双层 Ni-P 合金镀层制备及耐蚀性 [J]. 西南交通大学学报, 2010, 45 (3): 389~392.

[87] 姚洪利, 王厚杰, 王守圣, 等. 化学沉积 Ni-W-P/Ni-P 镀层热处理晶化及性能比较[J]. 金属热处理, 2014, 39 (2): 58~64.

[88] 孙雅茹, 于锦, 周凯. 稀土元素在化学镀 Ni-P 中作用的研究 [J]. 沈阳工业大学学报, 2001, 23 (4): 292~294.

[89] 肖顺华, 江雄知. Ni-Zn-P 三元合金沉积速率的研究 [J]. 桂林工学院学报, 2003, 23 (4): 480~482.

[90] 王森林, 喻伟伟. 钝化处理对 Ni-Zn-P 镀层耐腐蚀性能的影响 [R]. 福建省自然科学基金报告 (E0210020): 367~370.

[91] Wang S L, Chen Z M. The effect of heat treatment on the structure and the properties of the Ni-Zn (Fe) -P alloy prepared by electroless-deposotion [J]. Journal of Functional Materials, 2005, 36 (5): 798~802.

[92] Jiang Y F, Liu L F, Zhai C Q, et al. Corrosion behavior of pulse-plate Zn-Ni alloy coatings on AZ91 magnesium alloy in alkaline solutions [J]. 2005, 484: 2322~2337.

[93] Agarwala R C, Agarwala V. Electroless alloy/composite coatings: A review [J]. Sadhana, 2003, 8 (3~4): 475~493.

[94] Karthikeyan S, Srinivasank N, Vasudevan T, et al. Studies on electroless Ni-P-$Cr_2O_3$ and Ni-P-$SiO_2$ composite coatings [J]. 电镀与涂饰, 2007, 26 (1): 1~6.

[95] Balaraju J N, Rajam K S. Electroless deposition and characterization of high phosphorus Ni-P-$Si_3N_4$ composite coatings [J]. Int J Electrochem Sci, 2007 (2): 747~761.

[96] Apachitei I, Duszczyk J, Katgerman L, et al. Particles co-deposition by electroless nickel [J]. Scripta Materialia, 1998, 38 (9): 1383~1389.

[97] 朱绍峰, 吴玉程, 黄新民. 化学沉积 Ni-Zn-P-$TiO_2$纳米复合镀层及其性能研究 [J]. 热处理, 2011 (1): 34~37.

[98] 徐滨士, 朱绍华. 表面工程的理论与技术 [M]. 北京: 国防工业出版社, 1999.

[99] 李卫东, 周晓荣, 左正忠, 等. 电沉积复合镀层的研究现状 [J]. 电镀与精饰, 2000, 19 (5): 44~49.

[100] 张艳丽, 罗胜铁, 刘大成. 金属镍-碳化硅纳米复合电镀工艺研究 [J]. 兵器材料科学与工程, 2007, 30 (4): 58~60.

[101] 姚忠科. Ni-P-Cr 基复合纳米材料的制备及性能研究 [D]. 北京: 首都师范大学, 2006.

[102] 赵永华, 张兆国, 赵永强. Ni-P-纳米 SiC 化学复合镀超声波分散工艺 [J]. 兰州理工大学学报, 2011, 37 (2): 26~29.

[103] 孙伟, 张覃秩, 叶卫平, 等. 纳米复合电沉积技术及机理研究的现状 [J]. 材料保护, 2005, 38 (6): 41~44.

[104] 张永忠. 化学镀 Ni-P-PTFE 的工艺及性能 [J]. 功能材料, 1994, 30 (1): 23~25.

[105] 周苏闽, 王红燕. 一种化学复合镀层的研制及其耐腐蚀性研究 [J]. 表面技术, 1999, 28 (6): 7~9.

[106] 黄新民, 吴玉程, 郑玉春. 纳米 $ZrO_2$功能涂层的制备与组织结构 [J]. 新技术新工艺, 2000, 27 (2): 31~32.

[107] 曹茂盛, 杨会静, 刘爱东, 等. Ni-P-Si 纳米粒子化学复合镀工艺及力学性能研究 [J]. 中国表面工程, 2000, 13 (3): 42~45.

[108] 王正平, 杨会静, 曹茂盛, 等. Ni-P-$Si_3N_4$纳米粒子化学复合镀工艺优化及镀层性能表征 [J]. 中国表面工程, 2001, 14 (3): 24~29.

[109] 陈卫祥, 涂江平, 马晓春, 等. Ni-P 无机类富勒烯 $WS_2$纳米材料化学复合镀层的制备及其摩擦学性能初步研究 [J]. 化学学报, 2002, 60 (9): 1722~1726.

[110] 蔡莲淑, 程秀, 揭晓华, 等. Ni-P-SiC (纳米) 化学复合镀工艺的研究 [J]. 表面技术, 2003, 32 (5): 38~40.

［111］ 王勇，杜克勤，郭兴华，等. 化学镀 Ni-P-Al$_2$O$_3$ 复合镀层的研究［J］. 电镀与环保，2013，33（4）：22~25.

［112］ 曾宪光，陈红辉，黄小兵，等. 化学镀 Ni-P-Al$_2$O$_3$ 工艺优化［J］. 电镀与环保，2015，35（2）：14~18.

［113］ Karthikeyan S，Ramamoorthy B. Effect of reducing agent and nano Al$_2$O$_3$ particles on the properties of electroless Ni-P coating［J］. Applied Surface Science，2014（307）：654~660.

［114］ Prasanna G，Prasanata S. Optimization of electroless Ni-P-Al$_2$O$_3$ composite coating based on multiple surface roughness characteristics［J］. Procedia Materials Science，2014（5）：21~30.

［115］ 赵杰. pH 对化学镀（Ni-P）-SiC 复合镀层性能影响的研究［J］. 电镀与精饰，2013，35（2）：1~4.

［116］ Farzaneh A，Mohammadi M，Ehteshamzadeh M，et al. Electrochemical and structural properties of electroless Ni-P-SiC nanocomposite coatings［J］. Applied Surface Science，2013（276）：697~704.

［117］ Ma C Y，Wu F F，Ning Y M，et al. Effect of heat treatment on structures and corrosion characteristics of electroless Ni-P-SiC nanocomposite coatings［J］. Ceramics International，2014（40）：9279~9284.

［118］ Zhao Q，Liu C，Su X J，et al. Antibacterial characteristics of electroless plating Ni-P-TiO$_2$ coatings［J］. Applied Surface Science，2013，（274）：101~104.

［119］ Makkar P，Agarwala R C，Vijaya A. Chemical synthesis of TiO$_2$ nanoparticles and their inclusion in Ni-P electroless coatings［J］. Ceramics International，2013（39）：9003~9008.

［120］ Hu X，Xu S，Yang Y，et al. Effect of TiO$_2$ nanoparticle addition on electroless Ni-P under bump metallization for lead-free solder interconnection［J］. Materials Science & Engineering A，2014（600）：67~75.

［121］ Makkar P，Agarwala R C，Agarwala V. Wear characteristics of mechanically milled TiO$_2$ nanoparticles incorporated in electroless Ni-P coatings［J］. Advanced Powder Technology，2014（25）：1653~1660.

［122］ Song L Z，Wang Y N，Lin W Z，et al. Primary investigation of corrosion resistance of Ni-P/TiO$_2$ composite film on sintered NdFeB permanent magnet［J］. Surface and Coatings Technology，2008，202（21）：5146~5150.

［123］ Wang Y，Zhou Q Y，Li K，et al. Preparation of Ni-W-SiO$_2$ nanocomposite coating and evaluation of its hardness and corrosion resistance［J］. Ceramics International，2015（41）：79~84.

［124］ Gutsev D，Antonov M，Hussainova I，et al. Effect of SiO$_2$ and PTFE additives on dry sliding of NiP electroless coating［J］. Tribology International，2013（65）：295~302.

［125］ 张翠杰，刘贯军，张培彦. Ni-P-PTFE 化学复合镀工艺优化及镀层性能研究［J］. 表面技术，2015，44（1）：102~105.

［126］ Makkar P，Mishra D D，Agarwala R C，et al. A novel electroless plating of Ni-P-Al-ZrO$_2$ nanocomposite coatings and their properties [J]. Ceramics International, 2014 (40): 12013~12021.

[127] 陈小文, 谢华, 李晖. 化学复合镀 Ni-P-纳米 SiC-PTFE 工艺的研究 [J]. 电镀与环保, 2010, 30 (3): 22~26.

[128] Wang Y X, Shu X, Wei S H, et al. Duplex Ni-P-ZrO$_2$/Ni-P electroless coating on stainless steel [J]. Journal of Alloys and Compounds, 2015 (630): 189~194.

[129] 徐旭仲, 赵丹, 万德成, 等. 钢铁表面化学镀的研究进展 [J]. 电镀与精饰, 2016, 38 (3): 27~32.

[130] 郭忠诚, 刘洪康, 王志英. 化学镀层应用现状与展望 [J]. 电镀与环保, 1996, 16 (5): 8~13.

# 3 化学镀镍工艺过程

自化学镀镍技术问世以来，化学镀镍基合金的工艺一直是科研人员及现场操作人员密切关注的课题。化学镀镍包括镀前预处理、施镀操作、镀后处理工艺序列组成，正确地实施工艺全过程才能获得质量合格的镀层。然而，与电镀工艺比较，化学镀镍工艺全过程应格外仔细。化学镀取决于在工件表面均匀一致的、迅速的成核过程，化学镀镍并无外力启动和帮助克服任何表面缺陷；工件进入镀液即形成均匀一致的沉积界面，这一点很重要。一般来讲，化学镀镍溶液比电镀溶液更加敏感娇弱。其中各项化学成分的平衡、工艺参数的可操作范围比较狭窄；对于污染物的耐受能力较差，尽可能延长化学镀溶液寿命是十分重要的。化学镀镍是一种化学还原过程，基体金属表面正确的准备工序对于获得合格的化学镀镍层至关重要。不恰当的前处理可能产生镀层附着力不好、多孔、粗糙甚至漏镀。与电镀前处理工序比较，化学镀的前处理应格外仔细，原因有以下几点[1]：

（1）化学镀镍溶液比电镀溶液更加敏感娇弱，前道工序溶液的带入污染是化学镀镍溶液恶化的主要原因之一。考虑到化学镀镍溶液的寿命，相对于电镀溶液而言，是十分有限的，而且化学镀镍溶液寿命是生产成本中一个重要决定因素。因此，尽一切可能延长化学镀镍溶液寿命是十分重要的。

（2）化学镀取决于在工件表面均匀一致的迅速初始状态的形成（成核过程）。因为化学镀是靠表面条件启动的，即异相表面自催化反应，而不是电力。

（3）化学镀镍层的耐腐蚀性是其得到应用的主要原因之一。这种镀层是通过完整地覆盖在金属表面而防止基体腐蚀的，而不像锌那样的牺牲性镀层。正因为如此，镀层必须是完整的，充足的表面预处理是这种完整性的保证。

在确定正确的表面前处理流程时，有以下几个重要方面需要加以考虑：

（1）合金类型。为保证镀层有足够的附着力以及镀层质量，必须鉴定钢铁合金。某些合金成分在镀前处理时需加以调整以保证除去这些合金成分才能进行化学镀镍，如铅（含铅钢）、硫（硫化钢）、过量的碳（高碳钢）、碳化物（渗碳钢）等。因为这些材料上面镀不上化学镍层，这些物质的残留会产生附着力差和起泡问题；而且，在未除净这些物质的表面会产生针孔和多孔现象。

（2）工件几何尺寸。许多工件的几何尺寸妨碍了采用某些前处理技术。对于大尺寸的容器、很大的工件以及很大内表面需要清洗的管件就是如此。通常清洗和活化钢铁件应包括电解清洗和电解活化，在上述情况下，则采用机械清洗、化学清洗和活化更为可行。

对于具有盲孔和凹槽的小零件，则需要加强清洗和漂洗工序以解决除去污垢和溶液带出污染的问题。

（3）工件的制造状况。钢铁表面状况和由于渗碳、渗氮、淬火硬化后的表面硬度是重要情况之一。通常，化学镀镍在硬度 HRC58～62 的铁件表面的附着力是难以合格的。上述硬度范围的工件必须进行特殊的预处理，即在含氰化物的溶液中周期换向电解活化或其他合适的电解清洗，以便溶解除去表面的无机物质，如碳化物。

另一个可能产生的问题是未鉴别出表面应力，如航天工业用的表面有较高张应力的工件，必须在镀前镀后进行去应力，以获得合格的附着力。

在制造过程中带来的工件表面大量的和难以除去的机械油和抛光剂等也必须在镀前清除干净。

（4）工件维修状况。最为困难的问题之一是送镀工件已经维修过，为去除表面有机涂层或铁锈氧化皮事先喷砂过的工件就代表了化学镀前最难处理的情况。同样困难的是那些未加涂层但是已经修理过的工件，这些工件表面不仅嵌进了残留物质，而且腐蚀产物附着很牢。在这种情况下，先采用机械方法清洗表面，以保证后续化学清洗活化工序的质量，为除去工件表面嵌进的油脂和化学脏污，有时预先烘烤工件十分有效，尽管这不是唯一的清除方法。

## 3.1　预处理工艺

工件进行化学镀前经过机械加工、热加工和空气暴露后，其表面存在加工残余应力层、氧化皮、油脂和污垢。只有在前处理工序中除去所有的这些表面物质，露出基体表面，才能得到好的镀层。化学镀镍前处理也包括除油、酸洗、活化等工序，但其要求比电镀更为严格。

为了获得足够的镀层结合强度，所以在化学镀前必须采取预处理工艺[2]。目前化学镀预处理主要工艺流程是打磨→除油→酸洗→活化→化学镀。其中每步处理后钢铁表面都需要用去离子水冲洗干净。

除油是除去钢铁试样在存储、搬运和加工过程中残留的润滑油、防锈油等污物。目前的除油方式主要包括有机溶剂除油、化学除油、电化学除油、超声波除油等[3~5]。在化学镀除油过程中常用两种或几种方法相结合以达到更好的除油效果。一般在化学镀中常用化学除油、有机溶剂除油与超声波除油相结合的方法[6]。

酸洗主要是除去钢铁试样表面的锈、氧化物的过程[3]。酸洗常用的酸分别是盐酸、硫酸、硝酸等。钢铁表面化学镀一般采用盐酸进行酸洗[6,7]。

活化是除去镀件表面在预处理工序中生成的氧化膜，以便镀层金属在镀件表面生长，该工序对镀层和基体金属的结合起着重要作用[5]。目前活化的方法有化学法、电化学法或阴极活化法。一般钢铁表面化学镀采用化学活化，因为化学活化法简单方便、易操作[7,8]。

### 3.1.1 除油

在这一工序中主要除去的是工件表面在机加工或存储过程中残留的润滑油、防锈油、抛光膏等油脂或污物。主要的除油方式有有机溶剂除油、碱性除油、电化学除油、乳化剂除油、超声波除油等[3]。

#### 3.1.1.1 有机溶剂除油

有机溶剂除油是可皂化油和不可皂化油在有机溶剂中的溶解过程。这种方法的优点是除油速度快，对金属无腐蚀，得到人们的重视。常用的有机溶剂有汽油（易燃）、甲基乙基酮（易燃）、丙酮（易燃）、苯（易燃、有毒）、溶剂石脑油（易燃、不经济）、四氯化碳（有腐蚀性）。这些溶剂除特殊情况外目前均不主张使用。目前常使用的是氯化烃系溶剂，其中主要有三氯乙烯、四氯乙烯、三氯乙烷。有机溶剂除油对设备和除油方式有一定的要求。如果仅仅用蘸有溶剂的碎布擦拭工件表面，或者在盛有溶剂的大桶内将工件浸泡一下，非但达不到理想的除油效果，反而会使溶解于溶剂中的污物黏附到工件表面上，因而最好采用浸渍-蒸气联合或浸渍-喷淋-蒸气联合除油方式。清洗装置的结构形式有单槽式、多槽式，此外还有喷射式和附设有链式输送机的清洗装置。

#### 3.1.1.2 碱性除油

碱性除油是指用含有碱性化学药剂的处理液除去表面油污的方法，这种方法实质是靠皂化和乳化作用除油。当带有油污的零件放入碱性除油溶液中时，可皂化油与碱发生皂化反应，反应生成的肥皂和甘油都能很好地溶解于水中，所以只要有足够的碱和具有使油污表面更新的条件（溶液的运动），可皂化油就可以从零件表面完全除掉。非皂化油只能靠乳化作用除油，除油液中必须加入乳化剂才能促进乳化作用的进行。乳化剂是一类表面活性剂，它在溶液中的分布是不均匀的，吸附富集在界面上，降低油液界面张力，使油与溶液的接触面积增大，使油膜变成小油滴分散在溶液中。碱性化学除油通常有氢氧化钠、碳酸钠、磷酸三钠、乳化剂和表面活性剂等组分。

#### 3.1.1.3 电化学除油

电化学除油是将工件浸入除油液中，并以此作为阴极或阳极进行电解而除去油污的方法。该法除油速度快、除油干净彻底，是工厂应用最为重要的一种除油方法。

电化学除油是将黏附油污的金属零件浸入电解液，使油与碱液之间的界面张力大大地降低，油膜便产生裂纹。同时，由于通电使电极极化，电极与碱液间的界面张力大大地降低，溶液对金属表面的润湿性加强，溶液便从油膜不连续处和裂纹处对油膜产生排挤作用，油膜与电极表面的接触角便大大地减小。因此，油对金属表面的附着力就大大减弱。与此同时，在电流的作用下，电极上发生电解反应，析出大量氢气或氧气，这些气体以大量小气泡的形式逸出，对油膜起到了撕裂和分散的作用，同时气泡还起到了强烈的搅拌作用，使得油污被强烈地乳化，将油污除去。实际上电化学除油中还存在着化学除油过程。

电解除油包括阴极除油（工件作阴极）、阳极除油（工件作阳极）、交替电解除油（PR 除油）等。阴极除油是利用析出的氢气清除油污，但要求除油液很清洁，基体有渗氢的可能，一般仅用作有色金属除油，很少用于钢件。尽管氢气大量析出，搅拌作用激烈，但表面几乎不受腐蚀，被活化的表面有利于与镀层结合牢固。阳极除油是利用工件表面析出的氧气冲刷污物并对溶液进行搅拌，促使油污脱离表面的一种方法。阳极除油"析氧"不如阴极除油"析氢"激烈，但有不产生氢脆的优点，也不会出现镀层夹杂。对于有色金属可采用换向除油。对于锌压铸件最佳的除油方法，是以表面活性剂为主的稀碱性溶液小阳极除油 1～2min，除油后工件表面较为清洁。

### 3.1.1.4  清洁度的检验

清洁度的检验方法有揩拭法、水润湿法、置换镀法、荧光染料法、放射线法、椭圆对称法、反射型红外吸收光谱等。

揩拭法：用清洁柔软的白纸揩拭金属表面，然后检查黏附在纸上的污染物质。使用的白纸最好是化学实验擦拭器皿用的清洁纸。对于白色残留物或白色生成物用黑色布为宜，因为肉眼检查的灵敏度不高。

水润湿法：金属表面一旦附着油脂，便不能被水润湿，水润湿法是应用这一方法而进行的。水润湿法还分水滴试验法、接触角测量试验法、挂水试验法、喷雾试验法。水滴试验法又称水珠试验法，将水珠滴在工件表面，除油不彻底的表面，水滴呈球形，表面倾斜时会滚落下来；除油彻底时，水滴散布在表面呈水膜状。接触角测量试验法是指用接触角测量仪测定滴在表面上的水滴接触角的方法。接触角越小，表明除油程度越高。测量在恒温、恒湿的室内进行，被检表面必须保持水平、无振动。挂水试验法是将被检物放入水中，然后提起，或者往表面上浇水，使水覆盖表面，观察挂水后水膜被油膜间断的状态的方法。喷雾试验法是用喷雾器向表面喷射水雾，观察挂水状态的方法。

置换镀法：将钢铁件浸入呈酸性的稀硫酸铜溶液中，在钢铁裸露面有铜析出，而油污覆盖的部分因阻挡而无铜析出。

### 3.1.2 酸洗

酸洗也称浸蚀，一般是在碱洗并清洗后进行的。当工件油污很少（如热轧钢件）时，多数先酸洗再除油。酸洗是将金属工件浸入酸或酸性盐溶液中，除去金属表面的氧化膜、氧化皮及锈蚀产物的过程。酸洗分化学酸洗和电解酸洗[3]。

#### 3.1.2.1　化学酸洗

酸洗常采用的酸有盐酸、硫酸、硝酸等。采用硝酸酸洗时容易产生氮氧化物废气污染，无处理设施时不宜采用。用盐酸酸洗的优点是对金属氧化物具有较强的溶解能力，对钢铁基体溶解缓慢，对金属基体的过腐蚀危害小，酸洗后的工件表面干净；缺点是酸雾大，对设备腐蚀大。室温下盐酸浓度通常在31%以下。

硫酸酸洗对金属基体的溶解能力强，对铁的高温氧化皮有很好的剥蚀作用，酸雾小，但过腐蚀及氢脆危险大。其浓度控制在20%最为适宜，此时酸洗速度快，也避免基体发生强烈腐蚀。

硝酸是一种强氧化性酸，浸蚀能力强，处理后工件表面干净，能使碳氧化成二氧化碳气体，经常与其他酸混合，用于低碳钢、不锈钢、耐热钢、铜及铜合金等的酸洗；但对高碳钢处理后仍有积碳。酸洗时产生氮氧化物废气污染，无处理设施时不宜采用。

磷酸在室温时对金属的浸蚀能力弱，需加热后使用，易生成磷化膜。磷酸与硫酸、硝酸、醋酸等混合常用于钢铁、铜、铝工件的光泽浸蚀。

氢氟酸对镁、铬的溶解能力强，常用于铸件和不锈钢的浸蚀，也常用10%的氢氟酸来浸蚀镁及镁基合金。

在酸洗过程中为了防止对钢铁件的过酸洗常常要选择使用缓蚀剂，包括硫脲、尿素、六次甲基四胺等。为防止酸雾，可加入抑制剂。

#### 3.1.2.2　电解酸洗

在酸的溶液中采用阳极、阴极、阳极阴极联合（PR）·电解酸洗比单纯的浸蚀酸洗速度要快，特别是容易除去那些附着紧密的氧化皮，而且允许酸的浓度有较大的变化。阴极电解酸洗对材料腐蚀少，能保证尺寸精度，然而在电解过程中容易析氢引起氢脆，溶液中的金属杂质容易电沉积到工件表面。阳极电解酸洗是借助于氧气的物理冲刷作用使氧化皮脱落，同时，由于表面发生钝化还能防止腐蚀，但若工艺不当，反而会造成工件被蚀刻；此外，还具有不发生氢脆的优点。PR电解酸洗对除去不锈钢的氧化皮是有效的，但对尺寸精度高的工件不适用，阳极酸洗效率比阴极酸洗低一倍。

### 3.1.3　活化

活化的实质是要剥离工件表面的加工变形层以及在前处理工序生成的极薄的

氧化膜（因而也称为"弱浸蚀"），将基体的组织暴露出来以便镀层金属在其表面进行生长，因而不需要酸洗那样长的时间。这个工序对镀层和基体金属的结合起着重要作用。活化的溶液浓度低，浸蚀时间短（数秒至1min），多在室温下进行。金属工件经过弱浸蚀后，应立即清洗并进行下一步的化学镀。

活化可用化学法、电化学法或阴极活化法。化学法是把金属制品浸入稀酸（3%~5%的硫酸或盐酸）溶液中或稀的氰化钠溶液中在短时间（0.5~1min）内将金属表面的极薄氧化膜溶解除去。电化学法是用浓度低些的溶液，一般在电流密度5~10A/dm² 下进行阳极处理来溶解氧化膜或进行阴极处理使表面氧化膜还原成金属[3]。

### 3.1.4 常见铁基材料的前处理工艺过程

#### 3.1.4.1 碳钢和低合金钢的前处理[1]

在化学镀镍加工对象中，以碳钢和低合金钢工件最为普遍。虽然有各种不同的镀前处理方法可供选择，但是参考规范化的工艺总是有益的，典型的碳钢和低合金钢工件的前处理工序如下：

（1）化学除油：含清洁剂或润湿剂的碱性溶液，65~80℃，时间按需要而定。

（2）热水清洗：70~80℃，2min。

（3）冷水清洗：二次逆流漂洗或喷洗，室温，2min。

（4）电解清洗：含清洁剂的碱性溶液，65~80℃，周期换向电流2~3A/dm²，阳极/阴极/阳极，共3min。

（5）热水清洗：70~80℃，2min。

（6）冷水清洗：二次逆流漂洗或喷淋，室温，2min。

（7）浸酸活化：在30%盐酸中除氧化膜。

（8）冷水清洗：二次逆流漂洗或喷淋，室温，2min。

（9）去离子水洗或预热浸洗：70~80℃，2min。

（10）化学镀镍：85~90℃，pH=4.5~5.0，时间按需。

（11）冷水清洗：二次逆流漂洗或喷淋，室温，2min，干燥。

对于碳钢也采用以下工艺：

（1）乳化剂除油。

（2）碱性除油液：时间30min，93℃。

（3）热水洗：时间2min，43℃。

（4）酸洗：HCl：$H_2O$=2：1（体积比），温度21℃，时间3~5min。

（5）冷水洗。

（6）重复（2）~（4）工序。

（7）热水洗（77～100℃）。

对于有锈蚀或氧化皮的工件，应在初步除油之后，采用喷砂或钢丝刷子除净锈蚀和氧化皮。钢铁件酸洗活化时间不宜过长，若采用盐酸酸洗后，工件表面出现不易除净的黑色污泥状物时，采用除污处理。当工件基体碳含量大于 0.35%，或者合金成分含量较高时，可考虑在镀前采取闪镀镍液，预先在工件上电镀一薄层镍的活化方式，这种方法有利于保证化学镀镍与工件基体的结合强度。

### 3.1.4.2 铸铁件的镀前处理[2]

铸铁有许多种类，常见铸铁件为灰铸铁，碳含量 2%～4%，主要以石墨相存在。铸铁件表面疏松多孔，特别是当铸造质量不高的情况下，铸铁件表面缺陷尤为突出，因此，铸铁化学镀镍比较困难，废品率较高，主要表现在镀层结合强度差、镀层孔隙率高、镀件容易返锈。因此铸铁件的前处理应十分仔细。灰铸铁的典型前处理如下：

（1）化学除油：含清洁剂的碱性脱脂溶液，70～80℃，时间 10～20min。

（2）热水清洗：70～80℃，2min。

（3）冷水清洗：二次逆流漂洗或喷淋，室温，2min。

（4）电解清洗：含清洁剂的碱性脱脂溶液 70～80℃，工件阳极，电流密度 3～5A/dm²，时间 2min。

（5）热水清洗：70～80℃，2min。

（6）冷水清洗：二次逆流漂洗或喷淋，室温，2min。

（7）浸酸活化：稀硫酸，10%体积比，室温，15～30s。

（8）冷水清洗：两次逆流漂洗或喷淋，室温，1～2s。

（9）重复步骤（4）～（8）。

（10）去离子水洗或预热浸洗：70～80℃，2min。

（11）化学镀镍：按镀液工艺参数操作。

（12）冷水清洗：两次逆流漂流或喷淋，2min。

（13）干燥。

对于铸造质量较好的铸件，步骤（9）可省略。铸件酸洗时间不宜过长，否则造成工件表面碳富集，在镀层与基体之间形成夹心层，降低镀层结合强度。也有文献报道，在氧化性的酸中，大电流阳极电解活化铸铁的前处理工艺，工序简述如下：

（1）脱脂清洗。

（2）电解活化：硫酸，60%（体积比），室温，工件阳极，电流密度 10～20A/dm²；时间 30s。

（3）清洗。

（4）化学镀镍。

### 3.1.4.3　不锈钢、高合金钢的镀前处理[2]

由于不锈钢和高镍、铬含量合金钢的表面上有一层钝化膜，若按常规钢铁件表面预处理的方式进行前处理，化学镀层的结合强度很差。在浓酸中进行阳极处理，以改善镀层的结合强度。为可靠起见，进行预镀镍，进行活化。典型的前处理工艺如下：

（1）化学除油：碱性脱脂液，温度 $60\sim90℃$，$15\sim30s$。

（2）热水清洗：$70\sim80℃$，2min。

（3）冷水清洗：二次逆流漂洗或喷淋，室温，2min。

（4）电解清洗：碱性脱脂液，温度 $60\sim90℃$，$15\sim30s$，工件为阴极。

（5）重复步骤（2）和（3）。

（6）预镀镍活化：闪镀液，电流密度 $3.5\sim7.5A/dm^2$，时间 $2\sim4min$。

（7）冷水清洗：二次逆流漂洗或喷淋，室温，1min。

（8）去离子水洗或预热浸洗：$70\sim80℃$，2min。

（9）化学镀镍：按镀浴工艺参数操作。

（10）冷水清洗：二次逆流漂洗或喷淋，2min。

（11）干燥。

## 3.2　化学镀镍溶液和施镀工艺

化学镀镍溶液由主盐-镍盐、还原剂、络合剂、缓冲剂、稳定剂、加速剂、表面活性剂及光亮剂等组成，以下分别讨论镀液中各成分的作用及工艺条件的影响[2,9]。

（1）镍盐。硫酸镍、氯化镍是镀液中的主盐，是镀层中镍的来源，在镀液中随镍盐浓度的提高，沉积速度加快。一般镍离子浓度达到工艺条件的上限值以后，浓度对沉积速度的影响变弱。

早期用氯化镍做主盐，由于 $Cl^-$ 的存在不仅会降低镀层的耐蚀性，还产生拉应力，所以目前已不再使用。最理想的 $Ni^{2+}$ 来源是次磷酸镍，使用它不至于在镀液中积存大量的 $SO_4^{2-}$，也不至于在补加时带入过多的 $Na^+$，但其价格贵、货源不足。目前使用的主盐主要是硫酸镍。

因为硫酸镍是主盐，用量大，在施镀过程中还要不断补加，所含的杂质元素会在镀液中积累浓缩，造成镀液镀速下降、寿命缩短，甚至报废。因为镀液质量不佳还会影响镀层性能，尤其是耐蚀性将明显降低，所以在采购硫酸镍时应力求供货方提供可靠的成分化验单，做到每个批量的质量稳定，尤其要注意对镀液有害的杂质元素锌及重金属元素含量的控制。

（2）还原剂。化学镀镍所用的还原剂有次磷酸钠、硼氢化钠、烷基胺硼烷及肼几种。还原剂的作用是通过催化脱氢，提供活泼的新生态氢原子，把镍离子还原成金属镍；与此同时，使镀层中含有磷，形成镍磷合金镀层。常用的还原剂为次磷酸钠，还原剂的浓度对沉积速度的影响较大，随着还原剂浓度的增加，沉积速度加快，但还原剂浓度不能过高，否则镀液易发生自分解，破坏镀液的稳定性，同时沉积速度也将达到一个极限值。

（3）络合剂。镀液中加入络合剂的作用是使 $Ni^{2+}$ 生成稳定的络合物，防止生成氢氧化物及亚磷酸盐沉淀，提高沉积速度，提高镀液工作的 pH 值范围和改善镀层质量。在酸性镀液中，早期使用的络合剂为羧基乙酸或柠檬酸盐，现在常用的有乳酸、氨基己酸、羟基乙酸、柠檬酸、苹果酸、酒石酸、硼酸、水酸等。在碱性镀液中，早期使用的络合剂为柠檬酸钠或氯化铵，现在常用的有柠檬酸钠、焦磷酸钠、柠檬酸铵、氯化铵等。镀液性能的差异、寿命长短主要决定于络合剂的选用及其搭配关系。

（4）稳定剂。化学镀镍溶液是一个热力学不稳定体系，在施镀过程中，因种种原因，如局部过热、pH 值过高，或某些杂质影响而不可避免地会在镀液中产生活性的结晶核心，致使镀液自分解而失效。加入稳定剂后可对这些活性结晶核心进行掩蔽，从而达到防止镀液分解的目的。稳定剂的使用已成为化学镀镍工艺的技术秘诀。常用的稳定剂有铅离子、硫脲、二价硫化物等。

（5）缓冲剂。由于化学镀镍过程中产生的 H 使镀液 pH 值随施镀过程而逐渐降低，从而降低镀速，故镀液极不稳定。采用有机酸及其钠盐为 pH 缓冲剂，使镀液稳定性得到很大提高。常用缓冲剂有柠檬酸、丙酸、乙二酸、琥珀酸及其钠盐。

化学镀镍体系必须具备缓冲能力，也就是说使之在施镀过程中 pH 值不至于变化太大，能维持在一定 pH 值范围内。某些弱酸（或碱）与其盐组成的混合物就能抵消外来少许酸或碱以及稀释对溶液 pH 值变化的影响，使之在一个较小范围内波动，这种物质称为缓冲剂。缓冲剂缓冲性能好坏可用 pH 值与酸浓度变化关系来表示。

（6）促进剂。在化学镀镍溶液中添加络合剂一般是使沉积速度降低，如果添加过量致使沉积速度很慢，甚至无法使用。为了增加化学镀的沉积速度，往往在镀液中添加少量的有机酸，这类有机酸称为促进剂。其添加有利于次磷酸根离子脱氢，而氢在被催化表面上更容易移动，增加了体系的活性。

（7）温度。众所周知，温度是影响化学反应动力学的重要参数，因为温度增加原子扩散、反应活性加强，所以它是对化学镀镍速度影响最大的因素。化学镀镍的催化反应一般只能在加热条件下实现，化学镀镍磷合金的镀液使用温度较高，有少数碱性体系镀液使用温度稍低一些。随镀液温度的升高，沉积速度加快；温度太低时，沉积速度很慢，甚至镀不上。然而，镀液温度的提高将会加速亚磷酸盐的增加，使镀液不稳定。在镀液加热过程中一定要注意防止镀液局部发生过热，在运行过程中应保持稳定的工作温度，以免造成镀液的严重自分解和镀层分离等不良后果。

（8）pH 值。随镀液 pH 值的提高，沉积速度加快，亚磷酸盐的溶解度降低，容易引起镀液的自分解发生；如果镀液 pH 值过高，则次磷酸盐氧化成亚磷酸盐的反应加快，催化反应转化为自发性反应，使镀液很快失效。pH 值增加，镀层内磷含量有所下降。pH 值过低时，反应无法进行，如酸性镀液，当 pH<3 时就很难沉积出镍磷合金镀层。

化学镀镍溶液按其使用的还原剂，大致分为四种：

（1）用次亚磷酸盐作还原剂的镀液。

（2）用硼氢化物作还原剂的镀液。

（3）用氨基硼烷作还原剂的镀液。

（4）用联氨作还原剂的镀液。

一般以次亚磷酸盐为还原剂的高温镀液，常用于钢和其他金属基体上沉积镍层，而以次亚磷酸盐为还原剂的中温碱性镀液，用于塑料和其他非金属基体上沉积镍层。以硼氢化物为还原剂的碱性镀液，也常用于铜和铜合金基体上沉积镍。以氨基硼烷为还原剂的镀液温度略低于酸性镀液，也用于非金属或塑料基体上沉积镍。

以次亚磷酸盐为还原剂，钢铁表面化学镀镍的配方和施镀工艺种类很多，下面仅仅列举两种配方的镀液组成和施镀工艺。

**配方 1：**

$NiSO_4 \cdot 6H_2O$ 20g/L，$NaH_2PO_2 \cdot H_2O$ 25g/L，$CH_3CHOHCOOH$ 25mL/L，$CH_3CH_2COOH$ 8mL/L，$C_6H_8O_7 \cdot H_2O$ 6g/L，$KIO_3$ 1mg/L。

**施镀工艺：**

基材为 45 号钢，尺寸 30mm×20mm×4mm。前处理流程：打磨、抛光、丙酮超声除油、水洗、化学除锈、水洗、稀盐酸超声活化、水洗备用。

镀液温度为 80~90℃，pH 值为 4.6~4.8，连续搅拌，通过控制化学镀时间制备出厚度为 30μm 的中磷 Ni-P 镀层。

**配方 2[10]：**

$NiSO_4 \cdot 6H_2O$ 30g/L，$NaH_2PO_2 \cdot H_2O$ 36g/L，$CH_3COONa$ 15g/L，$(CH_2COOH)_2$ 5g/L，$CH_3CH_2COOH$ 5mL/L，柠檬酸（$C_6H_8O_7$）15g/L。

**施镀工艺：**

选用 Q235 碳钢为化学镀基体材料，尺寸 10mm×10mm×2mm，前处理：打磨、抛光、丙酮超声除油、水洗、化学除锈、水洗、稀盐酸超声活化、水洗备用。

镀液温度为 90℃，pH 值为 4.6~4.8，连续搅拌，在恒温水浴槽中施镀 2h 后取出，施镀后的试样用去离子水清洗，吹风机吹干备用。

## 3.3 后处理工艺

在化学镀镍施镀结束之后必须采取清洗和干燥，目的在于除去工件表面残留的化学镀液，保持镀层具有良好的外观，并且防止在工件表面形成"腐蚀电池"条件，保证镀层的耐蚀性。除此之外，为了不同的目的和技术要求还可能进行许多种后续处理。

化学镀镍层除了需要进行热处理以外，一般不需要进行其他后处理，如钝化处理等。这是因为化学镀镍层本身已具有优良的抗变色能力和耐蚀性能。镍磷镀层所具有的浅黄褐色调能长期保持不变，而电镀镍层仅几天就变成灰色。从酸性镀液中沉积得到的非晶态镍磷合金在各种介质中都具有优良的耐蚀性。但是在特殊情况下应对化学镀镍层进行后处理。例如，当镀层孔隙率较高时，需对工件进行化学钝化和电解钝化，一方面清除孔隙中残存的有害盐类，另一方面在暴露的基体上形成有一定抗蚀能力的钝化膜，从而提高其抗蚀性。当镀层为镍硼合金和低磷镍磷合金时，有时也需要对镀层进行化学钝化和电解钝化。镍硼合金晶体结构不均匀，表现有"棒状"生长的特征，这种棒状生长不完整，提供诱发腐蚀的位置。低磷镍磷合金为晶态，其耐蚀性低于非晶态镍磷合金。当希望得到超黑色镀层时，需要对化学镀镍层进行黑化处理。这种超黑色镀层用作选择性太阳能吸收体或其他装饰性和功能性用途。化学镀镍层上还可以电镀上一层金、锡或铬，以改变其可焊性、导电性、外观或硬度等[3]。

目前，化学镀镍层进行后处理在整个化学镀镍生产中占的比例较低，估计不到10%，但随着新的应用领域的出现，这个数字肯定要增加[3]。

镀后处理是化学镀工艺的最后环节，为保证实现最终技术目标，应十分重视镀后处理。现将典型的镀后处理介绍如下[1,2]。

### 3.3.1 消除氢脆的镀后热处理

如果进行热处理是为了提高镀层硬度，不必单独进行降低氢脆的热处理，热处理应在机加工前进行。如果钢铁基体的抗张强度大于或等于1400MPa，应及时进行镀后热处理。镀后的钢铁零件要进行除氢处理。

如果已证实未喷丸的零件在较高温度下进行短时间的热处理，可以有效地降低氢脆，则可以采用这种条件进行热处理，但这会提高镀层的硬度。

零件应在回火温度50℃以下进行热处理。

表面淬火件应在190~220℃下进行不少于1h的热处理。如果基体表面的硬度允许降低，可以在较高温度下进行热处理。

### 3.3.2　提高结合强度的热处理

为了提高基体金属上的自催化镍-磷镀层的结合强度，应按需方规定进行热处理，镀层厚度为 $50\mu m$ 或低于 $50\mu m$ 的工件可按常规程序进行热处理，较厚的镀层进行较长时间的热处理。

### 3.3.3　提高镀层硬度的热处理

为提高化学镀镍层的硬度并达到技术要求的硬度值，热处理技术条件应综合考虑热处理温度、时间以及镀层合金成分的影响。国际标准 ISO4527，在选择提高镀层硬度的热处理工艺参数时具有规范化的参考作用。确定提高镀层硬度的热处理工艺制度的正确方法是：化学镀镍层的供方应按其实施生产条件制备镀层试样，分析测试镀层化学成分；选择热处理工艺参数，通过试验验证达到需方技术要求之后方可实施热处理生产工艺。

此外，在热处理过程应避免快速升温和快速冷却，在确定热处理时间时应考虑工件质量。当热处理温度超过 $250℃$ 时，为避免镀层外观变色和表面氧化，热处理应在惰性或者还原气氛中进行；但是抗张强度超过 $1400MPa$ 的钢铁零件不能在氢气气氛中热处理。应该注意，高温热处理对某些基体材料的力学性能、尺寸精度和镀层的耐蚀性将产生不利影响。为了得到所需的最终硬度值，应考虑热处理温度和时间的最佳组合。

### 3.3.4　提高镀层性能的后处理

除烘烤除氢等热处理方式提高化学镀镍层性能之外，为赋予更高的耐蚀性、耐磨性和其他表面功能，可进行各种后续表面处理。

#### 3.3.4.1　钝化

化学镀镍层的化学钝化工艺通常采用铬酸盐工艺。

铬酸盐钝化膜是在含有活化作用的添加剂的铬酸和铬酸盐溶液里产生的。当化学镀镍层本身的耐酸性和抗变色能力不够，如镀层为镍硼合金、低磷镍磷合金或含有重金属杂质时，或在镀层有孔隙时，需要进行铬酸钝化。此时，镀层金属或基体金属在铬酸盐溶液中氧化，金属离子进入溶液并释放出氢。放出的氢把一定量的六价铬还原成三价状态，金属的溶解导致金属和溶液的界面处 pH 值升高，使三价铬有可能以胶态氢氧化铬的形式沉积出来。溶液中的六价铬和金属离子吸附在胶体里参与成膜，因此铬酸盐钝化膜含有 $Cr(OH)_3$、$Cr_2(CrO_4)_3$、$NiCrO_4$、$FeCrO_4$。

钝化膜的防护作用是因为膜层致密，从而使金属表面与腐蚀介质隔离，其次防护效果还与可溶的六价铬化合物的存在有关。当钝化膜局部破坏时，损伤点周围的表面释放出的铬酸盐使基体得到保护。

铬酸盐钝化膜的厚度通常为 $0.15 \sim 1.5\mu m$，透明膜较薄，一般不超过 $0.5\mu m$，黑膜较厚，一般达到或超过 $1\mu m$。

尽管铬酸钝化具有抗蚀性好、简便、便宜等优点，但是六价铬对环境的污染严重，需专门的废水处理设备，因此出现了很多无铬钝化工艺，如使用钼、钨、锆等化合物的钝化工艺，以降低对环境的污染。

### 3.3.4.2　化学镀镍层的黑化处理

金属表面黑化处理是一种用途广泛的表面处理工艺，所形成的黑色既具有装饰性又具有功能性，可用于电视机、录像机、音响的外壳和灯具的装饰、太阳能吸收装置、光学功率测量装置的光学吸收器等。

常规的黑化工艺有黑色涂料、黑色氧化物膜、黑色铬酸盐钝化膜、黑铬、黑镍、在金属表面形成多孔膜后再染黑等。这些常规方法获得的光谱反射率通常为 $3\% \sim 10\%$，可用于一般场合。由金的超微粒子组成的黑金膜的光学反射率可低至 $0.5\%$，但它的力学性能太低，振动和摩擦时会从基体上脱落，在潮湿环境下，它会吸潮而使光学反射率升高，干燥后不能复原。化学镀镍层经适当处理后获得的黑色膜具有很高的机械强度和很低的光学反射率。美国、日本等国都对后处理工艺进行了很多的研究，并申请了很多专利。

### 3.3.4.3　化学镀镍层上的电镀

在化学镀镍层上可以镀铬、镀金、镀锡或镀银，以改善其耐蚀性、可焊性外观。由于化学镀镍层是导电的，在它上面进行电镀应毫无问题。刚刚化学镀镍后的工件经清洗后可以不经任何中间处理直接进行电镀。如果化学镀镍表面已经干燥则在电镀前应除油处理，然后再进行预镀 Watts 镍。Watts 镍溶液的组成为 $200g/L$ 的 $NiCl_2 \cdot 6H_2O$ 和 $120mL/L$ 的 $HCl$。

除油后的工件浸入上述溶液中几分钟，然后通电，电流密度为 $2 \sim 4A/dm^2$，时间 $2 \sim 6min$；然后再镀其他金属，也可进行硫酸电解处理，将除油后的工件浸入 $20\%$ 的硫酸溶液中，先阳极电解 $5s(3.5V)$，然后阴极电解 $30s(4.0V)$。在氟硼酸盐溶液中进行短时间阳极电解处理也是一种好的活化方法，但处理时间要短，以免过度腐蚀。

可采用标准镀铬工艺和常规的酸性镀锡工艺、氰化物镀银工艺、氰化镀金工艺进行电镀。

## 参 考 文 献

[1] 郭忠诚，杨显万. 化学镀镍原理及应用 [M]. 昆明：云南科学技术出版社，1982.

[2] 姜晓霞，沈伟．化学镀理论及实践［M］．北京：国防工业出版社，2000．

[3] 李宁，袁国伟，黎德育．化学镀镍基合金理论与技术［M］．哈尔滨：哈尔滨工业大学出版社，2000．

[4] 陈艳容，龙晋明，石小钏．化学镀镍预处理工艺的研究现状［J］．电镀与涂饰，2009，28（4）：20~23．

[5] 徐振宇．化学镀 Ni-W-Mo-P 工艺及性能的研究［D］．江苏：扬州大学，2014．

[6] 刘学忠，李超，王建飞，等．碳钢表面化学镀 Ni-P 及 Ni-P-PTFE 纳米非晶镀层研究［J］．中国腐蚀与防护学报，2010，30（5）：379~382．

[7] 肖鑫，刘万民，易翔．钢铁全光亮化学镀镍-钨-磷合金工艺研究［J］．电镀与涂饰，2015，34（3）：130~135．

[8] 张培彦，余泽通，刘贯军．Ni-W-P 化学镀层热处理工艺优化研究［J］．南方金属，2015（4）：7~9．

[9] 闫洪．现代化学镀镍和复合镀新技术［M］．北京：国防工业出版社，1999．

[10] 赵丹，李羚，李子潇．Q235 钢在模拟海水全浸区腐蚀行为的研究［J］．热加工工艺，2015，44（12）：108~111．

# 4 钢铁表面化学镀镍及其耐海洋环境腐蚀行为

21世纪将是海洋的世纪，海洋科技和工业的发展已引起了各个国家的重视，在海洋开发过程中，钢材起着至关重要的作用。普碳钢及低合金钢因价格低廉、强度高、加工工艺性能好，使用经验丰富，因此在海洋环境中是应用最广泛的材料，占海洋用金属材料的80%以上[1,2]，而Q235钢是海洋环境中应用最为广泛的低碳结构钢[3]，经常使用于海港码头的各类设施、海底装置、采油平台、海上输油管道等。

海水是天然的强电解质，其成分大部分是以氯化钠为主的氯化物，含盐量一般为3.5%，还含有各种微生物以及腐化的有机物等，大部分经常使用的材料都会受到海水各种不同程度的侵蚀。侵蚀程度的大小因材料所处区域的不同而产生不同的结果。根据科学工作人员多年的研究，得到海洋腐蚀环境包括海洋大气区、海水飞溅区、海水潮差区、海水全浸区、海水土壤区。

钢铁材料在海洋环境中的腐蚀主要受以下几个因素影响：含盐量、氧含量、pH值、温度、夹杂物、海水流速、生物性因素。

## 4.1 钢铁材料在海洋环境中腐蚀现状的研究

由于海洋环境复杂，在某种程度上会对海洋构筑物所用的金属材料造成一定的腐蚀破坏，金属材料在海洋环境中主要发生的腐蚀有均匀腐蚀、点蚀、缝隙腐蚀、电偶腐蚀、腐蚀疲劳等，针对金属材料不同腐蚀类型和使用环境，科研工作者对其在海洋中的腐蚀行为和腐蚀规律进行了广泛的研究。

海洋均匀腐蚀体现在金属材料表面各处的腐蚀速度相当，所以通常通过均匀腐蚀来计算材料的腐蚀寿命，进而能合理选材和设计结构[4]。刘智勇[5]等人采用实验室模拟浸泡法对X80和X52钢在模拟浅海区及深海区的腐蚀行为及腐蚀规律进行了研究，研究发现两种钢在富氧浅海区的腐蚀类型主要为均匀腐蚀，并对其使用寿命进行了估算。

海洋点蚀通常发生在金属表面区域的局部，能够产生腐蚀坑并向内部深处不断延伸，甚至形成穿孔。这种腐蚀方式是最容易造成安全隐患和破坏性的腐蚀方式之一[4]。由于高强铝合金强度高、焊接性能好、易加工，在船舶和航空航天领域有着广泛的应用，但是其耐腐蚀性能较低，易发生点蚀，引起裂纹的萌生，引发事故，造成经济损失。孙霜青[6]等人针对此情况，模拟海洋大气环境，并对常用高强铝合金 7075 和 2024 表面包覆一层包铝，研究了该环境下的点蚀发生机制。结果表明，腐蚀初期基体表面出现了小的点蚀坑，随着腐蚀时间的延长，小点蚀坑逐渐增加并且相连变为大的点蚀坑，但是其抗点蚀性能较裸露的高强铝合金有所提高，并且点蚀坑趋向于横向扩展，降低了点蚀的破坏性。

海洋缝隙腐蚀发生是最为普遍的，几乎所有的金属材料都会产生缝隙腐蚀，如螺栓连接的部位、金属铆接板、金属与金属相接处有空隙的位置、金属与非金属相接触的位置所产生的空隙处产生的缝隙腐蚀。引起缝隙腐蚀主要是由于构筑物及零件结构设计的不合理造成的[4]，但有些结构目前又避免不了缝隙的出现，所以减小和防护缝隙腐蚀的发生是很值得广大专家学者研究的问题。缝隙腐蚀在海水全浸区与飞溅区较为严重[7]，如何避免已经有相关的研究报道，如张云霞、闫永贵[8]等人采用模拟海水缝隙浸泡实验，研究钼酸铵和氯化铈对 2024 铝合金的缝隙腐蚀行为。虽然钼酸铵可以在钢材表面形成氧化膜，但缝隙腐蚀很严重，氯化铈的加入解决了这一问题，减弱了缝隙腐蚀的发生。所以要想减少缝隙腐蚀的发生，不但要在建筑物和零件结构设计上多下功夫，更要在缝隙腐蚀的防护方面进行进一步的研究。

海洋电偶腐蚀在海洋环境中发生的几率较大，在海洋大气区，电偶腐蚀仅发生在两种金属接触的一小段距离内，而在海水全浸区，两种及其多种相接触的金属会在较大范围产生电偶腐蚀[4]。海水中相接触金属的电位序相对差别决定着电偶腐蚀程度的大小，海洋中的溶氧量、pH 值、含盐量等因素也对电偶腐蚀的发生产生影响。杨超[9]模拟海水条件，控制深度和溶氧量等因素，对舰船中常用的管路材料 B10、B30 铜镍合金等进行深海电偶腐蚀模拟，结果表明，电偶腐蚀效应随着温度的降低而降低，随氧饱和度的降低而增大。因此在实际应用中根据实际情况虽然无法改变材料所处的环境，但是可以根据不同材料在不同环境下的耐电偶腐蚀的性质和电位值进行合理选材；对于无法避免的电偶腐蚀，应该充分利用各种保护层，或者使用外加保护电位来减弱电偶腐蚀。

海洋腐蚀疲劳最容易发生在能产生孔蚀的环境中。超过疲劳极限会造成钻柱、船体、化工设备等设备的损坏，而腐蚀环境的存在又加速了设备的损坏进度，在未知的情况下，会造成难以预测的损失[4]。金属材料在海洋环境中除了受腐蚀外还受到地震、风浪、冲击等力学因素的作用，因此腐蚀疲劳就成为影响海洋构筑物安全使用的重要因素。刘光磊[10]对海洋钻柱进行疲劳测试和腐蚀疲劳试验，从不同的角度研究其失效原因、分析其机理，从实验环境、螺纹加工质量和钻柱管理等方面找到相应的解决措施，有效地预防了钻具的腐蚀疲劳，提高钻具的使用寿命，减少钻井事故的发生。

金属材料在海洋中的腐蚀不但与上述腐蚀类型相关还受其所处海洋环境和海洋因素的影响。夏兰廷[11]等人对广泛应用的碳钢及低合金钢在不同实际海域的全浸区、飞溅区、潮差区域进行了 4 年的腐蚀测试，发现了碳钢及低合金钢在海洋飞溅区的腐蚀最为严重，所以针对此区域的腐蚀应当格外重视。张琳[12]等人对 Q235 钢和耐候钢在模拟海洋大气环境中的腐蚀行为及耐蚀性能进行比较研究，发现耐候钢的耐腐蚀性能虽然比 Q235 钢好，但是在海洋大气区体现的优势并不明显，不适用于海洋大气区。董杰[13]等人对 CrMoAl 系、CuPCr 系钢和海洋工程用超低碳贝氏体钢（ULCB）在模拟海水全浸区的腐蚀行为进行研究，结果表明由于腐蚀末期形成较为疏松的锈层加速腐蚀，低碳贝氏体钢的耐腐蚀性能不及 CuPCr 钢的，但是比 CrMoAl 钢的耐蚀性能好。牛艳[14]等人采用电化学的方法对 Q235 钢在海洋铁细菌作用下的腐蚀行为进行研究，结果发现微生物能促进 Q235 钢表面氧化膜消失，进而加速 Q235 钢的腐蚀。

目前来看，由于各种因素的影响，海洋腐蚀比较严重。点蚀对金属材料的腐蚀破坏最为严重；缝隙腐蚀和电偶腐蚀是海洋中最为普遍的腐蚀情况；腐蚀疲劳是影响海洋构筑物安全使用的重要因素；并且在海洋环境中，海洋飞溅区对金属材料的腐蚀破坏最为严重。所以根据金属材料腐蚀情况的不同，应当进行合理的应用并采取相应的防腐措施。

## 4.2 海洋用钢的腐蚀防护方法

钢铁材料是海洋中应用最为广泛的金属材料。对于海洋用钢的腐蚀防护，一般采用电化学方法或者表面处理的方法。阴极保护是最常用的电化学方法，阴极保护是对被保护的金属提供一定量的电子流对其进行阴极极化，金属的电位负移，以便在热力学稳定区域，以减少或防止金属腐蚀的电化学方法。阴极防护最早在船舶保护上得以应用，发展至今已经应用于海洋用的长输管道、海上构（建）物等。

宋积文[15]等人经过大量的研究对海洋环境中阴极保护进行了设计，并且指出了在实际海洋工程保护中必须获得较好的阴极产物膜才能使设计更加合理。上海三航科学研究院和申航基础工程有限公司的舒方法和张羿[16]等人研发出一套海上风机基础结构阴极防护远程自动化检测系统，这种系统不但可以实时监督和传输数据，还能起到预警作用，现场人员可以远程得到保护电位和保护状态，能有效减弱海洋大气腐蚀对钢管桩的使用寿命的影响。任敏、葛仕彦[17]等人利用了具有阴极防护作用的 MMO 阳极来有效的保护钢筋混凝土结构。张振军、周欲晓[18]等人也对天津港滚装码头海洋环境中易遭受氯化物污染的钢筋混凝土的防护工作进行研究，采用外加电流阴极防护技术延长了混凝土结构的寿命。

还有很多学者对集装箱船、跨海大桥和石油储罐底板和锚锁等海洋中常用部件进行了阴极腐蚀防护。作为防腐技术中较为成熟的技术，阴极防护技术越来越受到学者的重视并进行了深入的研究，相信随着技术研究的深入和不断完善，阴极防护技术的应用领域将越来越广，海洋中材料的耐蚀性能和寿命都将得到很大提高。

在海洋环境中，钢铁材料的腐蚀主要类型是由电化学引起的。有机涂料能够使腐蚀介质不能渗透到钢铁表面，从而使电阻增大，减小了腐蚀电流并且其有机防护层靠其厚度阻隔水、氧、Cl⁻和其他腐蚀介质的渗入，使钢的腐蚀得以缓解。但有机涂层也有其缺点，其强度较低，容易受到破坏，加上涂层本身不够致密、使用寿命短等缺陷，不能完全将需要保护的钢铁材料与腐蚀介质隔离。腐蚀一般首先在局部没完全隔离的地方发生，同时，由于小阳极、大阴极的影响使钢铁腐蚀的速度增加最终导致穿透。但是利用有机涂料保护海洋用钢，提高其耐蚀性能的优点在实际应用中也得到了印证。陈枭[19]制备了两种耐熔融 Al-12.07%Si 合金腐蚀有机硅树脂涂料防护层（T1、T2），对 20G 钢的腐蚀性能进行了研究，最终得出两种涂料均使材料的腐蚀性能提高，寿命提高了 19 倍。周丽娜[20]制备了抗硫腐蚀有机涂料，将其涂覆于 X70 管线钢表面，研究在含硫水环境下对管线钢的腐蚀防护作用，主要用于海洋石油管道的防护。江苏科技大学朱才进[21]等人，在实海中对海洋中常用的三种防腐涂料煤焦沥青清漆、氯化橡胶防腐漆和环氧煤沥青漆以 22MnCrNiMo 钢试样进行防护比较研究，发现了三种涂料均提高了 22MnCrNiMo 钢的耐腐蚀性能，并且煤焦沥青清漆的耐腐蚀效果最好。有机涂层的防护在腐蚀性较强的海洋领域中的应用很广泛，对海洋用钢耐蚀性能的提高也起到举足轻重的作用，但对于碳钢及低合金钢而言在电偶腐蚀情况下单靠涂层防腐还远不够理想，必须采取其他的保护措施与之相结合，才能满足设备的防腐蚀要求。

金属镀覆层一般选用化学沉积、电沉积、热浸镀、电刷镀等手段来实施。热浸镀锌在钢铁防腐中是应用最为广泛的一种方法，发展比较成熟，对于金属镀覆层防腐方法很多学者都进行了研究。路学丽和马洁[22]等人采用 Ni-Mo-P 非晶态合金电沉积工艺通过正交实验研究镀层表面形貌、化学成分及其耐腐蚀性能。结果表明加入 Mo 元素，表层组织结构得到改善，其耐蚀性能较 Ni-P 非晶镀层更为优异。广东大学的李纠和姜秉元[23]对 Ni-P、Ni-Mo-P、Ni-Mo-P/Al$_2$O$_3$ 及 Ni-Mo-P/PPS 合金镀层的抗腐蚀性能进行研究。结果表明，Ni-Mo-P/Al$_2$O$_3$ 中 Al$_2$O$_3$ 的存在使材料硬度最高；Ni-Mo-P/PPS 的耐腐蚀性能最好。付东兴[24]利用热盐水浸泡试验、电极电位试验和电化学交流阻抗试验等实验方法对金属涂层和有机涂层之间的协同性进行了研究分析，并对某型舰船和水陆装备典型零部件进行防腐处理。结果表明，在海洋腐蚀环境下，Zn-Al-Mg-RE 涂层与有机涂层在腐蚀环境中均具有更好的协同作用，更有利于提高海洋中材料的耐腐蚀性，使用寿命提高。闫洪[25]等人对 Q235 钢进行了 Ni-P 合金化学镀，并对镀层在硫酸、盐酸、氢氧化钠溶液中的耐腐蚀性能进行了研究，研究表明 Ni-P 非晶态合金镀层在盐酸、硫酸和氢氧化钠溶液中的耐腐蚀性大大优于 Q235 钢。宋玉强[26]等人对钢铁基体上化学镀 Ni-P 层高温热处理后在 3.5%NaCl 水溶液中的耐蚀性进行了研究，发现高、低磷镀层经 750℃ 热处理耐蚀性优于镀态，其耐蚀性大大提高。蒲艳丽[27]等人对适用于海洋环境的化学镀 Ni-P 合金工艺及耐蚀机理进行了研究，发现 Ni-P 镀层耐海水腐蚀性能较好。随着人们环保意识的增强，与海洋防腐方法中应用最为广泛的热镀锌相比，化学镀因其无公害排放的表面处理工艺而得到了工业界的广泛认可，尤其是耐蚀性能较好的化学镀 Ni-P 合金，引起了科研工作者的广泛关注[28~32]。

## 4.3　海洋用钢化学镀 Ni-P 的工艺优化

由于海洋复杂的腐蚀环境，金属材料的腐蚀不可避免，钢材一旦发生腐蚀其力学性能也将发生变化，丧失了应有的强度、硬度和韧性，直至材料完全失效，造成无可估量的损失。因此必须对海洋用钢的耐腐蚀性能及腐蚀机理进行研究分析，并采用针对性的防腐措施来减小钢材的腐蚀速率，对延长海洋钢材设施的使用寿命，保证海上钢材构造物的正常运行以及促进海洋经济的发展，都具有重要意义。随着人们环保意识的增强，与海洋防腐方法中应用最为广泛的热镀锌相比，化学镀因其无公害排放的表面处理工艺而得到了工业界的广泛认可，尤其是化学镀 Ni-P 合金镀层[33]在工业中因其镀层均匀、耐蚀性能较好而得到广泛应用。

本章对 Q235 钢在海洋环境中的耐蚀性能及腐蚀机理进行研究分析，对海洋防腐方法中的化学镀 Ni-P 工艺进行了优化并对最优工艺下镀层的耐蚀性能进行了研究。本研究不仅为 Q235 钢在海洋环境中的正确应用和进一步采用有利的防腐措施提供数据依据和理论基础，而且针对海洋用钢的化学镀 Ni-P 镀层对提高钢材的耐腐蚀性能，延长钢材在海洋中的使用寿命、减少海洋灾难和降低工程成本都具有很高的社会意义。

化学镀工艺中 Ni-P 镀层的发展相对较成熟，Ni-P 镀层工艺在生产应用中具有相当的优越性。该镀层对基体材料要求广泛，从金属到非金属，只要经过合适的表面处理即可施镀。化学镀 Ni-P 合金镀层具有优良的抗腐蚀性、耐磨性和可焊性等特点，特别是化学镀 Ni-P 镀层具有优良的力学性能和工艺性能，工艺实施步骤简单，无污染，使人们对化学镀 Ni-P 合金镀层进行非常深入的研究，不断开发出新型的化学镀 Ni-P 合金镀层。

化学镀因为其无公害的表面处理方法，被誉为绿色表面技术，在各个行业中有着广泛的应用。Ni-P 镀层的性能受到许多主观因素和客观因素的影响，如化学镀前处理基体片打磨的粗糙度、化学除油是否彻底、酸洗是否到位、活化是否充分等前处理工艺，还有化学镀的工艺参数，包括主盐与还原剂之间的配比，络合剂的种类、稳定剂、促进剂、缓冲剂的用量及 pH 值的大小、施镀温度的高低等。其中影响镀层性能最主要的因素是工艺参数。

刘琛[34]通过在 Q235 钢表面化学镀 Ni-P 镀层，探讨了各因素对镀层质量的影响，并得到了最优工艺。王喜然[35]等人在碳钢表面化学镀 Ni-P 镀层，考察了化学镀工艺条件对镀层的沉积速率和腐蚀速率的影响，确定了工艺条件 pH 值和温度的范围。牛焱[36]等人以碳钢为基体实施化学镀 Ni-P 工艺，探讨了三种不同络合剂的浓度对镀速和镀层质量的影响，确定了络合剂之间的最佳复合配比量。闫洪[25]等人通过在碳钢表面化学镀 Ni-P 镀层，探讨了各工艺参数对镀速的影响，最终得到了最佳工艺。

鉴于以上研究，本章主要研究钢铁表面（Q235 钢）化学镀 Ni-P 工艺和在模拟海水全浸区的耐蚀性能，重点考察化学镀液中各络合剂的浓度配比以及工艺条件温度，通过正交实验进行工艺优化，最终得到最佳工艺。

### 4.3.1　化学镀 Ni-P 实验方法

#### 4.3.1.1　材料及试剂

以唐山某钢铁公司生产的 Q235 冷轧板为实验材料，其化学成分见表 4-1。实验试剂见表 4-2。

表 4-1　Q235 钢化学成分　　　　　　　　　（%）

| 元素 | C | Si | Mn | P | S | Cr | Ni | Cu |
|------|------|------|------|------|------|------|------|------|
| 含量 | 0.16 | 0.19 | 0.62 | 0.03 | 0.014 | 0.031 | 0.012 | 0.013 |

表 4-2　实验试剂

| 名称 | 分子式 | 相对分子质量 | 厂　　家 |
|------|--------|------------|----------|
| 盐酸 | $HCl$ | 36.5 | 天津市风船化学试剂有限公司 |
| 乙醇 | $CH_3CH_2OH$ | 46.07 | 天津市风船化学试剂有限公司 |
| 硫酸镍 | $NiSO_4 \cdot 6H_2O$ | 262.85 | 天津市凯信化学工业有限公司 |
| 次亚磷酸钠 | $NaH_2PO_2 \cdot H_2O$ | 105.99 | 天津市博迪化工股份有限公司 |
| 柠檬酸 | $C_6H_8O_7 \cdot H_2O$ | 210.14 | 天津市博迪化工股份有限公司 |
| 苹果酸 | $C_4H_6O_5$ | 134.09 | 天津市博迪化工股份有限公司 |
| 乙酸钠 | $CH_3COONa \cdot 3H_2O$ | 136.08 | 天津市凯信化学工业有限公司 |
| 丁二酸 | $C_6H_6O_6$ | 150.09 | 天津市北辰方正试剂厂 |
| 氢氧化钠 | $NaOH$ | 40 | 天津市博迪化工股份有限公司 |
| 乳酸 | $C_3H_6O_3$ | 90.08 | 天津市凯信化学工业有限公司 |
| 硫脲 | $CN_2H_4S$ | 76.12 | 天津市凯信化学工业有限公司 |
| 乙酸钠 | $CH_3COONa$ | 82.03 | 天津市北辰方正试剂厂 |
| 酒石酸 | $(CH_2)(OH)_2(COOH)_2$ | 150.09 | 天津市博迪化工股份有限公司 |
| 十二烷基苯磺酸钠 | $C_{18}H_{29}NaO_3S$ | 348.48 | 天津市博迪化工股份有限公司 |
| 甘氨酸 | $NH_2OH_2COOH$ | 75.07 | 天津市博迪化工股份有限公司 |

### 4.3.1.2 基体镀前处理

化学镀前处理非常关键，将待镀基体放入镀液中时如果表面处理不干净引入杂质将会降低镀液的稳定性，影响镀层表面的质量。同时表面活化是否充分，将直接影响镀层与基体之间的结合强度。因此能否获得表面清洁、具有均匀活性的表面将直接影响着实验能否成功。所以施镀前对基体进行前处理是必不可少的环节，并且要格外认真、细心。

**A 取样**

用线切割机把试样切成尺寸为 25mm×20mm×0.8mm，上端留有直径为 3.5mm 的小孔，如图 4-1 所示。

**B 机械打磨**

大多数情况下，试样表面都有一定的油污和锈迹，为此，先用不同粒度的砂纸对试样进行机械打磨抛光。首先应采用粒度较大的 600 号的 SiC 砂纸打磨，再用 800 号砂纸打磨，最后采用较细的 1000 号、1500 号砂纸打磨。从低倍砂纸到高倍砂纸逐级打磨，这样不仅打磨抛光效率高、打磨质量好，而且

图 4-1 试样示意图

砂纸使用量少。不在抛光机上进行抛光，因为试样表面太光滑，黏结强度较低，试样表面容易产生气泡，所以只采用不同粒度的砂纸进行打磨抛光即可。经过砂纸打磨抛光的试样，由于外层的铁锈和油污被去除，裸露出碳钢基体，又由于碳钢基体在空气中又会很快被氧化，故而将机械抛光后试样迅速丢入乙醇溶液中浸泡 10min，取出后用热风吹干。

**C 碱液除油**

由于打磨抛光过程中，主要采用手指和白胶带固定试样进行抛光，因此试样表面会残留一部分油脂，需要进行化学除油。化学除油就是利用碱溶液的皂化作用，除去基体表面的油污，碱液除油配方见表 4-3。除油碱液的温度应控制在75℃，本实验采用江苏金坛大地生产的 HH-2S 型恒温水浴锅进行温控，将待镀

**表 4-3 碱液除油配方**

| 组成成分 | 用量/g·L$^{-1}$ |
| --- | --- |
| $Na_2CO_3$ | 30~60 |
| NaOH | 20~40 |
| $Na_3PO_4$ | 20~40 |

试样在除油溶液中浸泡除油 10min，取出在同样温度的去离子水中浸泡 5min；再用大量温水冲洗，然后用去离子水冲洗。一次除油不干净可以进行多次清洗，冲洗到去离子水在基体表面形成连续的水膜为止。

D　酸洗除锈

试样基本都是用砂纸一起打磨抛光一批，分时间段地进行化学镀，经过一段时间后，基体表面会再次被氧化并且有一些杂质嵌入基体表面，所以需要进行酸洗除锈。酸洗液选择 10%盐酸水溶液，因为盐酸对钢铁腐蚀较弱，但能够溶解较多的金属氧化物及杂质。先将试样用 70~80℃的去离子水冲洗，然后在酸洗液中浸泡处理 30~60s，取出后用大量的去离子水冲洗，然后在去离子水中浸泡清洗 2min，最后用冷风吹干。

E　活化

对试样进行活化是化学镀前处理的最后一个步骤，也是必不可少的一个工序，因为试样经前几道工序处理后会残留一层薄氧化膜，它将影响镀层与基体金属的结合强度。活化的程度直接影响到化学镀的顺利进行，活化液一般使用浓度较低的硫酸或盐酸使基体表面产生轻微腐蚀，不会破坏零件表面的光洁度，以保证镀层与基体结合强度好。本工艺活化液采用体积分数为 5%的盐酸溶液，试样在活化液中浸泡直至表面有大量气泡产生即可，时间大约为 30s。活化好的试样用大量去离子水逆流冲洗，尽快放入镀液中。试样前处理流程如图 4-2 所示。

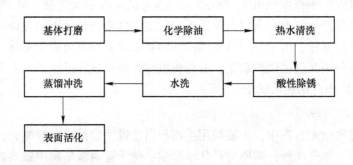

图 4-2　化学镀试样前处理流程

### 4.3.1.3　镀液配制

化学镀镀液配制时必须按照一定的原则及严格的操作要求，否则很容易引起镀液的分解，导致实验的失败。

（1）镀液配制之前用分析天平称量好各药剂。

（2）镀液配制时，根据镀液的装载比，将各试剂以一定量的蒸馏水进行溶解。将镍盐溶解在蒸馏水中时，通过水浴加热，不断搅拌加速镍盐的溶解。

（3）将溶解好的主盐（镍盐）缓慢搅拌下加入络合剂配制成溶液1，避免主盐与还原剂直接混合，否则得不到性能合格的镀液。

（4）将溶解好的还原剂溶液匀速加入主盐与络合剂所配制的 1 溶液中，配制成溶液 2。

（5）将缓冲剂溶液、表面活性剂溶液在充分搅拌的情况下倒入 2 溶液中，配制成溶液 3。

（6）将促进剂溶液缓缓地倒入溶液 3 中，配制成溶液 4。混合完后溶液的总液体量应该控制在配制溶液总体积的 2/3 左右。

（7）用氢氧化钠调节溶液的 pH 值。在用氢氧化钠调节 pH 值时，要注意量少、次数多、加搅拌的原则，否则会使局部 pH 值过高，容易产生氢氧化镍沉淀，影响镀液中离子的分散。

镀液配制过程中必须严格按照以上步骤操作，特别注意主盐与还原剂不能直接混合；另外不能将氢氧化钠 pH 值调整剂直接加入到不含络合剂仅含有还原剂的溶液中，不仅会还原出镍的颗粒沉淀物，还会生成镍的氢氧化物。

#### 4.3.1.4 施镀过程

利用江苏金坛大地生产的 85-2A 型恒温磁力搅拌器进行化学镀实验，实验设备如图 4-3 所示。将配置好的溶液装进烧杯中放到磁力搅拌器上，当温度达到预设值后再放入预处理好的试样，调整转速为 800r/min，施镀时间为 2h。

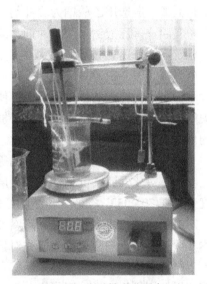

图 4-3　化学镀实验设备

### 4.3.2 化学镀 Ni-P 工艺配方的初步探索

本次实验所研究的配方主要是为了获得高耐蚀性的 Ni-P 镀层，提高 Q235 钢的耐海水腐蚀性能。化学镀镀液成分主要包括主盐、还原剂、络合剂、缓冲剂、稳定剂、表面活性剂等。

pH 值的研究已经很深入了，根据众多研究者研究结果[37~39]，从镀层的耐腐蚀性能考虑本实验 pH 值选定为 4.8。

镀液中最主要的成分就是主盐和还原剂，镍盐作为化学镀镍溶液中的主盐，包括氯化镍、硫酸镍、醋酸镍等，目前化学沉积镍磷合金镀层应用最广泛的镍盐是硫酸镍。关于还原剂，由于次亚磷酸钠价格较低并且所得到的 Ni-P 镀层性能好，因此化学镀镍磷合金中应用得最多的还原剂是次亚磷酸钠。主盐为化学镀反应提供最主要的 $Ni^{2+}$，而还原剂为化学镀反应提供动力，两者缺一不可。化学镀液中主盐硫酸镍的浓度一般在 25~40g/L 之间，还原剂次磷酸钠的浓度一般也在25~40g/L 之间。随着主盐和还原剂浓度的增加，镀层的沉积速率也随之增加。但是当它们的浓度过高时，镀层的沉积速率也会随之下降，镀层表面质量下降甚至造成镀液分解。在化学镀液中主盐和还原剂的用量有一定的配比，当镀液中镍离子与次磷酸根离子的摩尔比在 0.3~0.4 范围内时，可获得最佳镀速[40]。综上所述，本实验选择硫酸镍浓度为 25g/L、还原剂浓度为 30g/L。

缓冲剂就是一些弱碱或弱酸与其盐混合而成的。常用的缓冲剂为乙酸及其盐类，其主要是为了维持镀液的 pH 值在正常范围内。由于乙酸钠缓冲能力好，并且价格低廉一般选用乙酸钠为缓冲剂，其用量一般与镍离子的摩尔浓度一样[41]。所以本实验选择乙酸钠作为缓冲剂，浓度为 14g/L。

稳定剂的作用就是增加镀液的稳定性，常用的稳定剂有重金属离子、碘酸钾、硫脲等。镀液中的稳定剂，一定要注意用量，一般使用痕量即可。如果用量太大不仅起不到稳定的作用，反而会使镀速非常低，甚至致使反应停止而导致实验失败。促进剂就是使次磷酸根离子加速脱氢，从而增加化学镀的沉积速率。常用的促进剂有丁二酸、乙酸等。除此之外，化学镀液中根据实验的要求还应该加入一些表面活性剂、光亮剂、应力剂等。

温度是对化学镀层沉积速率和镀层耐腐蚀性能影响最大的因素，一般情况下温度选择在 70~95℃之间。络合剂是化学镀镀液中最主要的成分之一，种类较多，对镀层的沉积速率和镀层的耐腐蚀性能都有重大影响，研究价值比较大，所以本实验选择络合剂和温度为研究对象。

以络合剂稳定常数的大小以及螯合物多元环数为参考标准，进行络合剂之间的配比以及用量的选择。不同络合剂对镀层的沉积速率、表面形貌及耐蚀性能均有影响，为了获得综合性能较好的镀层，通常采用多种络合剂复合使用，所以本实验将选用三种络合剂。通过对资料的查询，其中选定一种常用的络合剂定为主络合剂，再选出了两种符合本实验要求并且研究较少的络合剂，分别为络合剂A、络合剂 B。

本实验具体配方如下：

| | |
|---|---|
| 硫酸镍浓度 | 25g/L |
| 还原剂浓度 | 30g/L |
| 络合剂 A 浓度 | 8~18g/L |
| 络合剂 B 浓度 | 10~30g/L |
| 络合剂 C 浓度 | 20g/L |
| 缓冲剂浓度 | 14g/L |

促进剂浓度　　　　　　8g/L

稳定剂浓度　　　　　　0.01 g/L

表面活性剂浓度　　　　0.04g/L

pH 值　　　　　　　　4.8

温度　　　　　　　　　75~95℃

每个实验都选择两个平行试样，将待镀试样前处理好后实施化学镀。通过对镀层的颜色、亮度、表面的平整度的观察，用小刀在试样表面划蹭看镀层是否有脱落来判断镀层与基体之间结合强度的高低，初步判定镀层质量的好坏。实验方案见表 4-4。实验结果见表 4-5。

**表 4-4　化学镀 Ni-P 初步探索实验方案**

| 工艺参数 | 1 | 2 | 3 | 4 | 5 | 6 | 7 | 8 | 9 |
|---|---|---|---|---|---|---|---|---|---|
| 硫酸镍/g·L⁻¹ | 25 | 25 | 25 | 25 | 25 | 25 | 25 | 25 | 25 |
| 次亚磷酸钠/g·L⁻¹ | 30 | 30 | 30 | 30 | 30 | 30 | 30 | 30 | 30 |
| 络合剂 A/g·L⁻¹ | 8 | 18 | 28 | | | | | | |
| 络合剂 B/g·L⁻¹ | | | | 10 | 20 | 30 | | | |
| 络合剂 C/g·L⁻¹ | 20 | 20 | 20 | 20 | 20 | 20 | 20 | 20 | 20 |
| 乙酸钠/g·L⁻¹ | 14 | 14 | 14 | 14 | 14 | 14 | 14 | 14 | 14 |
| 丁二酸/g·L⁻¹ | 8 | 8 | 8 | 8 | 8 | 8 | 8 | 8 | 8 |
| 稳定剂/g·L⁻¹ | 0.01 | 0.01 | 0.01 | 0.01 | 0.01 | 0.01 | 0.01 | 0.01 | 0.01 |
| 表面活性剂/g·L⁻¹ | 0.04 | 0.04 | 0.04 | 0.04 | 0.04 | 0.04 | 0.04 | 0.04 | 0.04 |
| pH 值 | 4.8 | 4.8 | 4.8 | 4.8 | 4.8 | 4.8 | 4.8 | 4.8 | 4.8 |
| 温度/℃ | 85 | 85 | 85 | 85 | 85 | 85 | 75 | 85 | 95 |

**表 4-5　不同工艺 Ni-P 镀层外观质量与结合强度**

| 实验方案 | 镀层外观质量 | 镀层结合强度 | 备注 |
|---|---|---|---|
| 1 | 镀层表面呈银白色，表面略粗糙 | 用刀片划蹭镀层，镀层无脱落 | |
| 2 | 呈银白色，色泽不均匀，表面粗糙 | 用刀片划蹭镀层，轻微脱落 | |
| 3 | | | 无镀层，表面呈银褐色 |

| 实验方案 | 镀层外观质量 | 镀层结合强度 | 备注 |
|---|---|---|---|
| 4 | 色泽较均匀，颜色略发暗，手感柔软光滑 | 镀层无脱落 | |
| 5 | 暗银白色，色泽不均匀，手感光滑 | 结合强度一般，轻微脱落 | |
| 6 | 镀层表面有颗粒状突起 | 凸起部位脱落 | |
| 7 | 镀层致密，镀层有漏镀现象 | 用刀片划蹭镀层，大部分脱落 | 镀层有漏镀现象 |
| 8 | 呈光亮的银白色，表面光滑 | 用刀片划蹭镀层，镀层无脱落 | |
| 9 | | | 无镀层 |

通过对实验的初步探索，不仅对实验的操作步骤有了很好的控制，并且得到了三种外观和结合强度都相对比较好的试样，并且得到络合剂 A 的浓度在 8g/L 左右、络合剂 B 的浓度在 10g/L 左右、最优的温度在 85℃ 左右。通过实验还发现，配方 3、7、9 无镀层或者有漏镀现象。实验 3 无镀层，可能因为络合剂 A 本身的络合能力比较强，浓度太高络合的镍离子数较多，解离困难，溶液中镍离子数相对较少，不仅主盐离子数减少，镀速也降低，致使反应无法进行，无镀层。实验 7 有漏镀现象，可能是温度相对较低，次亚磷酸钠分解慢，还原性氢较少，产生了漏镀现象。实验 9 无镀层，可能是因为温度过高，镀液的挥发性增加，镀液的稳定性急速下降，致使镀液分解造成的。

### 4.3.3  化学镀 Ni-P 工艺优化

#### 4.3.3.1  工艺优化实验方案与结果

通过对化学镀工艺的初步探索，得到了几组较好的工艺，为了进一步提高镀层的性能，找到最优工艺，采用正交实验法对络合剂 A、络合剂 B 的浓度以及温度这 3 个因素做进一步考察。以镀层的沉积速率和镀层的腐蚀速率为参考标准。

（1）采用称重法测量 Ni-P 镀层的沉积速率，镀层沉积速率计算公式为：

$$v = (m_2 - m_1)/At\rho \times 10^4 \tag{4-1}$$

式中　$v$——镀层的沉积速率，$\mu m/h$；

　　$m_1$——施镀前试样的质量，g；

　　$m_2$——施镀后试样的质量，g；

　　$\rho$——镀层的平均密度，取 7.8 g/cm³；

　　$A$——试样的表面积，cm²；

　　$t$——施镀时间，h。

实验方法：前处理好的试样用酒精清洗，用游标卡尺测量尺寸并在干燥器中静置 24h 后称重。然后对试样施镀，施镀结束后，放入干燥器中静置 24h 后称重，用式（4-1）进行计算。

实验结果评估：镀速快为优。

（2）采用失重法测量 Ni-P 镀层的腐蚀速率，镀层腐蚀速率计算公式为：

$$v_{CR} = (m_2 - m_1)/St \tag{4-2}$$

式中　$v_{CR}$——试样镀层的腐蚀速率，$g/(h \cdot cm^2)$；

　　　$m_2$——腐蚀前的质量，g；

　　　$m_1$——腐蚀后的质量，g；

　　　$S$——试样的表面积，$cm^2$；

　　　$t$——施镀时间，h。

实验方法：将试样放入 5.0% 的 NaCl 水溶液中，在室温下进行浸泡 24h。用除锈液除去腐蚀产物，再用分析天平称量腐蚀后的质量，用式（4-2）进行计算。

实验结果评估：腐蚀速率慢为优。

采用三因素三水平 L9（33）正交设计方案，因素水平表见表 4-6，正交实验方案及结果见表 4-7。

**表 4-6　正交实验因素水平**

| 水　平 | 因　素 | | |
|---|---|---|---|
| | 络合剂 A 浓度/g·L⁻¹ | 络合剂 B 浓度/g·L⁻¹ | 温度/℃ |
| 1 | 5 | 6 | 80 |
| 2 | 8 | 10 | 85 |
| 3 | 11 | 16 | 90 |

**表 4-7　L9（33）正交实验方案及结果**

| 实验号 | A | B | C | 镀速/μm·h⁻¹ | 腐蚀速率/g·(h·cm²)⁻¹ |
|---|---|---|---|---|---|
| 1 | 5 | 6 | 80 | 9.34 | 0.4322 |
| 2 | 5 | 10 | 85 | 11.18 | 0.0780 |
| 3 | 5 | 16 | 90 | 12.07 | 0.3025 |
| 4 | 8 | 6 | 85 | 11.12 | 0.0032 |
| 5 | 8 | 10 | 90 | 14.59 | 0.1307 |
| 6 | 8 | 16 | 80 | 11.79 | 0.2543 |
| 7 | 11 | 6 | 90 | 12.97 | 0.3474 |
| 8 | 11 | 10 | 80 | 11.02 | 0.2846 |
| 9 | 11 | 16 | 85 | 10.35 | 0.2357 |

4.3.3.2　正交实验结果分析

（1）以 Ni-P 镀层沉积速率为考查指标的正交实验结果见表 4-8。

表 4-8　正交实验 Ni-P 镀层沉积速率结果　　　　　　（μm/h）

| 因素符号 | 项目 | A | B | C |
|---|---|---|---|---|
| 沉积速率 | I | 32.58 | 33.42 | 32.13 |
| | II | 37.17 | 36.78 | 32.64 |
| | III | 33.75 | 34.20 | 39.63 |
| | $K_1$ | 10.86 | 11.14 | 10.71 |
| | $K_2$ | 12.39 | 12.26 | 10.88 |
| | $K_3$ | 11.25 | 11.40 | 13.21 |
| | 极差 R | 1.53 | 1.12 | 2.50 |

以镀层沉积速率为考查指标，镀层的沉积速率越快越好，即各个因素所对应的平均沉积速率 K 值越大越好。由表 4-8 可知，镀层沉积速率各个因素 K 值大小的比较如下：

A 因素列：$K_2 > K_3 > K_1$；

B 因素列：$K_2 > K_3 > K_1$；

C 因素列：$K_3 > K_2 > K_1$。

极差值的大小比较为：$R_C > R_A > R_B$。

从以上各因素列的大小比较可以得出优化方案为 $A_2B_2C_3$，即络合剂 A 的浓度为 8g/L、络合剂 B 的浓度为 10g/L、温度为 90℃。从极差值的大小比较可以看出，温度对镀层的沉积速率影响最大，络合剂 B 对其影响最小。

（2）以 Ni-P 镀层腐蚀速率为考查指标的正交实验处理结果见表 4-9。

表 4-9　正交实验 Ni-P 镀层腐蚀速率结果　　　　　（g/(h·cm²)）

| 因素符号 | 项目 | A | B | C |
|---|---|---|---|---|
| 腐蚀速率 | I | 0.8127 | 0.7828 | 0.9711 |
| | II | 0.3932 | 0.4933 | 0.3169 |
| | III | 0.8677 | 0.7925 | 0.7808 |
| | $K_1$ | 0.2709 | 0.2609 | 0.3237 |
| | $K_2$ | 0.1310 | 0.1644 | 0.1056 |
| | $K_3$ | 0.2892 | 0.2641 | 0.2602 |
| | 极差 R | 0.1582 | 0.0997 | 0.2181 |

以镀层的腐蚀速率为考查指标，镀层的腐蚀速率越小越好，即各个因素所对

应的平均腐蚀速率 $K$ 值越小越好。由表 4-9 可知，镀层腐蚀速率各个因素 $K$ 值大小比较如下：

A 因素列：$K_2 < K_1 < K_3$；

B 因素列：$K_2 < K_1 < K_3$；

C 因素列：$K_2 < K_3 < K_1$。

极差值的大小比较为：$R_C > R_A > R_B$。

从以上各因素的大小比较可以得出优化方案为 $A_2 B_2 C_2$，即络合剂 A 的浓度为 8g/L、络合剂 B 的浓度为 10g/L，温度为 85℃。从极差值的大小比较可以看出，温度对镀层的腐蚀速率影响最大，络合剂 B 对其影响最小。

两个考查指标得到的结果有不同之处，主要是温度不同。以镀层沉积速率考查得到的最优温度为 90℃，而以镀层的腐蚀速率考查得到的最优温度为 85℃。考虑到镀层耐蚀性比镀层沉积速率更重要，而且 85℃ 镀层沉积速率也可以接受，所以最优温度选为 85℃。最优的工艺参数为络合剂 A 的浓度为 8g/L、络合剂 B 的浓度为 10g/L、温度为 85℃。

### 4.3.3.3 Ni-P 镀层分析

图 4-4 为最优工艺所得到的 Ni-P 镀层的形貌及成分。从图 4-4 中可以看出 Ni-P 镀层呈现出凸起的胞状结构，是 P 在 Ni 基上形成的过饱和固溶体。镀层表面平整光滑并且镀层连续均匀，胞与胞之间结合紧密。当海水中的 $Cl^-$ 侵蚀镀层时，由于镀层胞与胞之间结合紧密，$Cl^-$ 很难侵蚀到基体表面，这种表面状态将提高镀层的耐蚀性能。Ni-P 镀层成分见表 4-10。由表可见，镀层中磷的含量为 5.0%、镍的含量为 91.25%，属于中磷镀层。

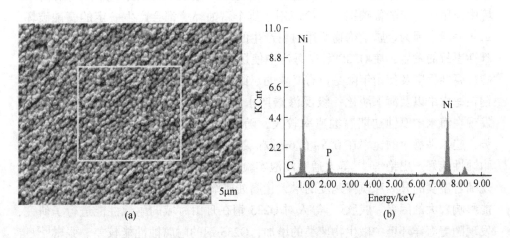

(a)　　　　　　　　　(b)

图 4-4　Ni-P 镀层形貌（a）及能谱图（b）

表 4-10    Ni-P 镀层成分                            (%)

| 元素 | Ni | P | C |
|---|---|---|---|
| 含量（质量分数） | 91.25 | 5.0 | 3.75 |

### 4.3.4    小结

通过对化学镀镍工艺参数的初步探索，发现络合剂 A 的浓度在 8g/L 左右，络合剂 B 的浓度在 10g/L 左右，温度在 85℃左右，得到的镀层外观和结合强度较好。

以镀层的沉积速率和镀层的腐蚀速率为考查指标，采用正交实验对化学镀工艺参数络合剂 A、络合剂 B 和温度进行优化。结果发现，以镀层的沉积速率为考查指标，温度对镀层沉积速率影响大，络合剂 B 对其影响小，最优工艺为络合剂 A 的浓度为 8g/L、络合剂 B 的浓度为 10g/L、温度为 90℃；以镀层的腐蚀速率为考查指标，温度对镀层的腐蚀速率影响大，络合剂 B 对其影响小，最优工艺为络合剂 A 的浓度为 8g/L、络合剂 B 的浓度为 10g/L、温度为 85℃。考虑到耐蚀性能比沉积速率重要，最终选择最佳工艺为络合剂 A 的浓度 8g/L、络合剂 B 的浓度为 10g/L、温度为 85℃。

最优工艺下所得到的 Ni-P 镀层呈现胞状结构，镀层连续而致密，胞与胞之间结合紧密。镀层中磷含量为 5.0%、镍的含量为 91.25%，属于中磷镀层。

## 4.4    Q235 钢在海洋环境中腐蚀行为

海洋是非常苛刻的腐蚀环境，腐蚀不仅增大了海上平台、船舶、港口设施等金属结构物的维护和维修成本，并且大大缩短了金属结构物的使用寿命。Q235 钢广泛应用于海洋的大气区、潮差区、飞溅区、全浸区等腐蚀环境中，是海洋环境中应用最广泛的普碳钢。无论应用于哪个腐蚀环境都会产生一定的腐蚀破坏，每年海洋中因为金属结构物所用材料产生的腐蚀造成事故频繁发生。为了减少灾难性事故的发生，使 Q235 钢在海洋中使用安全，研究并掌握 Q235 钢的耐蚀性能、腐蚀程度及使用年限是很有必要的。梁沁沁[42]等人采用旋转挂片法对 Q235 钢在海水中以及海水淡化一级反渗透产水中（RO）的腐蚀速度进行对比研究，发现在海水中腐蚀初期腐蚀速率较大，随着腐蚀时间的延长腐蚀速率呈下降趋势，趋于平稳时的速率在 0.5~0.6mm/a 之间，海水的耐蚀性能要比在 RO 中的耐蚀性能好。史艳华[43]等人通过浸泡实验对 Q235 钢的耐蚀性能进行了研究，发现随着温度的升高和搅拌速度的增大，腐蚀速率不断增大，搅拌速度是对耐蚀性能影响较大的因素。戚欣[44]等人对 Q235 钢在舟山海域的耐蚀性能进行了研究，发现随着海洋环境中微生物菌类的增加，Q235 钢的耐腐蚀性能较差。张琳[45]等人采用失重法对 Q235 钢和耐候钢在模拟海洋大气环境中的耐蚀性能进行比较研究，研究发现耐候钢的耐腐蚀性能与 Q235 钢相当。

鉴于以上研究，本章主要研究了 Q235 钢在模拟海水全浸区中的腐蚀速率，并推测其大致的使用年限，为 Q235 钢在海洋环境中的正确应用和进一步采用有利的防腐措施提供数据依据[46]。

### 4.4.1 实验材料

本次实验以 Q235 冷轧板为实验材料，其化学成分见表 4-1。

### 4.4.2 实验方法

金属材料耐蚀性的研究方法主要有电化学实验法、自然暴露腐蚀实验、实验室腐蚀实验。本实验模拟了海水全浸区的腐蚀环境，采用实验室腐蚀实验方法中的静态挂片实验法，研究了 Q235 钢的耐蚀性。

#### 4.4.2.1 制样方法

A 取样

用线切割机把试样切成 50mm×25mm×0.8mm 大小，取样时避开母材的边缘处，并用钻头在试样上方打出一个直径为 3.5mm 的小孔，试样示意图如图 4-1 所示。

B 打磨

试样表面先用粒度较大的 600 号砂纸打磨去除表面的氧化层，再用 800 号的砂纸打磨至表面平整，最后用较细的 1200 号的砂纸打磨减少表面较深的划痕使表面划痕较少并且光亮。

C 抛光

在抛光机上用粒度为 2.5 的金相专用抛光剂抛光至试样的两个表面均无划痕，因为浸泡初期试样刚接触海水，腐蚀可能会沿划痕处开始延伸，对基体的耐蚀性能的判断、腐蚀类型判断可能产生误差。

D 除油除锈

抛光好的试样首先在丙酮中除锈，接下来用去离子水清洗，然后用超声波清洗仪在无水乙醇中进行振荡清洗，随后在无水乙醇中浸泡 3min，去除打磨及抛光时颗粒物造成的表面污染。

E 干燥称重

将试样从无水乙醇中取出，立即用滤纸将其吸干，然后用吹风机冷风干燥，将干燥好的试样用干净的脱脂棉包好，放入干燥器内干燥，过 24h 后将试样进行编号并逐个称重（精确到 0.001g），并用游标卡尺测量试样的尺寸。

#### 4.4.2.2 实验过程

静态挂片实验在恒温水浴锅中进行，实验设备如图 4-5 所示；

实验温度：25℃；

实验介质：3.5% NaCl 水溶液（溶液用量应保证每 1cm² 试样表面积不少于 20mL 的量）；

实验周期：4h、10h、24h、72h、168h、336h、720h。

（1）对前处理好的 Q235 钢试样竖直插入模拟海水中，保持钢样距水平面 20mm。对实验介质进行定期更换，腐蚀初期每隔 4h 更换一次，之后每隔 3 天更换一次。

（2）在设定好的周期时间点取出试样，每个周期取出 3 片试样用于腐蚀速率的测定。

图 4-5　实验设备

### 4.4.2.3　分析方法

采用经典的失重法对 Q235 钢耐腐蚀性能进行研究。失重法是腐蚀研究中最基本和重要的方法，能准确、有效地测出钢铁的腐蚀质量损失，并且评定钢铁的腐蚀速率。通过这种方法能获得金属腐蚀速度的近似值，同时能够近似评估金属的使用寿命。

根据国标[47]用腐蚀深度（mm/a）表示腐蚀速率，来分析 Q235 钢的耐蚀性能，计算公式如下：

$$V = 87600 \times (W_1 - W_2)/At\rho \qquad (4-3)$$

式中　$V$——金属的腐蚀速率，mm/a；

　　　$W_1$——腐蚀前的质量，g；

　　　$W_2$——腐蚀后质量，g；

　　　$A$——金属的表面积，cm²；

　　　$t$——金属的腐蚀时间，h；

　　　$\rho$——金属的密度，g/cm³。

根据国标[48]对用于失重法测腐蚀量的试样进行处理：

（1）每个周期试样取出后首先用毛刷除去表面疏松的腐蚀产物。

（2）在 500mL 盐酸、3.5g 乌洛托品、加蒸馏水配制成 1000mL 的除锈液中大约浸泡 6min。

（3）待腐蚀产物彻底清洗干净，然后用弱碱中和表面残留的盐酸，再用大量蒸馏水冲洗。

（4）用无水乙醇擦洗，冷风吹干，在干燥器中放置 24h 后称重。

### 4.4.3  实验结果与讨论

#### 4.4.3.1  失重实验结果与分析

表 4-11 为失重实验质量损失记录表。由表 4-11 可知，随着腐蚀时间的增加，质量损失逐渐增加。腐蚀初期，腐蚀 4h 后平均质量损失为 0.0033g，平均质量损失率为 0.045%；腐蚀 10h 后平均质量损失为 0.0037g，平均质量损失率为 0.051%，质量变化不明显；腐蚀 24h 后平均质量损失为 0.0078g，质量损失率为 0.11%，可见，腐蚀 24h 后，质量有了明显的变化，质量损失越来越大，质量损失率也越来越高；腐蚀 336h 后平均质量损失为 0.0926g，质量损失率为 1.25%；腐蚀 720h 后平均质量损失达到了 0.1714g，平均质量损失率达到了 2.38%。

**表 4-11  失重实验质量损失记录**

| 腐蚀时间/h | 腐蚀前质量/g | 腐蚀后质量/g | 质量差/g | 平均质量差/g | 平均质量损失率/% |
|---|---|---|---|---|---|
| 4 | 7.3708 | 7.3675 | 0.0033 | 0.0033 | 0.045 |
| | 7.4654 | 7.4619 | 0.0035 | | |
| | 6.8610 | 6.8579 | 0.0031 | | |
| 10 | 7.3869 | 7.3826 | 0.0043 | 0.0037 | 0.051 |
| | 7.4352 | 7.4336 | 0.0030 | | |
| | 6.7405 | 6.7366 | 0.0039 | | |
| 24 | 7.3473 | 7.3397 | 0.0076 | 0.0078 | 0.11 |
| | 7.0634 | 7.0556 | 0.0078 | | |
| | 6.5124 | 6.5044 | 0.0080 | | |
| 72 | 6.8320 | 6.8131 | 0.0189 | 0.0190 | 0.27 |
| | 7.0968 | 7.0780 | 0.0188 | | |
| | 7.2328 | 7.2136 | 0.0192 | | |
| 168 | 6.9578 | 6.9138 | 0.0440 | 0.0435 | 0.6 |
| | 7.5079 | 7.4644 | 0.0435 | | |
| | 7.2906 | 7.2477 | 0.0429 | | |
| 336 | 7.2169 | 7.1222 | 0.0947 | 0.0926 | 1.25 |
| | 7.5926 | 7.5017 | 0.0909 | | |
| | 7.3354 | 7.2431 | 0.0923 | | |
| 720 | 7.2050 | 7.0355 | 0.1695 | 0.1714 | 2.38 |
| | 7.1728 | 7.0006 | 0.1668 | | |
| | 7.2432 | 7.0652 | 0.1780 | | |

图 4-6 为 Q235 钢在模拟海水全浸区中的腐蚀量随腐蚀时间的变化。由图 4-6

可知，随着腐蚀时间的延长，腐蚀量逐渐增加，说明 Q235 钢在海水中的腐蚀一直持续进行着。腐蚀 4~336h 时间段内腐蚀量与腐蚀时间呈现出线性的状态，说明此阶段腐蚀量的变化率随时间的增加基本不变。腐蚀 336~720h 时间段内腐蚀量的变化率（图 4-6 中直线的倾斜程度）较 4~336h 时间段内的变化率较小，可以说明腐蚀 336h 后，Q235 钢板的腐蚀程度开始减小，可能由于随着腐蚀时间的增加，裸露的基体表面逐渐被锈层所覆盖，降低了溶解氧向基体钢板扩散的速度与程度，腐蚀程度有所减弱。

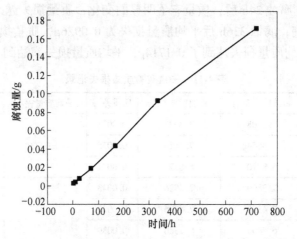

图 4-6    Q235 钢在模拟海水全浸区中腐蚀量随时间的变化

### 4.4.3.2    腐蚀速率的研究

根据式（4-3）计算得出了 Q235 钢在模拟海水全浸区不同腐蚀时间的腐蚀速率，得到了 Q235 钢在海水全浸区环境中的腐蚀规律，如图 4-7 所示。由图 4-7 可知，在腐蚀初期腐蚀速率较大，并且随着腐蚀时间的增加，腐蚀速率经历了先降低，又略有升高，再略微降低趋于平稳的变化过程。4~72h 阶段，腐蚀初期的腐蚀速率较大，并且随着时间的延长腐蚀速率降低程度也很大。这是由于腐蚀初期，裸露的钢板首次接触富含氧气、$Cl^-$ 的海水，能充分地与腐蚀介质相接触，腐蚀速率较大；然而随着腐蚀时间的延长腐蚀速率下降，归因于腐蚀电池的电化学极化作用，$Fe^{2+}$ 进入到 NaCl 溶液中的速度小于电子从阳极迁移到阴极的速度，阳极上就会有较多的 $Fe^{2+}$ 抑制电子的传输反应，致使电流密度减小，降低了腐蚀速度[49]。72~168h 阶段，腐蚀速度又略有升高，此时形成的锈层疏松，不足以阻挡溶解氧向基体靠近，其疏松多孔的结构反而为溶解氧到达金属基体提供了通道，所以腐蚀速度增加[50]。168~720h 阶段腐蚀速度略微下降趋于平稳，这是由于随着腐蚀时间的延长，锈层逐渐覆盖了整个试样表面，锈层的厚度逐渐增加，阻碍了 $Cl^-$ 过多地与金属基体之间的接触，并且为溶解氧向基体传输设置了障碍，阴极上氧去极化反应受到抑制，阳极上基体的溶解就会相应下降，氧去极化腐蚀受到一定抑制，腐蚀速率趋于稳定，大约为 0.041mm/a，属于耐蚀 4~5 级。可以得到该 Q235 钢在海洋环境中随使用时间的增加其厚度的变化规律，见表 4-12。

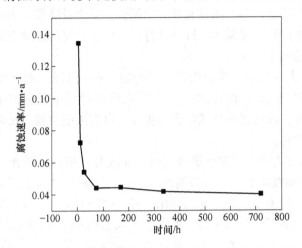

图 4-7　Q235 钢在模拟海水全浸区中腐蚀速率随时间的变化

**表 4-12　Q235 钢在模拟海水全浸区中厚度随时间的变化**

| 时间/a | 0 | 2 | 4 | 6 | 8 | 10 | 12 | 14 | 16 | 18 |
|---|---|---|---|---|---|---|---|---|---|---|
| 厚度/mm | 0.800 | 0.718 | 0.636 | 0.554 | 0.472 | 0.390 | 0.308 | 0.226 | 0.144 | 0.062 |

Q235 钢应用于海水全浸区中，因为结构用途不同，所以对 Q235 钢的力学性能要求不同。在腐蚀环境中钢板剩余的厚度跟其力学性能密切相关，随着腐蚀时间的增加，钢板的厚度逐渐变小，其力学性能也相对减弱。由表 4-12 可知，在海水全浸区不同腐蚀时间 Q235 钢板剩余厚度，为 Q235 钢在海水全浸区的应用提供了使用寿命的查询依据。一般认为，金属材料能够使用 8~10 年以上就有其应用的价值，而许多海洋工程对结构材料的使用期限提出了长寿命的要求，一般要求金属结构有 30~50 年的使用寿命。本实验所采用的 Q235 钢板能满足其在海洋中基本的应用价值，但是腐蚀 18 年后钢板已经没有厚度，不能满足一些需要长寿命的金属构造如海上构筑物等，所以必须采用一些防腐措施来增加 Q235 钢的耐海水腐蚀性能，从而增加其在海洋环境中的利用率，提高其应用价值。

### 4.4.4　Q235 钢腐蚀机理研究

随着海洋资源的开发，滨海电厂、船舶、港口设施等建设工程也蓬勃发展，对金属材料的性能要求也越来越高，尤其是金属的耐海水腐蚀性能，耐腐蚀性能是评价海洋用钢性能的一个重要指标。为了提高海洋用钢的耐海水腐蚀性能，必须从本质上了解腐蚀发生的原因，掌握其腐蚀机理。

山东大学苏璐璐[51]等人通过电化学测试方法和腐蚀界面微观组织观察的方法对 Q235 钢在模拟海水全浸区的腐蚀机理进行了研究，研究发现腐蚀初期的推动力主要是晶界和渗碳体，随着腐蚀时间延长，氧含量降低，进而腐蚀靠基体内的夹杂物、腐蚀产物和渗碳体的推动进行，其中最主要的推动力为夹杂物。腐蚀逐渐从小晶粒趋向于大晶粒。

牛艳[14]等人通过电化学方法研究了 Q235 钢在海洋铁细菌作用下的腐蚀机理，研究发现由于铁细菌的作用，Q235 钢在腐蚀过程中没有钝化区直接从活化区进入过钝化区，没有保护性钝化膜的生成，自腐蚀电位较无菌海水中低，使钢表面发生局部破坏。

梁沁沁[42]等人通过对腐蚀层微观形貌和成分分析与红外光谱分析相结合的方法，对 Q235 钢在海水一级反渗透产水中的腐蚀机理进行了研究分析，研究发现腐蚀初期锈层的主要成分为 $\gamma$-FeOOH，随着腐蚀时间的延长，发生了锈层之间的演变并且腐蚀层逐渐分为两层，外锈层为 $\alpha$-FeOOH、$\gamma$-FeOOH 组成的混合物，内锈层为 $Fe_3O_4$。

陈惠玲[52]等人将碳钢放入 3.0%氯化钠溶液中进行浸渍干湿循环实验，通过红外光谱及 XRD 半定量分析了其腐蚀机理，研究发现此环境中形成的锈层主要为 $\alpha$-FeOOH、$\gamma$-FeOOH、$Fe_3O_4$ 和 $\beta$-FeOOH 的混合物，通过对腐蚀过程的探讨，提出了 $Fe_3O_4$ 和 $\beta$-FeOOH 是由绿锈转化而来，$\alpha$-FeOOH、$\gamma$-FeOOH 是由 $FeOH^+$ 转化而来。

鉴于以上研究，通过对 Q235 钢在模拟海水全浸区的腐蚀形貌进行了观察，对腐蚀产物的成分进行分析，探讨研究了 Q235 钢在海水全浸区的腐蚀机理，为采取针对性的防腐蚀方法提高 Q235 钢的耐蚀性能提供了有利的参考及理论依据。

**4.4.4.1　Q235 钢在模拟海水全浸区环境中宏观腐蚀形貌分析**

图 4-8 所示为 Q235 钢在模拟海水全浸区腐蚀不同时间的宏观形貌图。从图中可以看出随着腐蚀时间的增加，锈层增厚逐渐覆盖整个基体表面。锈层的颜色发生了从淡黄色到墨绿色到黄褐色再到红棕色的演变。

由图 4-8 (a) 可以看出，腐蚀刚刚开始 Q235 钢表面有淡黄色的点出现，零散地布满了整个基体表面，由于基体初次接触海水，腐蚀首先会在能量较高的晶界处、基体表面的缺陷处以及存在夹杂物的位置发生，腐蚀点零散地分布在基体表面。由于试样经过抛光处理，又因为腐蚀时间较短，表面其他地方没有开始腐蚀，所以此时试样表面仍然有些亮度。由图 4-8 (b) 可以看出，腐蚀 10h 后，Q235 钢表面淡黄色的腐蚀点密密麻麻地布满了基体表面，这是由于随着腐蚀时间的增加，腐蚀范围不断扩大所产生的现象，并且在基体表面局部出现了淡黄色的锈斑，推断为腐蚀初期阳极反应产生的 $Fe^{2+}$ 溶解，在基体表面沉积氧化形成的

腐蚀产物 γ-FeOOH。γ-FeOOH 是一种比较不稳定的物质，具有一定的电化学活性，再次更好地解释了腐蚀 10h 所对应的腐蚀速率较大的原因。

由图 4-8 (c) 可以看出，腐蚀 24h 后，基体表面有墨绿色的腐蚀产物出现，不均匀的分布在基体表面，是溶解的铁沉积后继续被氧化，生成的绿锈（Green Rust），锈层疏松可以看见基体。模拟海水中由于存在大量 Cl⁻，因此可以推测此时的绿锈为 GR (Cl⁻)。由图 4-8 (d) 可以看出，腐蚀 72h 后，墨绿色产物上方出现疏松的黄褐色腐蚀产物，推断为 GR (Cl⁻) 继续被氧化所生成的碱式氢氧化物，由于 β-FeOOH 为淡褐色且一般由绿锈自动转化而来[53]，因此推断为 β-FeOOH。随着腐蚀时间的延长，由图 4-8 (e) 可以看出，腐蚀 168h 后，疏松的黄褐色锈层在基体表面的覆盖率逐渐增大，并且开始有绒状的淡褐色腐蚀产物出现，零星地分布在基体的边缘处，此时仍然可以看见基体表面。

图 4-8 (f) 为腐蚀 336h 后的宏观形貌。由图 4-8 (f) 可以看出，基体表面出现了疏松的红褐色腐蚀产物，腐蚀产物呈现出绒状，不均匀地分布在基体表面，取出时疏松的红褐色产物有脱落，从脱落处可以看出，内侧有较少的黑色的腐蚀产物与基体相连，基本已经看不见基体表面。随着腐蚀时间的延长，腐蚀到 720h 后，由图 4-8 (g) 可以看出，试样最外侧疏松的红褐色锈层逐渐布满了整个基体表面，用毛刷去除红褐色锈层后里面有一层黑色的锈层与基体紧密地结合在一起，用毛刷很难去除黑色的内锈层。推断外侧为 γ-FeOOH，内层可能是 $Fe_3O_4$、α-FeOOH、γ-FeOOH、β-FeOOH 的混合物[54]。

### 4.4.4.2 Q235 钢在模拟海水全浸区环境中微观腐蚀形貌分析

Q235 钢的腐蚀机理与锈层之间的演变密切相关，图 4-9 所示为 Q235 钢在模拟海水全浸区腐蚀初期的微观形貌图。由图 4-9 (a) 可以看到，腐蚀刚刚发生，基体表面首先有零散的黑色点出现，这是由于基体表面的晶界处、缺陷及夹杂物与基体钢板之间组成了"原电池"产生的腐蚀，阳极反应为 $Fe \rightarrow Fe^{2+} + 2e$，阴极反应为 $O_2 + 2H_2O + 4e \rightarrow 4OH^-$，所以 Q235 钢表面出现了黑色斑点。点蚀是破坏性和隐患最大的腐蚀形态之一，点蚀具有深挖能力，严重时可以造成穿孔。为了避免点蚀的发生，从基体材料入手，在冶炼过程中应减少微合金元素的聚集，减少有害的夹杂物。图 4-9 (b) 为腐蚀 10h 的微观形貌，可以看出基体表面黑色斑点不断增多，因为随着时间的延长，基体表面不断被 Cl⁻ 和 $O_2$ 吸附，基体表面能量不稳定的区域会受到不同程度的腐蚀[55]，因此表面能看到较多大小不一、颜色深浅不同的黑色斑点，这是典型的点蚀腐蚀形态，说明点蚀发生的位置不均匀，点蚀深浅不均匀。

图 4-10 所示为 Q235 钢在模拟海水全浸区腐蚀中期时的微观形貌。由图 4-10 (a) 可以看出，随着腐蚀时间的延长腐蚀范围逐渐扩大，腐蚀 24h 后黑色的点蚀坑增加并且逐渐相连，形成了局部的腐蚀区，基体钢板隐约可见。由图 4-10 (b) 可

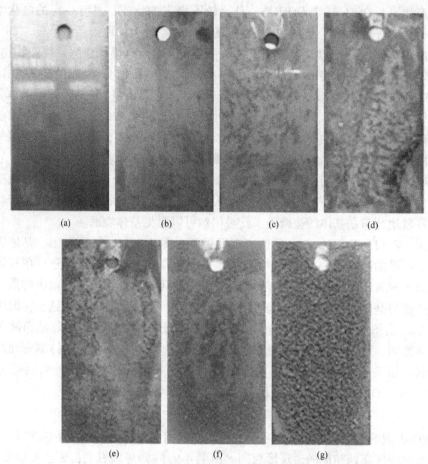

图 4-8　Q235 钢在模拟海水全浸区腐蚀不同时间的宏观形貌

（a）4h；（b）10h；（c）24h；（d）72h；（e）168h；（f）336h；（g）720h

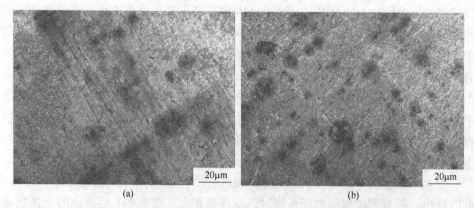

图 4-9　Q235 钢在模拟海水全浸区腐蚀初期的微观形貌

（a）4h；（b）10h

以看出，腐蚀72h后，黑色的点蚀连成的区域逐渐变大。所以此阶段正处于从点蚀逐渐向均匀腐蚀发展的过渡期。由图4-10（c）可以看出，腐蚀168h后，锈层变厚基本已经覆盖了整个基体表面，侵蚀性点蚀坑逐渐消失。

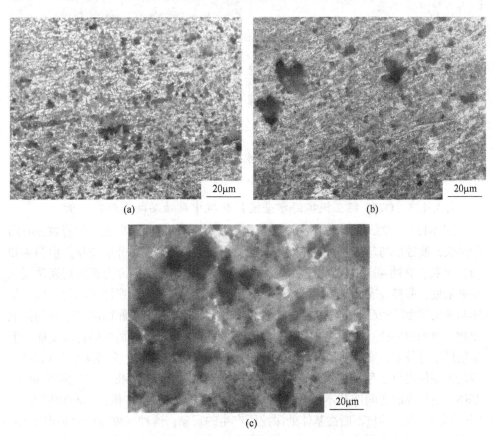

图4-10  Q235 钢在模拟海水全浸区腐蚀中期的微观形貌

(a) 24h；(b) 72h；(c) 168h

图4-11 所示为 Q235 钢在模拟海水全浸区腐蚀末期的微观形貌。由图4-11（a）可以看出，随着腐蚀时间的延长，腐蚀336h后锈层已经覆盖了整个基体表面，锈层增厚阻碍了溶解氧向基体靠近，由于 Cl⁻ 半径较小，还可以通过疏松腐蚀产物的孔隙侵入腐蚀坑内，对坑内周围的基体造成进一步的腐蚀。图4-11（b）为腐蚀720h后的微观形貌，可以看出锈层已经完全覆盖了基体表面，点蚀坑已经消失，形成了均匀的腐蚀层，达到了均匀的腐蚀表面。

综上所述，Q235 钢板在海水全浸区中的腐蚀先以点蚀状态开始，随着腐蚀时间的增加，点蚀坑增加，并且逐渐连接起来，点蚀坑消失，最终形成均匀腐蚀层，达到了均匀腐蚀的表面形态。

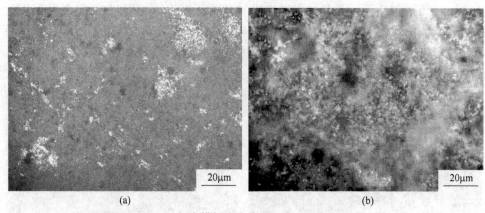

(a)　　　　　　　　　　　　　　　　　　　(b)

图 4-11    Q235 钢在模拟海水全浸区腐蚀末期的微观形貌

(a) 336h；(b) 720h

### 4.4.4.3    Q235 钢在模拟海水全浸区环境中腐蚀层断面形貌分析

图 4-12 为 Q235 钢在模拟海水全浸区腐蚀不同时间的断面形貌，随着腐蚀时间的延长，腐蚀层与基体之间的界面逐渐变得平整，并且出现了分层现象。由图 4-12 (a) 可见，腐蚀 4h 后基体与锈层界面在腐蚀初期凹凸不平，因为腐蚀初期锈层先在夹杂处、晶界、表面缺陷能量高处进行形核，致使基体表面腐蚀不均匀，造成基体与锈层界面间凹凸不平，锈层中还有裂纹的出现，这是由于腐蚀起初生成的铁氧化物一般和钢保持一定的共格关系，降低了表面能，增加了界面处弹性应变能，但是锈层本身较脆，变形困难[56]，所以此时锈层中存在着裂纹，为溶解氧及 Cl⁻ 进一步侵蚀基体提供了便利的通道。由图 4-12 (b) 可见，腐蚀 24h 后腐蚀层为单层，基体与锈层界面之间凹凸不平，锈层呈疏松的绒状与腐蚀 4h 相比凹凸程度变小。图中圆圈处为点蚀坑不断往基体处深挖所产生的现象，这种现象的产生是由于 Cl⁻ 对腐蚀产物膜造成严重的破坏后，此时锈层较薄，不足以抵挡 Cl⁻ 与基体的接触，点蚀坑进一步深挖，这种腐蚀形态不仅破坏性和隐患性较大，并且随机性也很大，应采取相应的措施来控制点蚀的进一步深挖。由图 4-12 (c) 可见，腐蚀 72h 后腐蚀层为单层，腐蚀层呈现出海绵状并且较为疏松，有微小的裂纹存在。腐蚀层中可以看见白色亮点，这可能是由于表面各处腐蚀程度不同而存在未被腐蚀的基体。与腐蚀 24h 相比，腐蚀层与基体界面处凹凸程度减小。由图 4-12 (d) 可见，腐蚀 168h 后，此时腐蚀层仍旧为单层，没有出现分层现象，但是腐蚀层与界面之间变得较为平整，说明此时基体表面各处的腐蚀速率基本相等。

由图 4-12 (e) 可见，腐蚀 336h 后腐蚀层出现了分层现象，在外锈层与基体钢板之间出现了一层薄且相对致密的内锈层，因为随着腐蚀时间的增加，腐蚀层逐渐增厚，在基体与较厚的腐蚀层之间造成了缺氧的环境，而直接与海水接触的锈层所处的环境氧气比较充分，一个处在富氧区，一个处在贫氧区，所处的环境

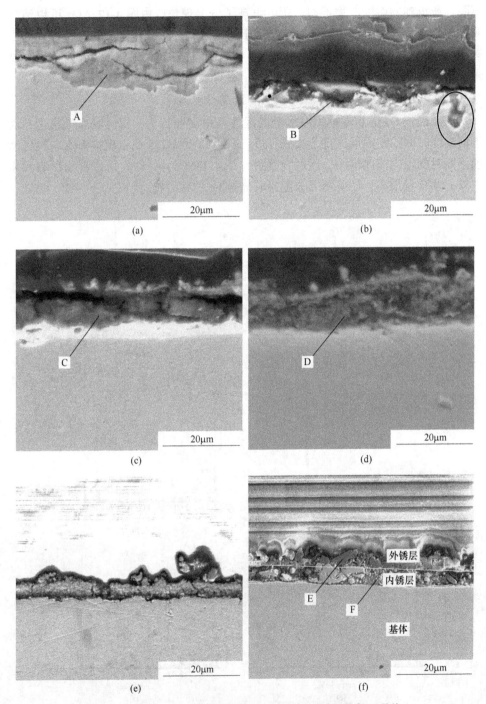

图 4-12 Q235 钢在模拟海水全浸区腐蚀不同时间的断面形貌
(a) 4h；(b) 24h；(c) 72h；(d) 168h；(e) 336h；(f) 720h

不同，所得到的腐蚀产物不同，所以出现了分层现象。由图 4-12（f）可以清晰明显地看出，腐蚀层分为两层，这是由于锈层之间的演变所造成的。腐蚀界面没有凹凸现象并且比较平直，这是因为随着腐蚀时间的延长，锈层形核点逐渐增多，锈层逐渐增厚，腐蚀基本是均匀的，逐步表现为均匀的腐蚀形态。

#### 4.4.4.4　Q235 钢在模拟海水全浸区腐蚀机理

为了确定 Q235 钢在模拟海水全浸区环境中腐蚀行为，探讨其腐蚀机理，对不同腐蚀时间的断面层进行了成分分析。图 4-13 为 Q235 钢在模拟海水全浸区腐蚀不同时间段内的能谱图，通过能谱图（图 4-13（a）~（f））可以看出所有元素中铁元素含量最高，说明锈层的主要成分是 Fe 的化合物。

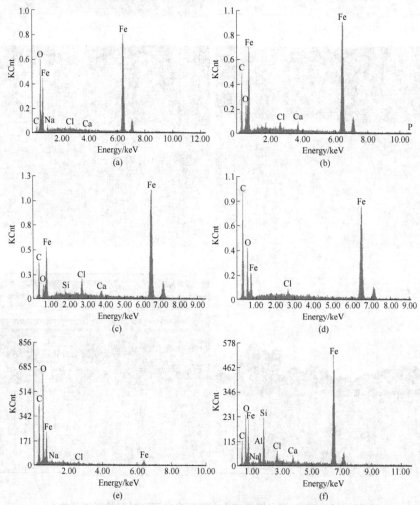

图 4-13　Q235 钢在模拟海水全浸腐蚀不同时间的能谱图（A~F 代表图 4-12 中的 A~F 处）
(a) 4h，A 处；(b) 24h，B 处；(c) 72h，C 处；(d) 168h，D 处；(e) 720h，E 处；(f) 720h，F 处

Q235 钢浸泡不同时间腐蚀界面产物成分见表 4-13。由表 4-13 可知，腐蚀初期氧元素含量也相对较高，因为腐蚀初期锈层较薄，溶解氧很容易到达腐蚀界面，对基体造成腐蚀，说明腐蚀初期主要受氧元素浓度扩散所控制，随着腐蚀时间的延长，氯元素含量逐渐增加，氧元素的含量逐渐减少，这是因为锈层随着腐蚀时间的延长逐渐增厚，锈层增厚为溶解氧向基体扩散设置了障碍，由于 $Cl^-$ 的半径较小并且穿透能力较强，$Cl^-$ 能够穿过锈层之间较小的缝隙进入腐蚀初期形成的腐蚀坑内，同时金属离子发生水解产生氢离子，pH 值随之下降，为进一步腐蚀创造条件，$Cl^-$ 进而成为腐蚀的主要推动力，与此同时锈层也开始参与阴阳极反应，发生了锈层之间的演变。

**表 4-13　Q235 钢浸泡不同时间腐蚀界面产物成分**　　　　　　（%）

| 时间/h | Fe | O | C | Cl | Na | Si | Ca |
|---|---|---|---|---|---|---|---|
| 4（A） | 47.35 | 35.73 | 12.77 | 0.60 | 3.00 | | 0.55 |
| 24（B） | 26.00 | 10.29 | 62.03 | 0.82 | | | 0.86 |
| 72（C） | 31.92 | 6.32 | 58.45 | 1.90 | | 0.64 | 0.77 |
| 168（D） | 15.57 | 16.07 | 68.00 | 0.36 | | | |
| 720（E） | 15.04 | 31.38 | 51.83 | 0.74 | 1.02 | | |
| 720（F） | 29.15 | 23.09 | 34.92 | 1.51 | 0.8 | 6.85 | 1.19 |

注：A~F 代表图 4-12 对应的 A~F 处。

由表 4-13 可以看出，腐蚀 720h（E、F）腐蚀层由外向内氧元素逐渐减少，铁元素逐渐增多，体现了均匀腐蚀的特性[51]，腐蚀层由外向内氯元素逐渐增多，再次证明 $Cl^-$ 的穿透能力较强。F 处可以看出内锈层有较小的坑点，并且出现了硅元素，可以推测此处为硅酸盐夹杂物引起的点蚀坑，促进了基体腐蚀。碳钢在海水中的腐蚀主要受溶解氧扩散所控制，内锈层中氧元素含量低、铁元素含量高，形成的各氧化物中铁的总体化合价较低。外锈层氧元素含量高、铁元素含量低，形成的各氧化物中铁的总体化合价较高。

结合以上分析，推测 Q235 钢在模拟海水全浸区的腐蚀机理如下：

（1）腐蚀初期。Q235 钢由于存在夹杂物以及表面成分不均匀等因素，首先会在基体表面形成无数的腐蚀微电池，其腐蚀反应为：

阳极反应　　　　　　　　　$Fe \longrightarrow Fe^{2+} + 2e$

阴极反应　　$O_2 + 2H_2O + 4e \longrightarrow 4OH^-$

（2）腐蚀期。随着腐蚀反应的进行，溶解的 $Fe^{2+}$ 所生成的 $FeOH^+$ 并不稳定，在金属表面沉积被氧化为 $Fe^{3+}$ 形成 $\gamma\text{-}FeOOH$，其腐蚀反应为：

$$Fe^{2+} + H_2O \longrightarrow FeOH^+ + H^+$$

$$2FeOH + O_2 + 2e \longrightarrow 2\gamma\text{-}FeOOH$$

由于 Cl⁻ 向基体表面传输，溶解的铁沉积后继续被氧化为绿锈 GR(Cl⁻)，由于绿锈极不稳定，只是为中间产物而存在，会很快转化为 β-FeOOH。

（3）腐蚀后期。随着锈层的增厚溶解氧很难到达金属表面，部分 γ-FeOOH 经无定型铁的氢氧化物转化为 α-FeOOH，α-FeOOH 是一种比较稳定的物质，电化学活性比较低，在锈层中可以起到较好的保护作用。部分 γ-FeOOH 和 β-FeOOH 开始参与阴极反应被还原为 $Fe_3O_4$，其腐蚀反应为：

阳极反应　　　　　　　　　　　　$Fe \longrightarrow Fe^{2+} + 2e$

阴极反应为　　　$6FeOOH + 2e \longrightarrow 2Fe_3O_4 + 2H_2O + 2OH^-$

由此可见，Q235 钢在模拟海水全浸区腐蚀产生的腐蚀层分为内外两层，内锈层为 $Fe_3O_4$、α-FeOOH、γ-FeOOH、β-FeOOH 的混合物，外锈层为 γ-FeOOH。

综上所述，Q235 钢在模拟海水全浸区的腐蚀先以点蚀状态开始，随着腐蚀时间的增加，点蚀坑增加，并且逐渐连接起来，点蚀坑消失，形成均匀的腐蚀层。随着腐蚀时间延长，Q235 钢在模拟海水全浸区腐蚀层与基体之间的界面由凹凸不平变得平整，腐蚀层逐渐分层，最终腐蚀层由两层组成。Q235 钢在模拟海水全浸区腐蚀层的形成主要是氧元素的扩散过程，腐蚀层由内外两层组成，外锈层富氧区为 γ-FeOOH，内锈层贫氧区为 $Fe_3O_4$、α-FeOOH、γ-FeOOH、β-FeOOH 的混合物。

## 4.5　Q235 钢表面化学镀 Ni-P 镀层耐海水腐蚀行为

化学镀 Ni-P 镀层因为具有良好的综合性能，被广泛应用于各个领域。近几年来对于 Ni-P 镀层性能中的耐腐蚀性能是研究比较热门的问题。

孙冬柏[57]等人对钢铁基体上化学镀 Ni-P 镀层在 3.5%NaCl 溶液中的阳极行为进行了研究，研究表明 Ni-P 镀层具有良好的耐腐蚀性能，主要是因为在腐蚀过程中由于合金表面形成有吸附的 $H_2PO_2^-$ 阴离子，从而阻止了 Ni-P 合金的进一步溶解，发生了化学钝化。

刘光明[58]等人采用 γ-氨丙基三乙氧基硅烷（3-APTS）、硬脂酸和 3-APTS/硬脂酸三种溶液进行后处理，通过点滴法、接触角测量、贴滤纸法、盐水浸渍实验法和电化学测试研究了钢铁基体上化学镀 Ni-P 镀层的耐蚀性。结果发现：通过 3 种后处理工艺的处理化学镀 Ni-P 镀层的外观都没有明显变化，但是处理后的化学镀 Ni-P 镀层的耐蚀性和抗氧化性都得到了提高，同时经 3-APTS/硬脂酸复合处理后的镀层耐蚀性要优于 3-APTS 和硬脂酸的单一处理后的镀层耐蚀性。

陈慧娟[59]等人对碳钢表面的化学镀 Ni-P 镀层在 3.0%氯化钠溶液中的耐腐蚀性能进行了研究，结果发现 Ni-P 合金镀层的耐腐蚀性能相对于碳钢而言有了较大的提高。

闫洪[25]等人在 Q235 钢表面进行了 Ni-P 化学镀，并对镀层在硫酸、盐酸、氢氧化钠溶液中的耐腐蚀性能进行了研究，研究表明 Ni-P 非晶态合金镀层在盐酸、硫酸和氢氧化钠溶液中的耐腐蚀性大大优于 Q235 钢。Ni-P 镀层的耐蚀性与镀层的非晶态结构以及镀层表面所形成的磷化膜和钝化膜有关。

鉴于以上研究，为了评价本研究最优工艺下所得到 Ni-P 镀层耐海水腐蚀性能，采用电化学测试的方法对 Ni-P 镀层和 Q235 钢的耐腐蚀性能进行对比研究。

### 4.5.1 实验材料

本次实验材料为最优工艺下所得到的 Ni-P 镀层和 Q235 冷轧板，Q235 冷轧板成分见表 4-1。

### 4.5.2 实验方法

研究金属及其镀覆层腐蚀性能的方法因腐蚀机理的不同而不同。电化学测试方法是研究钢铁腐蚀的基本工具之一，也是最简单快捷的方法。通过对极化曲线及电化学阻抗的测量和分析，可以得到金属在腐蚀介质中的溶解腐蚀情况，进而可以评价金属材料耐腐蚀性能。

#### 4.5.2.1 试样处理方法

试样的工作面积为 1cm×1cm 的正方形，非工作面积用铜导线焊接并用环氧树脂封样，接下来在 400 号、600 号、800 号、1200 号砂纸上逐一打磨，去离子水清洗，酒精清洗，冷风吹干。

#### 4.5.2.2 测试方法

电化学测试采用三电极体系：工作电极是面积为 1cm×1cm 的 Q235 钢电极或化学镀 Ni-P 镀层电极，辅助电极是面积为 $9cm^2$ 的铂片，参比电极为饱和甘汞电极（SCE），工作电极与参比电极之间采用盐桥相连。所有的电位值均是相对于饱和甘汞电极的电位（SCE）。实验介质为模拟海洋全浸区的含氯离子体系（腐蚀介质为 3.5% 的 NaCl 水溶液），测试时间为 1h。

电化学阻抗谱（EIS）采用英国的 Solartron 1260 Impedance/Gain-phase Analyzer 和 Solartron 1287 Electrochemical interface 系统进行测试，频率范围为 5mHz~10 kHz，扰动幅值为 10mV，采用 ZSimpWin 软件解析阻抗数据。

极化曲线采用 Solartron1287 动电位扫描，扫描电位范围为 ±0.2V（相对于自腐蚀电位），扫描速度为 0.1667mV/s。

### 4.5.3 实验结果与分析

#### 4.5.3.1 极化曲线分析

图 4-14 为 Q235 钢和 Ni-P 镀层在 3.5%NaCl 水溶液中测量得到的极化曲线。

每个图形大致呈现出 V 形，图左边的线表示阴极腐蚀，右边的线表示阳极腐蚀。由图 4-14 可知，Q235 钢的自腐蚀电位−0.54V，Ni-P 镀层的自腐蚀电位为 −0.49V，Ni-P 镀层的自腐蚀电位比 Q235 钢的自腐蚀电位正移了 0.05V。自腐蚀电位越正，越不容易被腐蚀，说明 Ni-P 镀层的耐腐蚀性能较好。但是腐蚀速率的大小取决于腐蚀电流密度，金属的腐蚀速率与腐蚀电流密度存在以下关系[60]：

$$v = MJ_{corr}/NF \tag{4-4}$$

式中　$v$ ——金属的腐蚀速率；

　　　$M$ ——金属的摩尔质量；

　　　$J_{corr}$ ——腐蚀电流密度；

　　　$N$ ——金属的原子价；

　　　$F$ ——法拉第常数。

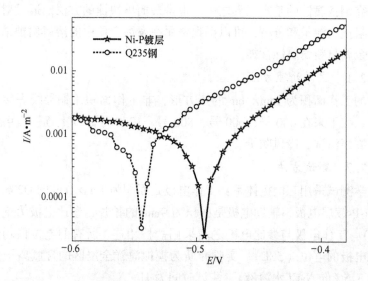

图 4-14　Q235 钢和 Ni-P 镀层在 3.5%NaCl 溶液中的极化曲线

由式（4-4）可知，金属腐蚀电流密度越小，金属的腐蚀速率越小，金属的耐蚀性能越好。由图 4-14 可以看出，Ni-P 镀层的腐蚀电流密度比 Q235 钢的腐蚀电流密度小，说明在 3.5%NaCl 水溶液中 Ni-P 镀层的腐蚀速率比 Q235 钢腐蚀速率小，即 Ni-P 镀层的耐腐蚀性能优于 Q235 钢。这是因为 Ni-P 镀层在腐蚀过程中表面生成了磷化膜，使得电荷转移困难，自由电子较少，电流密度减少，耐蚀性能有所提高[61]。对比 Q235 钢与 Ni-P 镀层阳极极化曲线还可以看出，Q235 钢的腐蚀电流密度较 Ni-P 镀层增长相对快些，这是因为 Q235 钢在 3.5%NaCl 水溶液中会以较高的速度溶解，此时腐蚀电流密度迅速增大。而对于 Ni-P 镀层而言，腐蚀电流密度增长的速度相对较慢，这是因为 Ni-P 镀层在电位较低的情况下生成钝化膜，并且随着电位的增高，超过平衡钝化电位范围，钝化膜破裂后，会再次生成钝化膜，当钝化膜再次破裂后，这时 Ni-P 镀层才开始加速腐蚀。综上所述，通过最优配方得到的 Ni-P 镀层对减缓基体 Q235 钢在模拟海水中的腐蚀起到了一定的作用。

### 4.5.3.2　电化学阻抗谱（EIS）分析

为了进一步分析 Q235 钢和 Ni-P 镀层的耐腐蚀性能，在 3.5%NaCl 水溶液中测试电化学阻抗谱（EIS）。图 4-15 为 Q235 钢和 Ni-P 镀层在 3.5%NaCl 水溶液中的 EIS 图谱，图谱均由一个容抗弧组成，根据等效电路图 4-16 进行拟合，拟合数据见表 4-14。图 4-16 中 $R_s$ 表示溶液电阻，$CPE$ 表示常相角元件，$R_p$ 表示极化电阻。

一般而言，电极反应就是表面电荷转移过程，EIS 图谱中容抗弧直径的大小反映出电荷转移电阻的大小，直径越大电荷转移电阻越大[62]。由图 4-15 可以看出，Ni-P 镀层的容抗弧直径明显比 Q235 钢的容抗弧直径大，其电荷转移电阻较 Q235 钢大，说明 Ni-P 镀层对电荷在转移过程中起到了阻碍作用，表面形成了较为完整的阻抗膜，阻止了 Ni-P 镀层与腐蚀溶液之间的接触，降低了 Ni-P 镀层的溶解速度，有效地减缓了镀层表面的电化学腐蚀反应，对基体起到了保护作用，提高了其耐腐蚀性能。由拟合结果（表 4-14）可以看出，Ni-P 镀层的极化电阻值为 1501Ω，Q235 钢的极化电阻值为 704Ω，Ni-P 镀层的极化电阻大于 Q235 钢的极化电阻，表明 Ni-P 镀层在腐蚀过程中发生溶解反应受到的阻滞较大，阻滞越大，腐蚀速率越低，耐蚀性能越好。再次证明了 Ni-P 镀层的耐腐蚀性能优于 Q235 钢。

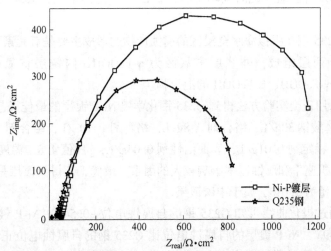

图 4-15　Q235 钢和 Ni-P 镀层在 3.5%NaCl 溶液中的 EIS 图

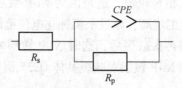

图 4-16    电化学阻抗谱等效电路图

表 4-14    Q235 钢和 Ni-P 镀层在 3.5%NaCl 溶液中的电化学阻抗谱拟合结果

| 名　称 | $R_s$ | CPE | | $R_p$ |
| --- | --- | --- | --- | --- |
| | | $Y_0$ | $n$ | |
| Q235 钢 | 44 | $6.17×10^{-4}$ | 1 | 704 |
| Ni-P 镀层 | 40 | $2.421×10^{-3}$ | 0.56 | 1501 |

## 4.6    总结

采用静态挂片实验法，对 Q235 钢的耐蚀性能及腐蚀机理进行研究分析。同时，针对海洋特定的腐蚀环境，以 Q235 钢为基体采用化学镀法镀 Ni-P 镀层，并对实验工艺和镀层耐蚀性能进行了研究与分析，得到以下结论：

（1）Q235 钢在模拟海水全浸区的腐蚀量随腐蚀时间的增加而增加，336h 后腐蚀程度减弱。腐蚀速率随腐蚀时间的增加呈现出先减小再略微升高，最终趋于平稳的变化趋势，趋于平稳时的腐蚀速率大约在 0.041mm/a，属于耐蚀 4~5 级。

（2）Q235 钢在模拟海水全浸区腐蚀先以点蚀状态开始，随着腐蚀时间的增加，点蚀坑增加，并且逐渐连接起来，点蚀坑消失，形成均匀腐蚀层；腐蚀层与基体之间的界面也随腐蚀时间增加，由凹凸不平变得平整，最终腐蚀层由两层组成。

（3）Q235 钢在模拟海水全浸区的腐蚀产物的形成主要是氧元素的扩散过程，锈层由内外两层组成，外锈层富氧区为 γ-FeOOH，内锈层贫氧区为 $Fe_3O_4$、α-FeOOH、γ-FeOOH、β-FeOOH 的混合物。

（4）采用正交实验方法得到 Q235 钢化学镀 Ni-P 镀层的最佳工艺为：硫酸镍 25g/L，次磷酸钠 30g/L，络合剂 A 8g/L，络合剂 B 10g/L，络合剂 C 20g/L，促进剂 8g/L，稳定剂 0.01g/L，表面活性剂 0.04g/L，pH 值 4.8，温度 85℃。温度是对镀层沉积速率和腐蚀速率影响较大的因素。最优工艺得到镀层呈胞状，连续致密，磷含量为 5.0%，属于中磷镀层。

（5）通过极化曲线可知 Q235 钢的自腐蚀电位 -0.54V、Ni-P 镀层的自腐蚀电位为 -0.49V，Ni-P 镀层的自腐蚀电位比 Q235 钢的自腐蚀电位正移了 0.05V，化学镀 Ni-P 镀层的耐蚀性能比 Q235 钢的耐蚀性能好，此工艺所沉积的 Ni-P 镀层对提高海洋用钢的耐蚀性能起到了一定的作用。

　　(6) 由电化学阻抗图谱的拟合结果可知，Ni-P 镀层的极化电阻为 $1501\Omega$，Q235 钢的极化电阻为 $704\Omega$，Ni-P 镀层的极化电阻值比 Q235 钢的大，说明 Ni-P 镀层的耐腐蚀性能较好。

## 参 考 文 献

[1] 中国腐蚀与防护学会. 自然环境的腐蚀与防护：大气·海水·土壤 [M]. 北京：化学工业出版社，1997.

[2] 朱相荣，黄桂桥，林乐耘，等. 金属材料长周期海水腐蚀规律研究 [J]. 中国腐蚀与防护学报，2005，25（3）：142~148.

[3] 黄建中，左禹. 材料的耐蚀性和腐蚀数据 [M]. 北京：化学工业出版社，2003.

[4] 冯立超，贺毅强，乔斌，等. 金属及合金在海洋环境中的腐蚀与防护 [J]. 热加工工艺，2013，42（24）：13~17.

[5] 刘智勇，贾静焕，杜翠薇，等. X80 和 X52 钢在模拟海水环境中的腐蚀行为与规律 [J]. 中国腐蚀与防护学报，2014，34（4）：327~332.

[6] 孙霜青，赵予兵，郑弃非，等. 包铝 7075 和 2024 合金在海洋大气环境中的点蚀演化机制 [J]. 中国腐蚀与防护学报，2012，32（3）：195~202.

[7] 黄桂桥，郁春娟. 金属材料在海洋飞溅区的腐蚀 [J]. 材料保护，1999，32（2）：28~30.

[8] 张云霞，闫永贵，苏策，等. 缓蚀剂对 2024 铝合金在海水中缝隙腐蚀行为的影响 [J]. 腐蚀科学与防护技术，2010，22（1）：57~60.

[9] 杨超. 模拟深海条件下的电偶腐蚀行为研究 [D]. 青岛：中国海洋大学，2013.

[10] 刘光磊. 石油钻柱疲劳腐蚀失效机理及防治措施研究 [D]. 北京：中国石油大学，2007.

[11] 夏兰廷，黄桂桥. 碳钢及低合金钢的海水腐蚀性能 [J]. 铸造设备研究，2002（4）：14~17.

[12] 张琳，王振尧，赵春英. 碳钢和耐候钢在盐雾环境下的腐蚀行为研究 [J]. 装备环境工程，2014，11（1）：1~6.

[13] 董杰，崔文芳，张思勋，等. 海洋工程用超低碳贝氏体钢力学性能和海水腐蚀行为 [J]. 材料热处理学报，2008，29（3）：99~103.

[14] 牛艳，林振龙，林国基，等. Q235 钢在海洋铁细菌作用下的腐蚀行为研究 [J]. 海洋环境科学，2014，33（5）：739~744.

[15] 宋积文，兰志刚，王在峰，等. 海洋环境中阴极保护设计与阴极产物膜 [J]. 腐蚀与防护，2010，31（4）：265~267.

[16] 舒方法，杨三元，张羿，等. 海上风机基础结构阴极防护远程监控系统设计与开发 [J]. 工业控制计算机，2013（7）：3~5.

[17] 任敏，葛仕彦，张羿，等．MMO 阳极在钢筋混凝土结构中的应用 [J]．腐蚀科学与防护技术，2011，23 (6)：540~542．

[18] 张振军，周欲晓．天津港滚装码头钢筋混凝土的阴极防护监测结果 [J]．华南港工，2008 (1)：52~54．

[19] 陈枭．耐熔融 Al-12.07%Si 合金腐蚀有机硅树脂涂料防护层的制备及其性能 [J]．材料保护，2012，45 (7)：22~24．

[20] 周丽娜．抗硫腐蚀有机涂料的制备与性能研究 [D]．成都：西南石油大学，2013．

[21] 朱才进．海洋工程系泊链钢的腐蚀及防护研究 [D]．苏州：江苏科技大学，2011．

[22] 路学丽，马洁，姚忠科，等．Ni-Mo-P 非晶态合金电沉积工艺及镀层耐蚀性 [J]．材料开发与应用，2006，20 (6)：27~29．

[23] 李纠，姜秉元．化学镀镍基复合膜耐蚀性能研究 [J]．腐蚀与防护，2005，26 (8)：326~328．

[24] 付东兴．Zn-Al-Mg-RE 涂层与舰船涂料的协同性及其构建的复合涂层的耐蚀机理研究 [D]．哈尔滨：哈尔滨工程大学，2008．

[25] 闫洪，杜强，邓之福，等．Q235 钢表面化学镀 Ni-P 合金的工艺和耐蚀性研究 [J]．云南大学学报，2002，24 (1A)：189~192．

[26] 宋玉强，王引真，何艳玲．化学镀 Ni-P 镀层高温热处理后耐蚀性的研究 [J]．材料保护，2004，36 (5)：31~33．

[27] 蒲艳丽．适用于海洋环境的化学镀 Ni-P 合金工艺及耐蚀机理研究 [D]．青岛：中国海洋大学，2004．

[28] 李青．Ni-P 非晶镀层的性能及其应用 [J]．电镀与环保，1990，10 (5)：3~8．

[29] Bockris J O M, Swinkels D A J. Adsorption of n-decylamine on solid metal electrodes [J]. Journal of The Electrochemical Society, 1964, 111 (6)：736~743.

[30] Mallory G O, Lloyd V A. Kinetics of electroless nickel deposition with sodium hypophosphite - an empirical rate law [J]. Plating and surface finishing, 1985, 72 (9)：52~57.

[31] Ashassi-Sorkhabi H, Rafizadeh S H. Effect of coating time and heat treatment on structures and corrosion characteristics of electroless Ni-P alloy deposits [J]. Surface and Coatings Technology, 2004, 176 (3)：318~326.

[32] Balaraju J N, Narayanan T S N S, Seshadri S K. Electroless Ni－P composite coatings [J]. Journal of Applied Electrochemistry, 2003, 33 (9)：807~816.

[33] Mandich N V, Krulik G A. The evolution of a process：fifty years of electroless nickel [J]. Metal Finishing, 1992, 90 (5)：25~27.

[34] 刘琛．Q235 钢表面化学镀 Ni-P 的研究 [J]．铸造技术，2006，26 (10)：879~882．

[35] 王喜然，郭东海，张齐飞，等．工艺条件对碳钢表面化学镀 Ni-P 质量的影响 [J]．表面技术，2009 (5)：74~76．

[36] 朱焱，江茜，张印，等．化学镀镍磷合金复合配位剂的研究 [J]．电镀与涂饰，2013，32 (3)：25~29．

[37] 杨艳芹，赵家林，张德忠，等．Q235B 钢表面复合防护层的制备及其有效性能 [J]．材

料保护，2014，47（3）：63~64.

[38] 夏振展. 酸性化学镀镍工艺的研究与分析 [D]. 济南：山东大学，2014.

[39] 李学伟，赵国刚. Ni-P 化学镀高稳定性镀液及优化工艺 [J]. 黑龙江科技学院学报，2005，14（6）：327~330.

[40] 荣廷. 化学镀镍的原理与工艺 [M]. 北京：国防工业出版社，1975.

[41] Delaunois F, Petitjean J P, Lienard P, et al. Autocatalytic electroless nickel-boron plating on light alloys [J]. Surface and Coatings Technology, 2000, 124 (2): 201~209.

[42] 梁沁沁. Q235 钢在海水淡化一级反渗透产水中的腐蚀行为 [J]. 中国腐蚀与防护学报，2012，32（5）：412~415.

[43] 史艳华，梁平，王玉安，等. Q235 和 Q345 钢在模拟海水中的腐蚀行为 [J]. 辽宁石油化工大学学报，2013，33（1）：5~8.

[44] 戚欣. Q235 钢在舟山海域的腐蚀行为及微生物影响的研究 [D]. 天津：天津大学，2007.

[45] 张琳，王振尧，赵春英，等. 碳钢和耐候钢在盐雾环境下的腐蚀行为研究 [J]. 装备环境工程，2014，11（1）：1~6.

[46] 赵丹，李羚，李子潇. Q235 钢在模拟海水全浸区腐蚀行为的研究 [J]. 热加工工艺，2015，44（12）：108~111.

[47] GB 5776—1986，金属材料在表面海水中常规暴露腐蚀试验方法 [S].

[48] GB/T 16545—1996，金属和合金的腐蚀试样上腐蚀产物的清除 [S].

[49] 夏兰廷，黄桂桥. 金属材料的海洋腐蚀与防护 [M]. 北京：冶金工业出版社，2003.

[50] 程浩力，刘德俊. A3、20 号 和 X70 钢室内模拟流动海水腐蚀试验 [J]. 腐蚀与防护，2012，33（3）：212~215.

[51] 苏璐璐. Q235 钢和不锈钢海水腐蚀机理研究 [D]. 济南：山东大学，2010.

[52] 陈惠玲，李晓娟，魏雨. 碳钢在含氯离子环境中腐蚀机理的研究 [J]. 腐蚀与防护，2007，28（1）：17~19.

[53] Nishimura T, Katayama H, Noda K. Electrochemical behavior of rust formed on carbon steel in a wet/dry environment containing chloride ions [J]. Corrosion, 2000, 56 (9): 935~941.

[54] 邹妍，郑莹莹. 低碳钢在海水中的阴极电化学行为 [J]. 金属学报，2010，46（1）：123~128.

[55] 陈玉苗，陈均志. 2205 双相不锈钢在盐卤介质中腐蚀行为的研究 [J]. 热加工工艺，2011，40（2）：28~31.

[56] 张全成，吴建生，郑文龙，等. 耐候钢表面稳定锈层形成机理的研究 [J]. 腐蚀科学与防护技术，2001，13（3）：143~146.

[57] 孙冬柏，杨德君. 化学镀 Ni-P 合金在氯化物溶液中的化学钝化 [J]. 腐蚀科学与防护技术，1994，6（2）：131~136.

[58] 刘光明. 化学镀 Ni-P 镀层防腐蚀后处理工艺的研究 [J]. 中国腐蚀与防护学报，2014，3（34）：265~270.

[59] 陈慧娟，王玲玲，曾小兰. 碳钢化学镀 Ni-P 镀层在 NaCl 溶液中的耐蚀性 [J]. 广东化

工，2012，39（9）：89~89.

[60] 肖纪美，曹楚南. 材料腐蚀学原理 [M]. 北京：化学工业出版社，2002.

[61] 王廷勇，徐海波，王洪仁，等. 化学镀 Ni-P 合金镀层在海水中的耐蚀性 [J]. 腐蚀科学与防护技术，2001，13（1）：458~460.

[62] Chung S C, Sung S L, Hsien C C, et al. Application of EIS to the initial stages of atmospheric zinc corrosion [J]. Journal of Applied Electrochemistry, 2000, 30 (5): 607~615.

# 5 钢铁表面化学镀 Ni-Zn-P 三元合金镀层

化学镀 Ni-P 二元合金镀层具有良好的均匀性、硬度、耐磨、耐蚀等综合物理化学性能，尤其具有在不同材料（包括金属、半导体和非金属）和复杂形状的零件上沉积均匀的特点，已在化工、材料、电子、机械等工业领域得到广泛的应用。但是，随着科学技术和现代工业的迅速发展，通常的 Ni-P 二元合金镀层已不能满足日益增长的需要，于是在该二元合金镀层中添加第三种金属成分，得到了以 Ni-P 为基的多元合金，其导电、磁性、耐磨、耐热、耐蚀等性能较二元合金均有了很大的提高。在化学镀 Ni-P 的合金镀液中加入适量的锌盐（硫酸锌、氯化锌），可得到含锌质量分数为 3%~5%的 Ni-Zn-P 三元合金镀层，用于耐蚀要求高和形状复杂的各种工件上。

Q235 钢作为普碳钢，价格低廉，强度高，供应方便，易于加工制造，广泛应用于化工、冶金、建筑、机械等领域。因此，以 Q235 钢为基体材料，研究其化学镀 Ni-Zn-P 合金镀层沉积机理，对其研究多元合金镀层的发展和应用具有重要意义。

## 5.1 钢铁表面化学镀 Ni-Zn-P 合金镀层沉积机理

### 5.1.1 实验材料与方法

#### 5.1.1.1 材料的制备

本实验所用材料为 Q235 冷轧钢，其化学成分见表 4-1。本实验所用试样尺寸为 20mm×25mm×0.9mm，试样一端打孔（φ3mm）。

A 打磨

这一工序主要是去除表面的铁锈，使表面光滑，能够清晰地观察表面形貌。根据国标，分别用 800 号、1000 号、1200 号砂纸进行打磨，最后一道工序的砂纸的选择要合适，打磨过程中注意均匀打磨。

B 除油

这一工序的目的是要除去工件表面在存储过程中和机械加工残留的润滑油、防锈油、抛光油等油脂，或者污物。根据镀件表面存在的油污情况可用不同的方式进行除油，主要除油方式有碱性除油、有机溶剂除油、乳化剂除油、电化学除油、超声波除油等。本实验采用碱性除油和超声震荡除油相结合的方法，具体做法如下：

20g/L NaOH、30g/L NaCO$_3$，试样在 60~80℃的除油液中处理 3~15min，用 70℃的热水清洗，然后用冷水清洗，超声震荡 10min，用 70℃的热水清洗，然后冷水清洗。

检查除油是否彻底可以采用水润湿法，将水珠滴在工件表面，若除油不彻底，水滴则呈球形，表面倾斜时就会滚落下来，此时需重新进行除油处理；若除油彻底，水滴散布在表面，呈水膜状。

C 酸洗和活化

酸洗也称浸蚀，是将工件浸入酸或酸性盐的溶液中，除去金属表面的氧化皮、氧化膜、锈蚀产物的过程。酸洗分电化学酸洗和化学酸洗，本实验采用化学酸洗。

活化的实质是要剥离工件表面的加工变形层以及在前处理工序生成的极薄的氧化膜，将基体的组织暴露出来以便镀层金属在其表面进行生长，因而不需要酸洗那样长的时间。但是，这个工序对镀层和基材金属的结合起着十分重要的作用，工件经过酸洗活化后，应立即清洗并进行下一步的化学镀。

酸洗和活化配方及工艺如下：

在室温下，试样在 3%的盐酸中活化，直到试样的表面充满均匀的气泡为止，这个时间为 3~5min。

本实验使用的试剂见表 5-1。

**表 5-1 实验试剂**

| 药品名称 | 化学式 | 相对分子质量 | 生产厂家 | 级别 |
|---|---|---|---|---|
| 硫酸镍 | NiSO$_4$·6H$_2$O | 262.85 | 天津市光复精细化工研究所 | 分析纯 |
| 硫酸锌 | ZnSO$_4$·7H$_2$O | 287.58 | 天津市光复科技发展有限公司 | 分析纯 |
| 次亚磷酸钠 | NaH$_2$PO$_2$·H$_2$O | 105.99 | 天津博迪化工股份有限公司 | 分析纯 |
| 柠檬酸钠 | C$_6$H$_2$Na$_3$O$_7$·2H$_2$O | 294.10 | 天津市永大化学试剂有限公司 | 分析纯 |
| 氯化铵 | NH$_4$Cl | 53.49 | 天津市永大化学试剂有限公司 | 分析纯 |

### 5.1.1.2 实验方法

A 工艺流程

本实验的工艺流程如图 5-1 所示。

B 施镀工艺参数

本实验采用碱式化学镀的方法，对 Q235 钢分别施镀 1~3s、5~10s、1min、

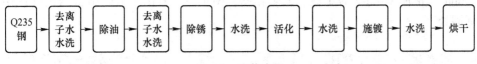

图 5-1　工艺流程

3min、5min、30min、60min、90min、3h。具体实验参数为：$NiSO_4 \cdot 6H_2O$ 20 ~ 30g/L，$ZnSO_4 \cdot 7H_2O$ 0.4g/L，$NaH_2PO_2 \cdot H_2O$ 20g/L，$C_6H_5O_7Na_3 \cdot 2H_2O$ 40 ~ 60g/L，$NH_4Cl$ 25 ~ 50g/L，温度 85 ~ 90℃，pH 值 10.5。

C　分析方法

采用金相显微镜（OM）和扫描电镜（SEM）对镀层进行表面分析。OM 对镀层进行简单的表面组织形貌观察。SEM 可以更加清晰地观察镀层表面组织形貌以及镀层厚度，断面形貌。采用能谱分析技术（EDS）分析镀层的表面成分、局部成分。

进行断面分析前，将试样用环氧树脂封在直径为 20mm 左右、高度 10mm 左右的 PVC 管内，然后用砂纸打磨断面到 2000 目，在金相显微镜和 SEM 上观察镀层厚度和形貌。采用 EDS 分析断面成分。

## 5.1.2　施镀时间对 Q235 钢化学镀 Ni-Zn-P 合金镀层组织和成分的影响

随着研究者[1, 2]对化学镀不断深入的研究与完善，已经在钢铁表面制得了性能良好的化学镀镀层，化学镀工艺已经在国民生产中取得广泛的应用。为满足不同应用领域的要求，近年来学者开始三元化学镀的研究[3~9, 22~27]，由于化学镀 Ni-Zn-P 镀层具有较高的硬度及耐磨性能而备受关注，因此此工艺不断被人们研究。

化学镀 Ni-Zn-P 合金时，沉积时间是施镀过程中需要考虑的参数之一。为了研究沉积时间对 Q235 钢化学镀 Ni-Zn-P 合金镀层组织和成分的影响，本实验采用碱式化学镀方法，通过控制单一的变化因素时间，获得不同施镀时间的 Ni-Zn-P 合金镀层，进而通过观察其镀层的组织和成分，分析沉积时间对 Q235 化学镀 Ni-Zn-P 合金镀层组织和成分的影响。

### 5.1.2.1　化学镀 Ni-Zn-P 合金镀层的表面形貌

为了观察不同施镀时间化学镀 Ni-Zn-P 合金镀层的表面形貌，在金相显微镜下观察镀层的表面形貌，如图 5-2 所示。图 5-2（a）~（c）分别是施镀时间为 1 ~ 3s、5 ~ 10s、1min 时 Ni-Zn-P 合金镀层的金相图，由图可以看出，由于施镀时间短，存在明显的漏镀现象（图中的箭头所指为漏镀处）。图 5-2（d）、（e）分别是施镀时间为 3min、5min 时 Ni-Zn-P 合金镀层的金相图，图中没有明显漏镀现象，但仍然看不出胞状组织。图 5-2（f）~（i）分别是施镀时间为 30min、60min、

90min、3h 时 Ni-Zn-P 合金镀层的金相图，图中可以看出明显的胞状结构（图中圆圈处）。

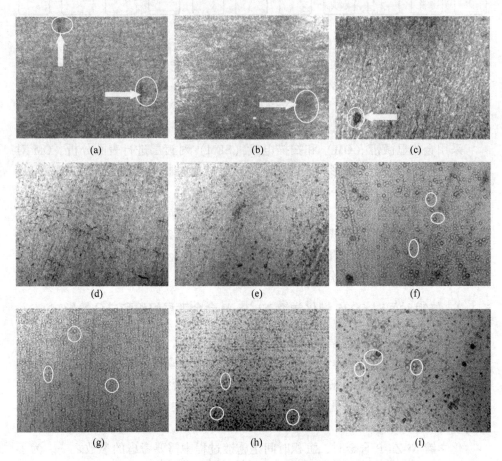

图 5-2  不同施镀时间 Ni-Zn-P 合金镀层的金相图（×500）

(a) 1~3s；(b) 5~10s；(c) 1min；(d) 3min；(e) 5min；(f) 30min；(g) 60min；(h) 90min；(i) 3h

为了更加清晰地观察 Q235 化学镀 Ni-Zn-P 合金镀层的表面形貌，在 SEM 上观察不同施镀时间获得的 Ni-Zn-P 合金镀层的形貌，如图 5-3 所示。图 5-3（a）~（i）分别为施镀时间 1~3s、5~10s、1min、3min、5min、30min、60min、90min、3h 的 SEM 图。图 5-3（a）为施镀时间为 1~3s 的 Ni-Zn-P 合金镀层的 SEM 图，可以看出，由于施镀时间短，基体表面没有形成胞状组织。图 5-3（b）为施镀时间为 5~10s 的 Ni-Zn-P 合金镀层的 SEM 图，可以看出，基体表面出现稀疏胞状结构。图 5-3（c）为施镀时间为 1min 的 Ni-Zn-P 合金镀层的 SEM 图，可以看出，基体表面的胞状结构增多。图 5-3（d）~（h）分别为施镀 3min、5min、30min、60min、90min 的 Ni-Zn-P 合金镀层的 SEM 图，可以看出，胞状组织都遍布基体表面，随着时间的增加，镀层表面胞状组织尺寸增大，均匀堆积在基体表面，使表面致密平整。图5-3（i）为施镀3h的Ni-Zn-P合金镀层的SEM图，可以看出，由于施镀时间过长，部分胞状组织异常长大，基体表面平整度下降。

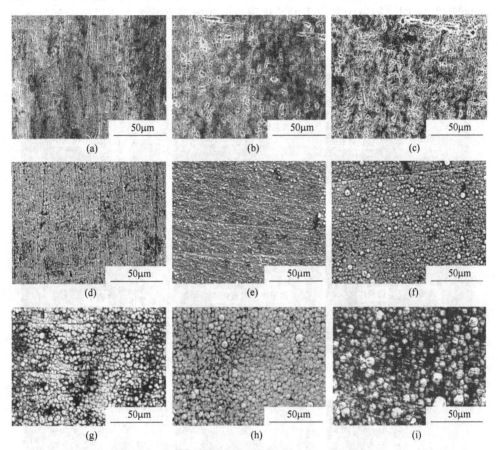

图5-3　不同施镀时间的 Ni-Zn-P 合金镀层的 SEM 图

（a）1~3s；（b）5~10s；（c）1min；（d）3min；（e）5min；（f）30min；（g）60min；（h）90min；（i）3h

### 5.1.2.2　化学镀 Ni-Zn-P 合金镀层的断面形貌

为了进一步分析沉积时间对 Q235 钢化学镀 Ni-Zn-P 合金镀层与基体结合情况，将不同施镀时间的 Ni-Zn-P 合金镀层进行断面形貌的观察。图5-4为 Q235 钢不同施镀时间的 Ni-Zn-P 合金镀层的断面形貌图。图5-4（a）~（e）分别为施镀时间为 1~3s、5~10s、1min、3min、5min 的断面形貌图，由于时间较短，从金相显微镜中看不出镀层。图5-4（f）为施镀时间为 30min 镀层的断面形貌图，从断面图可以看出镀层厚度为 5μm，但是镀层与基体结合疏松，有明显的漏镀现象（图中箭头所指）。图5-4（g）是施镀时间为 60min 镀层的断面形貌图，与施镀时间为 30min 镀层的断面图相比，镀层与基体结合变得致密，厚度增加到 9μm。

图 5-4（h）为施镀时间为 90min 的镀层的断面图，可以看出，镀层与基体结合紧密，镀层厚度均匀，镀层厚度增加到 11μm。图 5-4（i）为施镀时间为 3h 的镀层的断面图，镀层与基体结合紧密，镀层厚度均匀，镀层厚度为 12μm，这说明施镀时间为 3h 时，镀液中各离子的浓度降低、施镀速度减小，使得施镀到基体表面的镀层厚度变化不大。

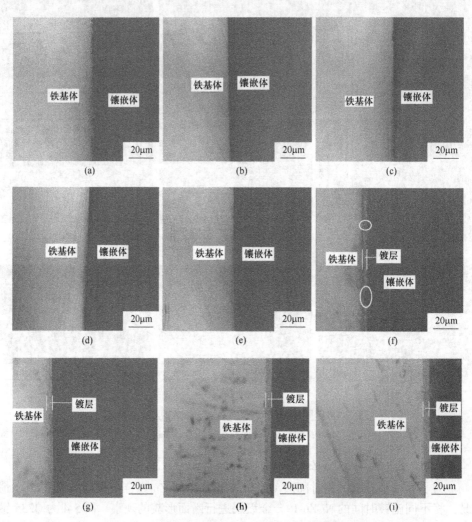

图 5-4　不同施镀时间 Ni-Zn-P 合金镀层的断面形貌

（a）1~3s；（b）5~10s；（c）1min；（d）3min；（e）5min；（f）30min；（g）60min；（h）90min；（i）3h

### 5.1.2.3　化学镀 Ni-Zn-P 合金镀层的成分分析

对不同施镀时间 Q235 钢化学镀 Ni-Zn-P 合金镀层表面进行成分分析，结果如图 5-5 所示。

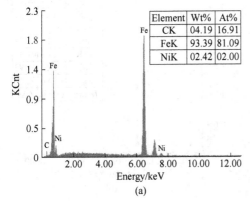

| Element | Wt% | At% |
| --- | --- | --- |
| CK | 04.19 | 16.91 |
| FeK | 93.39 | 81.09 |
| NiK | 02.42 | 02.00 |

(a)

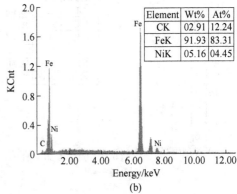

| Element | Wt% | At% |
| --- | --- | --- |
| CK | 02.91 | 12.24 |
| FeK | 91.93 | 83.31 |
| NiK | 05.16 | 04.45 |

(b)

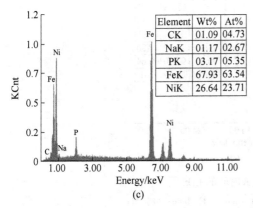

| Element | Wt% | At% |
| --- | --- | --- |
| CK | 01.09 | 04.73 |
| NaK | 01.17 | 02.67 |
| PK | 03.17 | 05.35 |
| FeK | 67.93 | 63.54 |
| NiK | 26.64 | 23.71 |

(c)

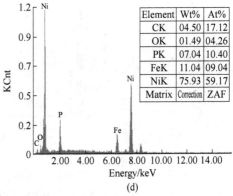

| Element | Wt% | At% |
| --- | --- | --- |
| CK | 04.50 | 17.12 |
| OK | 01.49 | 04.26 |
| PK | 07.04 | 10.40 |
| FeK | 11.04 | 09.04 |
| NiK | 75.93 | 59.17 |
| Matrix | Correction | ZAF |

(d)

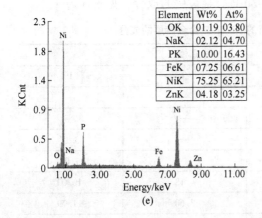

| Element | Wt% | At% |
| --- | --- | --- |
| OK | 01.19 | 03.80 |
| NaK | 02.12 | 04.70 |
| PK | 10.00 | 16.43 |
| FeK | 07.25 | 06.61 |
| NiK | 75.25 | 65.21 |
| ZnK | 04.18 | 03.25 |

(e)

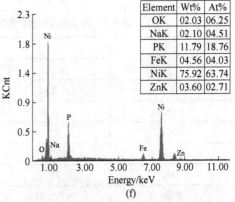

| Element | Wt% | At% |
| --- | --- | --- |
| OK | 02.03 | 06.25 |
| NaK | 02.10 | 04.51 |
| PK | 11.79 | 18.76 |
| FeK | 04.56 | 04.03 |
| NiK | 75.92 | 63.74 |
| ZnK | 03.60 | 02.71 |

(f)

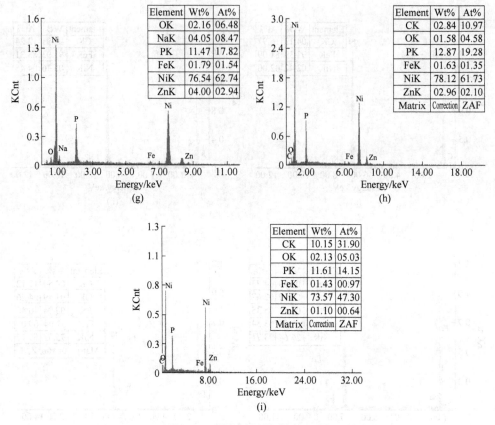

图 5-5　不同施镀时间的 EDS 图

（a）1~3s；（b）5~10s；（c）1min；（d）3min；（e）5min；
（f）30min；（g）60min；（h）90min；（i）3h

由图 5-5 可以得出不同施镀时间 Ni-Zn-P 合金镀层的成分，见表 5-2。

**表 5-2　不同施镀时间获得的 Ni-Zn-P 合金镀层的成分**

| 时　间 | 成分/% | | |
| --- | --- | --- | --- |
| | Ni | Zn | P |
| 1~3s | 2.42 | — | — |
| 5~10s | 5.16 | — | — |
| 1min | 26.64 | — | 3.17 |
| 3min | 75.93 | — | 7.04 |
| 5min | 75.25 | 4.18 | 10.00 |
| 30min | 75.92 | 3.60 | 11.79 |
| 60min | 76.54 | 4.00 | 11.47 |

| 时间 | 成分/% | | |
|---|---|---|---|
| | Ni | Zn | P |
| 90min | 78.12 | 2.96 | 12.87 |
| 3h | 73.57 | 1.01 | 11.61 |

由图 5-5 和表 5-2 可以看出，在化学镀 Ni-Zn-P 施镀 1~3s 后，基体表面开始出现 Ni，而检测不到 Zn、P；施镀时间为 1min 时，基体表面开始出现 P，但仍没有 Zn；基体表面出现 Zn 是在施镀时间 5min 以后。

A   化学镀 Ni-Zn-P 合金镀层中 Ni 的成分变化规律

为了分析化学镀 Ni-Zn-P 中 Ni 的成分变化规律，根据表 5-2，得到 Ni-Zn-P 合金镀层中 Ni 含量随时间的变化图，如图 5-6 所示。从图 5-6 中可以看出，施镀 1~3s 时，镀层中就可以检测到 Ni，其含量为 2.42%，说明施镀一旦开始，基体表面就有少量 Ni 存在，即 Ni 的沉积在施镀开始时出现。施镀 1~3s 到 3min 时，Ni-Zn-P 合金镀层中 Ni 含量从 2.42% 急剧增加到 75.93%。从 3min~3h，Ni-Zn-P 合金镀层中 Ni 含量基本保持不变。

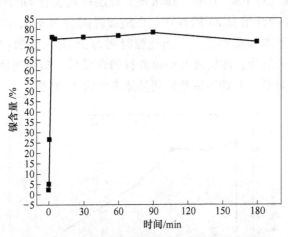

图 5-6   Ni-Zn-P 合金镀层中镍含量随时间的变化

B   化学镀 Ni-Zn-P 合金镀层中 P 的成分变化规律

同样，为了分析化学镀 Ni-Zn-P 合金镀层中 P 的变化规律，根据表 5-2，得到 Ni-Zn-P 合金镀层中 P 含量随时间的变化，如图 5-7 所示。从图 5-7 中可以看出，施镀时间为 1~3s 和 5~10s 时，镀层中 P 含量为零，这说明，镀层中 P 的出现不随施镀的开始而开始。施镀时间为 1min 时，Ni-Zn-P 合金镀层中开始检测到 P，其含量为 3.17%。施镀 1~30min 时，Ni-Zn-P 合金镀层中 P 的含量从 3.17% 增加到 12.03%。从 30min~3h，Ni-Zn-P 合金镀层中 P 含量基本保持不变。

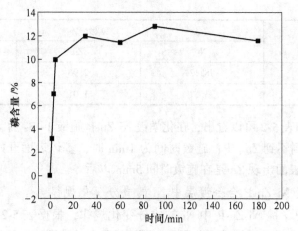

图 5-7　Ni-Zn-P 合金镀层中磷含量随时间的变化

C　化学镀 Ni-Zn-P 合金镀层中 Zn 的成分变化规律

为了研究化学镀 Ni-Zn-P 合金镀层中 Zn 的变化规律，根据表 5-2，得到 Ni-Zn-P 合金镀层中 Zn 的含量随时间的变化，如图 5-8 所示。从图 5-8 中可以看出，施镀时间为 1~3s、5~10s、1min、3min 时，镀层中均没有 Zn 的存在；施镀时间为 5min 时，镀层中开始有 Zn 的存在；在施镀时间为 30min、60min、90min 时，镀层中的锌含量基本保持不变。而当施镀时间为 3h 时，镀层中 Zn 的含量降低了，分析其原因可能为：初始镀液中硫酸锌的含量低，施镀时间为 3h 时，镀液中的 $Zn^{2+}$ 的浓度降低，从而造成施镀到基体表面的 Zn 减少。

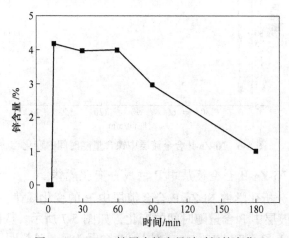

图 5-8　Ni-Zn-P 镀层中锌含量随时间的变化

综上所述，初步判断 Ni-Zn-P 合金镀层沉积过程是：先有 Ni 的沉积，然后在 Ni 的催化下，沉积出 P，然后共同催化 Zn 的沉积；5min 后，Ni、Zn、P 的含量相对稳定。可能是由于 $Ni^{2+}$ 的氧化性比 $Zn^{2+}$ 氧化性强，故 Ni 先于 Zn 被沉积出来。

### 5.1.3 Q235 钢化学镀 Ni-Zn-P 合金镀层沉积机理的研究

化学镀 Ni-Zn-P 的开发始于对牺牲阳极锌基合金腐蚀性能的改善。1990 年，D. D. Snyder 等以碱性氯盐为体系，用化学镀方法成功制备出 Ni-Zn-P 三元合金镀层[16]。研究结果表明，Ni-Zn-P 镀层晶化程度降低，腐蚀速率下降，导致基体氢脆的可能性也更小，即它比 Zn-Ni 合金具有更好的耐蚀性[17, 18]，随着 Zn 含量的增加，Ni-Zn-P 镀层电势负移，而趋向于形成阳极镀层[19]。

自从化学镀 Ni-Zn-P 合金出现以来，大多数研究重点都是化学沉积基础工艺参数（主盐浓度、pH 值、温度）对沉积速度、镀层组成及微观结构形貌和腐蚀性能的影响[19]。少数文献报道了无机离子[20~22]或有机添加剂[23~25]对镀液稳定性和镀速的影响。近几年来又有研究探索了化学镀后处理工艺，如镀层的钝化处理、热处理对耐蚀性的影响[26, 27]。但是对化学镀 Ni-Zn-P 合金镀层沉积机理方面的报道很少。本章主要探讨 Q235 钢化学镀 Ni-Zn-P 合金镀层的沉积机理[28]。

#### 5.1.3.1 Ni-Zn-P 合金镀层断面成分分析

为了分析 Q235 钢化学镀 Ni-Zn-P 合金镀层的沉积机理，将不同施镀时间得到的 Ni-Zn-P 合金镀层进行断面成分分析，结果如图 5-9 所示。图 5-9（a）、（b）分别是施镀时间为 $1\sim3s$、$5\sim10s$ 时 Ni-Zn-P 合金镀层沿厚度方向的成分变化，从图中可以看出，Ni、Zn、P 的含量基本保持在零，而铁的含量基本保持在 100%，这说明施镀时间为 $1\sim3s$、$5\sim10s$ 时，Ni-Zn-P 合金镀层几乎没有形成，不能检测到 Ni、Zn、P 的存在。图 5-9（c）为施镀时间为 1min 时 Ni-Zn-P 合金镀层沿厚度方向的成分变化。从图中可以看出，Ni 含量从镀层表面 17% 沿厚度方向到基体逐渐降低到零之后保持不变，Fe 含量从镀层表面 80% 沿厚度方向到基体逐渐增加到 100% 之后保持不变，Zn、P 的含量基本为零。图 5-9（d）为施镀时间为 3min 时 Ni-Zn-P 合金镀层沿厚度方向的成分变化。从图中可以看出，Ni 的含量从镀层表面 30% 沿厚度方向到基体逐渐降低到零之后保持不变，Fe 含量从镀层表面 70% 沿厚度方向到基体逐渐增加到 100% 之后保持不变，Zn、P 的含量基本为零。图 5-9（e）为施镀时间为 5min 时 Ni-Zn-P 合金镀层沿厚度方向的成分变化。从图中可以看出，Ni 的含量从镀层表面 70% 沿厚度方向到基体逐渐降低到零之后保持不变，Fe 含量从镀层表面 25% 沿厚度方向到基体逐渐增加到 100% 之后保持不变，P 的含量从 5% 逐渐降低到零，Zn 的含量基本为零。图 5-9（f）为施镀时间为 30min 时 Ni-Zn-P 合金镀层沿厚度方向的成分变化。从图中可以看出，Ni 的含量从镀层表面 80% 沿厚度方向稳定一段距离后降低到零然后后保持不变，Fe 含量从镀层表面 5% 沿厚度方向逐渐增加到 100% 之后保持不变，Zn、P 的含量从 5% 稳定一段距离后降低到零。图 5-9（g）为施镀时间为 60min 时 Ni-Zn-P 合金镀层沿厚度方向的成分变化。从图中可以看出，Ni 的含量从镀层表面 80% 沿厚度方向稳定一段距离后降低到零然后保持不变，Fe 含量从镀层表面 5% 沿厚度方向稳定一段距离后增加到 100% 之后保持不变，P 的含量从 10% 逐渐降低到零，Zn 的含量从 5% 稳定一段距离后降低到零。图 5-9（h）为施镀时间为 90min 时 Ni-Zn-P 合金镀层沿厚度方向的成分变化。从图中可以看出，Ni 的含量从镀层表面 80% 沿厚度方向稳定一段距离后降低到零然后保持不变，Fe 含量从镀层表面 5% 沿厚度方向稳定一段距离后增加到 100% 然后保持不变，P 的含量从 10% 稳定一段距离后降低到零然后保持不变，Zn 的含量从 5% 沿厚度方向稳定一段距离后降低到零然后保持不变。图 5-9（i）为施镀时间为 3h 时 Ni-Zn-P 合金镀层沿厚度方向的成分变化，从图中可以看出，Ni 的含量从镀层表面 80% 沿厚度方向稳定一段距离后降低到零然后保持不变，Fe 含量从镀层表面 5% 沿厚度方向稳定一段距离后增加到 100% 然后保持不变，P 的含量从 10% 稳定一段距离后降低到零然后保持不变，Zn 的含量从 5% 沿厚度方向稳定一段距离后降低到零然后保持不变。

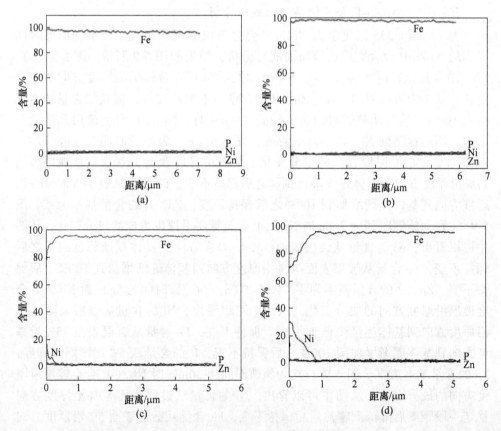

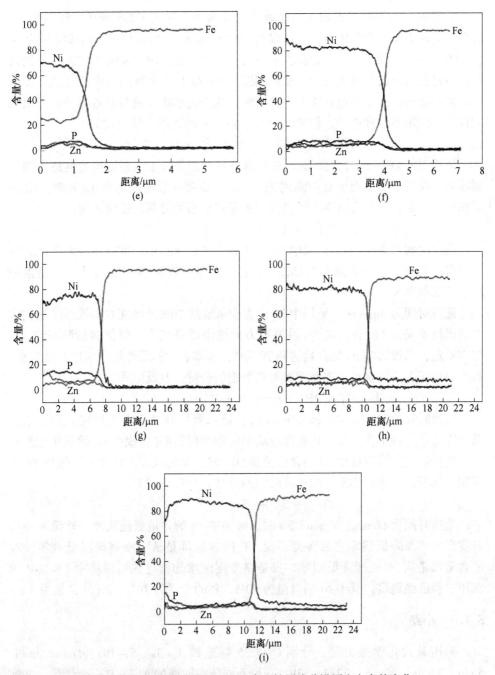

图 5-9 不同施镀时间的 Ni-Zn-P 合金镀层成分沿厚度方向的变化

(a) 1~3s；(b) 5~10s；(c) 1min；(d) 3min；(e) 5min；

(f) 30min；(g) 60min；(h) 90min；(i) 3h

### 5.1.3.2 Q235 钢化学镀 Ni-Zn-P 合金镀层沉积机理的探讨

根据以上结果可以看出，采用碱式化学镀的方法对 Q235 钢化学镀 Ni-Zn-P 合金，时间为单一变化因素时，可以初步断定 Ni-Zn-P 沉积行为：施镀时间为1~3s 和 5~10s 时，Ni-Zn-P 合金镀层中检测不到 Ni、Zn、P，说明 Ni、Zn、P 的沉积并不是随施镀的开始而开始，初步判断为 Ni-Zn-P 合金镀层的沉积首先需要基体表面的活化，而这个过程需要一定时间。这个过程次亚磷酸根首先分解为次磷酸根、活性氢离子和电子，供给之后 Ni、Zn、P 的沉积，反应式为：

$$H_2PO_2^- + H_2O \longrightarrow H_2PO_3^{2-} + H^+ + 2e$$

施镀时间为 1min 时，镀层中 Ni 的含量从镀层外缘 17% 沿厚度方向逐渐降低到零之后保持不变，但没有检测到 Zn、P。这说明施镀时间达到 1min 时，Ni 的沉积已经开始，其反应所需电子来源于次亚磷酸根的分解，反应式为：

$$Ni^{2+} + 2e \longrightarrow Ni$$

施镀时间为 3min 时，镀层中 Ni 的含量从镀层 30% 沿厚度方向逐渐降低到零之后保持不变，但仍检测不到 Zn、P，初步推断，基体表面的活性还不足以使 Zn、P 沉积出来。

施镀时间为 5min 时，镀层中 Ni 的含量从镀层 70% 沿厚度方向逐渐降低到零之后保持不变，P 的含量从 5% 沿厚度方向逐渐降低到零，但仍然检测不到 Zn。初步断定，当镀层中 Ni 的含量达到 70% 时，基体表面的活性足以催化 P 的沉积，其所需电子和活性氢离子来源于次亚磷酸根的分解，其反应式为：

$$H_2PO_2^- + 2H^+ + e \longrightarrow P + 2H_2O$$

施镀时间为 30min 时，镀层中 Ni 的含量从镀层外缘 80% 沿厚度方向逐渐降低到零之后保持不变，Zn、P 的含量从 5% 逐渐降低到零，说明 Zn 的沉积已经开始。初步断定，当镀层中 Ni 的含量达到 80% 时，基体表面的活性足以催化 Zn 的沉积，其所需电子同样来自次亚磷酸根的分解，其反应式为：

$$Zn^{2+} + 2e \longrightarrow Zn$$

施镀时间为 60min、90min、3h 时，镀层中 Ni 的含量都是从镀层外缘 80% 沿厚度方向逐渐降低到零之后保持不变，P 的含量都是从 10% 逐渐降低到零，Zn 的含量都是从 5% 逐渐降低到零，只是厚度逐渐增加，这说明镀层中 Ni-Zn-P 的沉积过程已经稳定，其中 Ni 的含量为 80%、P 的含量为 10%、Zn 的含量为 5%。

### 5.1.4 小结

采用碱式化学镀方法，分别对 Q235 钢施镀 1~3s、5~10s、1min、3min、5min、30min、60min、90min、3h，获得不同施镀时间的 Ni-Zn-P 合金镀层，并在此基础上分析了沉积时间对 Ni-Zn-P 合金镀层组织和成分的影响，得出以下结论：

（1）施镀时间为 1~3s 到 90min 时，随着施镀时间的增加，Ni-Zn-P 合金镀层的表面形貌变化从有明显漏镀现象到无漏镀现象，最后可以看出明显的胞状组织，并且随着时间的增加胞状组织长大，均匀堆积在基体表面，使表面平整。施镀时间为 3h 时，部分胞状组织异常长大，表面平整度下降。

（2）从不同施镀时间的 Ni-Zn-P 合金镀层的断面形貌图可以得出，随着施镀时间的增加，镀层与基体结合越来越致密，镀层厚度均匀且镀层厚度增加。

（3）对不同施镀时间 Q235 钢化学镀 Ni-Zn-P 合金镀层表面进行成分分析，可以得出：

1）Ni-Zn-P 合金镀层中 Ni 的变化规律为：随着施镀时间的增加，镀层中 Ni 含量从施镀时间为 1~3s 时的 2.42% 快速增加到施镀时间为 3min 时的 75.93% 后基本保持不变。

2）Ni-Zn-P 合金镀层中 P 的变化规律为：随着施镀时间的增加，镀层中的 P 含量从施镀时间为 1~3s 和 5~10s 时的零增加到施镀时间为 30min 时的 12.03% 后基本保持不变。

3）Ni-Zn-P 合金镀层中 Zn 的变化规律为：施镀时间为 5min 时出现 Zn，质量分数为 4.18%，之后施镀时间增加，镀层中 Zn 含量基本保持不变。

（4）Ni-Zn-P 合金镀层沉积过程是：先有 Ni 的沉积，然后在 Ni 的催化下，沉积出 P，然后共同催化 Zn 的沉积；5min 后，Ni、Zn、P 的含量相对稳定。

（5）施镀时间为 1~3s、5~10s 时，Ni-Zn-P 合金镀层还没有形成，不能检测到 Ni、Zn、P 的存在；施镀时间为 1min 和 3min 时，镀层中只有 Ni，含量分别从镀层表面 17% 和 30% 沿厚度方向逐渐降低到零之后保持不变；施镀时间为 5min 时，镀层中 Ni 的含量从镀层表面 70% 沿厚度方向逐渐降低到零然后保持不变，P 的含量从 5% 逐渐降低到零，Zn 的含量基本为零；施镀时间为 30min 时，Ni 的含量从镀层表面 80% 沿厚度方向稳定一段距离后降低到零然后保持不变，Zn、P 的含量从 5% 稳定一定距离后降低到零然后保持不变，施镀时间为 60min、90min、3h 时，镀层中 Ni 的含量都是从镀层表面 80% 沿厚度方向逐渐降低到零之后保持不变，P 的含量都是从 10% 逐渐降低到零，Zn 的含量都是从 5% 逐渐降低到零。

（6）初步断定化学镀 Ni-Zn-P 的沉积机理为：首先是基体表面的活化；接着是基体表面催化 Ni 的沉积；直到 Ni 的含量达到 70%，基体表面的活性才足以催化 P 的沉积；当 Ni 的含量达到 80%，基体表面的活性足以催化 Zn 的沉积。

## 5.2　磷含量与 Ni-Zn-P 合金镀层耐蚀性的关系

### 5.2.1　不同 P 含量 Ni-Zn-P 合金镀层的研究现状

近年来，随着科学技术的发展，化学镀技术发展迅速，应用领域不断拓展，在多元合金、海水腐蚀等诸多方面得到了广泛的应用，并促进了相关领域的科学和技术的发展。随着化学镀镍的发展，发现化学镀较电镀相比，化学镀镀层可以均匀地沉积在复杂形状的零件上，而且由二元合金中改善到三元合金，将其合金多元化以提高这种合金的微结构，进一步提高其耐腐蚀性能。

Ni-P 二元合金化学镀镀层具有良好的硬度、均匀性、耐蚀、耐磨等综合的物理化学性能，尤其是具有在不同材料如金属、非金属和半导体等以及复杂形状的工件上镀层沉积均匀的特点，已经在材料、机械、化工等工业领域得到广泛的应用[29~33]。但是，随着科技的发展及现代工业的飞速前进，Ni-P 二元合金镀层的性能已不能够满足各行业对材料日益增长的需要，故在二元合金镀层的基础上添加第三种金属成分，即得到了以 Ni-P 为基的三元合金，其导电、耐蚀、耐热、耐磨等多种性能比较其二元合金均有更大的增强。在化学镀 Ni-P 的合金镀液中加入适量的锌盐（硫酸锌、氯化锌），可得到 Ni-Zn-P 三元合金镀层，可以用于耐蚀性能要求高和形状复杂的各种工件上。近年来，国内外研究者分别采用柠檬酸三钠[2,34]和乳酸[35]为配位剂，在碱性和酸性介质中进行化学镀 Ni-Zn-P 三元合金，研究了工艺参数对镀速和镀层的组成、微观形貌、结构和腐蚀性能的影响，还研究了镀层表面元素锌的存在形式和热处理对镀层结构、显微硬度、表面形貌和耐蚀性的影响。甚至有的研究者研究了对化学镀 Ni-Zn-P 工艺的优化，确定其最佳的镀液组成和工艺参数，并进行动力学研究[36]，建立 Ni-Zn-P 沉积速率方程，以便对施镀过程进行调节和对产物进行控制。

化学镀中不管是 Ni-P 二元合金，还是 Ni-Zn-P 三元合金，P 含量都有着举足轻重的作用。有研究者研究了不同 P 含量的化学镀镍层的抗腐蚀性，确定具有最佳耐蚀性镀层的 P 含量，以期为该镀层在工业上的应用提供指导[37]。其通过调整镀液的组成，制备不同 P 含量的 Ni-P 合金镀层；随着镀层中 P 含量的升高，镀层在锅炉水中自腐蚀电流密度逐渐降低；P 含量高的镀层在工业炉管表面作腐蚀防护层使用。还有研究者综述了国内外化学镀镍-磷技术的最新研究成果，详细论述了镀层中磷含量的控制及其对镀层性能的影响[38]。有研究者还对化学镀的工艺参数进行了详细的研究，有的是关于温度、pH 值、络合剂、转速等对 P 含量的影响以及探究其相应的组织结构、力学性能、硬度、内应力等的变化；有的是温度、pH 值、络合剂、材料等在海水中的耐蚀性的研究。

但是至今 P 含量的变化对镀层表面状态、性能的影响规律还不是很明确，且工艺上还普遍存在着镀液稳定性差、镀速慢以及使用周期短等大量的问题，都需要尽快解决。基于以上国内外研究现状，本章是在 Q235 钢表面进行 Ni-Zn-P 化学镀，比较系统地研究不同 P 含量对 Ni-Zn-P 三元合金镀层的表面形貌、组织结构、腐蚀速率和镀层耐蚀性能的影响；而且探究了不同浓度的还原剂对镀层中 P 含量的影响；并探究了不同 P 含量的 Ni-Zn-P 三元合金镀层在 5%NaCl 溶液中腐蚀 15 天的耐蚀性，以及不同 P 含量对 Ni-Zn-P 镀层腐蚀速率的影响。

### 5.2.2　P 含量对 Ni-Zn-P 合金镀层表面组织及成分的影响

研究 P 含量对 Ni-Zn-P 合金镀层耐蚀性的影响，耐蚀性与 Ni-Zn-P 合金镀层的表面形貌有一定关系[39]。首先研究不同 P 含量 Ni-Zn-P 合金镀层表面组织及成分分析。通过金相显微镜观察不同 P 含量 Ni-Zn-P 合金镀层在不同放大倍数下的表面组织，用扫描电子显微镜观察不同 P 含量 Ni-Zn-P 合金镀层的表面微观组织，用 EDS 分析表面成分。

#### 5.2.2.1　试验方法

A　基体的制备

试验基体材料为碳钢 Q235（化学成分见表 4-1），试样尺寸为 20mm×25mm×0.9mm，试样一端打孔，按国标（GB/T 5776—2005）的规定进行表面处理，对试样依次用 800 号、1000 号、1200 号、1500 号砂纸进行打磨，然后用去离子水清洗，用吹风机吹干，标记好放在干燥器中保存。

先打磨的目的是要除去工件表面在存储过程中和机械加工残留的润滑油，然后采用碱性除油和超声震荡除油相结合的方法除油，如下所述。

按照 20g/L NaOH、30g/L Na$_2$CO$_3$ 的浓度配制除油液，试样在 60～80℃ 的除油液中处理 3～15min，然后用 70℃ 的热水清洗然后用冷水清洗，然后超声震荡 10min，然后用 70℃ 的热水清洗后冷水清洗。可以采用水润湿法检查除油是否彻底，即将水珠滴在试样表面，若除油不彻底，则水滴呈球形，表面倾斜时就会滚落下来，此时需要重新进行除油处理；若除油彻底，水滴散布在表面呈水膜状，平铺在表面上。

再进行酸洗，本试验采用化学酸洗的方法，酸洗也是活化的过程，其实质是要剥离试样表面的加工变形层以及前处理工序生成的氧化膜，将基体的组织暴露出来以便镀层金属在其表面进行生长，因而一般不需要酸洗很长时间以免破坏试样表面的组织结构。在室温下，试样在 3% 的盐酸中活化，直到试样的表面充满均匀的气泡为止，这个时间为 3～5min。但是，这个工序对镀层和基材金属的结合力起着十分重要的影响，工件经过酸洗活化后，应立即清洗并进行下一步的化学镀。

B　化学镀液的配制

为了得到不同 P 含量的 Ni-Zn-P 合金镀层，在化学镀液的配制过程中，改变还原剂添加量。试验所用化学镀液的主要成分见表 5-3。

表 5-3　化学镀液的成分 （g/L）

| 成　分 | 浓　　度 | | | | | |
|---|---|---|---|---|---|---|
| $NiSO_4 \cdot 6H_2O$ | 30 | 30 | 30 | 30 | 30 | 30 |
| $ZnSO_4 \cdot 7H_2O$ | 0.4 | 0.4 | 0.4 | 0.4 | 0.4 | 0.4 |
| $NaH_2PO_2 \cdot H_2O$ | 2 | 5 | 10 | 15 | 20 | 25 |
| $C_6H_5O_7Na_3 \cdot 2H_2O$ | 70~90 | 70~90 | 70~90 | 70~90 | 70~90 | 70~90 |
| $NH_4Cl$ | 40~60 | 40~60 | 40~60 | 40~60 | 40~60 | 40~60 |

化学镀试验所使用的还原剂浓度和对应的 P 含量见表 5-4。

表 5-4　还原剂浓度和对应的 P 含量 （g/L）

| 还原剂浓度 | 2 | 5 | 10 | 15 | 20 | 25 |
|---|---|---|---|---|---|---|
| P 含量 | 0.58 | 1.46 | 2.92 | 4.38 | 5.84 | 7.31 |

C　试验过程

本试验研究 P 含量对镀层的影响，采用单因素变量法，试验唯一变量为 P 含量，其他因素不变，得到试验结果。

（1）根据表 5-3 配置 300mL 镀液，按浓度比例称量后先将主盐硫酸镍、硫酸锌、还原剂次亚磷酸钠分别溶解，再将络合剂柠檬酸钠、氯化铵溶解，混合均匀，将主盐硫酸镍、硫酸锌加入混合均匀的络合剂中，混合均匀，最后再将还原剂加入其中。

（2）使用 20g/L NaOH 调节 pH 值至 10.5。

（3）将烧杯放入 HH-S-2S 数量恒温水浴锅中，将溶液加热至 85℃。

（4）调节转速至 400r/min。

（5）为了保证实验的准确性，同类数据的试样施镀 3 个平行试样。故将制备好的 3 个试样进行以下工序：去离子水水洗—除油—去离子水水洗—除锈—水洗—活化，活化好的试样放入镀液中开始施镀。

（6）施镀 90min 后取样，完成后用超声波清洗机清洗镀件 1~2min，然后烘干，用棉花包裹好防止受划，放些变色硅胶装进试样袋，然后放入干燥器内保存，以备后续试验使用。每完成一次化学镀后，烧杯以及搅拌器都要用浓盐酸清洗，以防镀液分解产生的杂质等对下一次的化学镀造成影响。

（7）将六组化学镀试验完成后对其镀层进行金相显微镜观察并拍照。

（8）分别从各组中各取出一片称量后在常温（23℃）下 5% 的模拟海水中加速腐蚀，开始每 6h 后换一次水，以后一天一换，腐蚀 15 天后取样，用手机以及金相显微镜拍照，除锈后再称量，并记录数据。

本试验中采用浓盐酸与水以 1∶3 的比例混合的溶液除锈，将腐蚀后的试样用酒精洗去盐粒，然后用配好的酸除锈约 2min，再用去离子水洗，用吹风机烘干。

（9）将除锈后的试样进行手机及金相显微镜拍照，再将各组试样在电子扫描电镜下观察它的形貌并分析成分。

（10）将试样装进标记好的试样袋，然后放入干燥器中。

#### 5.2.2.2　Ni-Zn-P 合金镀层的表面组织

##### A　Ni-Zn-P 合金镀层的金相组织

添加不同浓度还原剂，得到不同 P 含量 Ni-Zn-P 合金镀层，合金镀层的表面组织如图 5-10 所示。

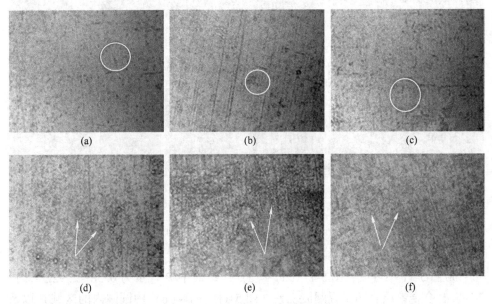

图 5-10　不同 P 含量 Ni-Zn-P 合金镀层的金相组织（×500）

(a) 0.58g/L；(b) 1.46g/L；(c) 2.92g/L；(d) 4.38g/L；(e) 5.84g/L；(f) 7.31g/L

图 5-10（a）~（c）是镀液中 P 含量为 0.58~2.92g/L 时得到的金相组织，从图中可观察到镀层出现漏镀（图 5-10（a）~（c）中圆圈内的区域）以及镀层不致密。图 5-10（d）、（e）是镀液中 P 含量为 4.38g/L 和 5.84g/L 时的金相组织，可观察镀层出现大量的胞状且致密（图 5-10（d）、（e）中箭头所指的区域）。图 5-10（f）是镀液中 P 含量为 7.31g/L 时的金相组织，镀层中看不到胞状组织，但是镀层连续致密，可能形成更细小的胞状，在 500 倍金相显微镜下看不到。

可见，当 P 浓度小于 2.92g/L 时，Ni-Zn-P 合金镀层表面出现漏镀现象；当 P 浓度大于 4.38g/L 时，P 浓度继续升高，镀层不漏镀，且胞状组织越小越细致，镀层连续致密。

B　Ni-Zn-P 合金镀层微观形貌分析

为了进一步观察不同 P 含量 Ni-Zn-P 合金镀层的表面形貌，采用 SEM 技术，结果如图 5-11 所示。

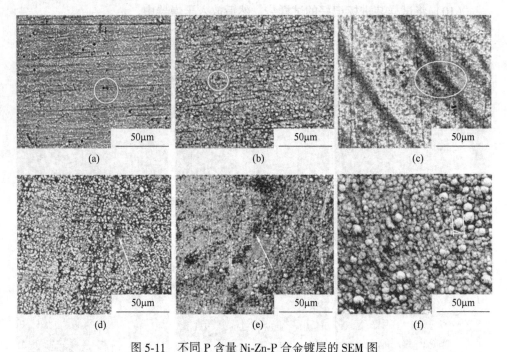

图 5-11　不同 P 含量 Ni-Zn-P 合金镀层的 SEM 图

(a) 0.58g/L；(b) 1.46g/L；(c) 2.92g/L；(d) 4.38g/L；(e) 5.84g/L；(f) 7.31g/L

从图 5-11 中可见，图 5-11 (a)~(c) 是镀液中 P 含量为 0.58~2.92g/L 时，Ni-Zn-P 合金镀层表面出现漏镀现象（图 5-11 (a)~(c) 中圆圈内的区域）以及镀层不致密；图 5-11 (d) 是镀液中 P 含量达到 4.38g/L 时，存在少量的漏镀现象，且胞状组织细小；图 5-11 (e) 是镀液中 P 含量达到 5.84g/L 时，也存在少量的漏镀现象，且胞状组织不均匀；图 5-11 (f) 是镀液中 P 含量达到 7.31g/L 时，镀层表面出现连续致密的胞状组织。

综上所述，从金相显微镜和 SEM 结果发现，随 P 含量的增加，镀层由组织不均匀、漏镀到胞状组织连续密致；当 P 含量为 7.31g/L 时，得到连续致密的胞状组织，胞平均直径 4~8μm（根据图 5-11 图标及图中胞的大小可得到）。

5.2.2.3　不同 P 含量 Ni-Zn-P 合金镀层的成分

由于在化学镀试验中镀液利用率不能达到 100%，所以还原剂中 P 含量不能代表最终镀层中实际的 P 含量。因此，采用 EDS 对最终 Ni-Zn-P 合金镀层的成分进行分析。

## A Ni-Zn-P 合金镀层成分

Ni-Zn-P 合金镀层的成分结果见图 5-12 及表 5-5。

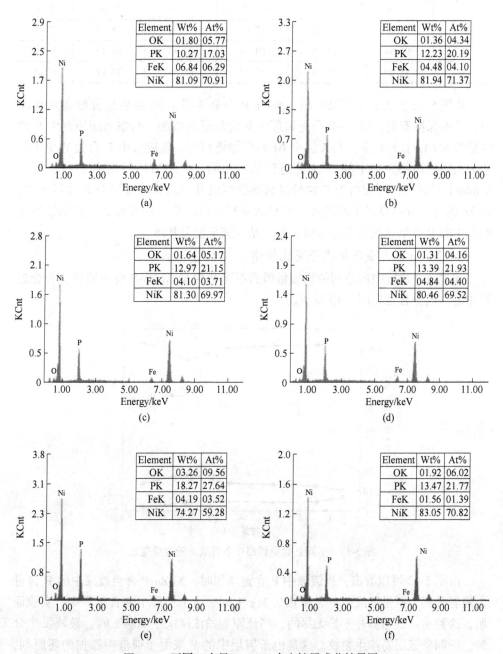

图 5-12 不同 P 含量 Ni-Zn-P 合金镀层成分结果图

(a) 0.58g/L; (b) 1.46g/L; (c) 2.92g/L; (d) 4.38g/L; (e) 5.84g/L; (f) 7.31g/L

**表 5-5　不同 P 含量 Ni-Zn-P 合金镀层的表面成分**　　　（%）

| 成分 | P 含量/g·L⁻¹ | | | | | |
|---|---|---|---|---|---|---|
| | 0.58 | 1.46 | 2.92 | 4.38 | 5.84 | 7.31 |
| P | 10.27 | 12.23 | 12.97 | 13.39 | 18.27 | 13.47 |
| Zn | 06.84 | 04.48 | 04.10 | 04.84 | 04.19 | 01.56 |
| Ni | 81.09 | 81.94 | 81.30 | 80.46 | 74.27 | 83.05 |

从图 5-12 及表 5-5 可以看出，Ni-Zn-P 合金镀层中 Ni 的质量分数在 80% 左右，基本保持不变；Ni-Zn-P 合金镀层中 P 含量逐渐增加，当添加还原剂中 P 的含量为 5.84g/L 时减少，与镀层中 Ni 的增加量相当，且镀层中 P 含量的变化趋势与实际添加还原剂中的 P 含量趋势基本相同，在添加还原剂中 P 的含量为 5.84g/L 时减少，可能由于 P 含量过高导致镀液分解，从而镀层中 P 含量减少；而 Zn 的含量有明显减少的趋势，可见镀层对基体的覆盖程度增加，实际添加还原剂中的 P 含量达到 7.31g/L 时，镀层基本完全覆盖基体。

B　Ni-Zn-P 合金镀层成分变化规律

通过改变镀液中还原剂的添加量得到不同 P 含量 Ni-Zn-P 合金镀层，合金镀层中各种成分含量如图 5-13 所示。

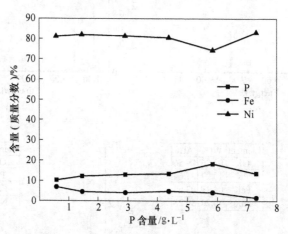

图 5-13　不同 P 含量镀层中各种成分的含量变化

由图 5-13 可以看出，当镀液中 P 含量增加时，Ni-Zn-P 合金镀层中的 P 含量也随着升高，但是镀液中 P 含量在 7.31g/L 时，合金镀层中 P 含量下降。实验证明，这种增加的趋势并不是无尽的，当还原剂的浓度大于 20g/L 时，镀液发生分解，所制备镀层易产生裂纹。这是由于镀层中的 P 来源于镀液中添加的还原剂，可以用化学镀的自催化理论来解释，还原剂次亚磷酸钠由于基体表面的自催化性分解释放出原子氢，依靠原子氢的还原作用，Ni 与 P 沉积在基体上，而 P 却是通过镍离子的还原诱导与 Ni 共沉积的。

基于以上研究，分析还原剂浓度与镀层 P 含量的关系，如图 5-14 所示。

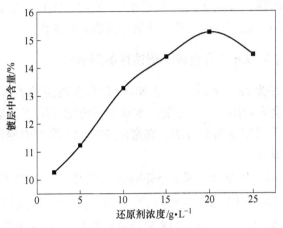

图 5-14　还原剂浓度与镀层 P 含量的关系

当还原剂次亚磷酸钠的质量浓度低于 25g/L 时，镀层表面的 P 含量随着还原剂次亚磷酸钠的质量浓度先增大、后减小，但是增加时趋势越来越小。其原因是：次亚磷酸钠作为还原剂，浓度过高时，镀液活性太大，稳定性变差易分解，从而影响镀速。当还原剂次亚磷酸钠浓度为 25g/L 时，镀液极易分解。化学镀镍锌磷的主盐为镍盐，相互作用使镍离子还原出金属镍，同时次亚磷酸盐分解出磷，获得镍磷合金的沉积层，沉积的镍膜有自催化作用，可使反应继续下去[40]。在 Ni-Zn-P 化学镀过程中，首先 Ni 先从镀液中被还原出来，其次 Zn 继续被还原出来，共同沉积形成镀层，因为 P 与 Ni 晶核结合限制其生长，故晶核比较细小均匀，形成较好的镀层。

次亚磷酸钠对镀液稳定性的影响见表 5-6。

表 5-6　次亚磷酸钠对镀液的影响

| 次磷酸钠/g·L⁻¹ | 2 | 5 | 10 | 15 | 20 | 25 |
|---|---|---|---|---|---|---|
| 镀液情况 | 镀液稳定 | 镀液稳定 | 镀液稳定 | 镀液稳定 | 镀液不稳定 | 镀液分解 |

在化学镀试验过程中发现，还原剂浓度影响镀速和镀液的稳定性。镀速随镀液中还原剂次亚磷酸钠浓度增加而呈升高趋势。当次亚磷酸钠浓度为 15~20g/L 时，镀速较大；当还原剂浓度达到 25g/L 时，镀速随着次亚磷酸钠含量增加而升高时，镀液的活性也随之升高，次亚磷酸钠自发分解，并放出大量的氢，此时镀液很快变暗，镀液稳定性差，因此控制在 15~20g/L 时为宜。随着镀液中次亚磷酸钠含量提高，沉积速度提高，镀层中 P 含量提高。由以上结果可知，还原剂用量的增加对镀速的影响并不是简单地增加或降低；当还原剂（$NaH_2PO_2·H_2O$）

的用量达 15g/L 时，沉积速率最快。分析出现上述现象的可能原因：由能斯特（Nernst）方程知，增加还原剂的用量时，镀液中还原剂浓度增大，将 Ni 离子还原成金属的能力增强，Ni 离子沉积速度增大；同时，$H_2PO_2^-$ 发生歧化反应生成 P 的能力也增强，即 P 沉积速度也随还原剂用量增大而加快。

### 5.2.3  P 含量对 Ni-Zn-P 合金镀层耐蚀性的影响

以上研究结果发现，不同 P 含量 Ni-Zn-P 合金镀层的表面组织形貌明显不同，不同的组织会表现出不同的性能，本章主要研究不同 P 含量 Ni-Zn-P 合金镀层的耐蚀性能。采用加速腐蚀方法，在常温 5%NaCl 溶液中浸泡 15 天，分析腐蚀后表面形貌和成分。

#### 5.2.3.1  Ni-Zn-P 合金镀层在 5%NaCl 溶液中腐蚀后的形貌

A  Ni-Zn-P 合金镀层在 5%NaCl 溶液中腐蚀后的宏观形貌

不同 P 含量 Ni-Zn-P 合金镀层在 5%NaCl 溶液腐蚀 15 天后的宏观形貌如图 5-15 所示。

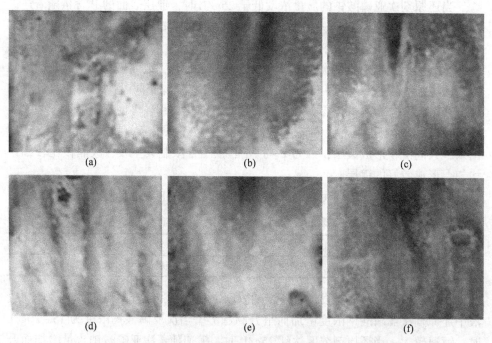

图 5-15  不同 P 含量 Ni-Zn-P 合金镀层在 5%NaCl 溶液腐蚀 15 天后的宏观形貌
(a) 0.58g/L；(b) 1.46g/L；(c) 2.92g/L；(d) 4.38g/L；(e) 5.84g/L；(f) 7.31g/L

从图 5-15 中看出，随着 P 含量的升高，Ni-Zn-P 合金镀层腐蚀 15 天后的宏观表面都出现明显的锈层，且由黄褐色变为灰绿色。根据文献 [41]，Q235 钢表面的镀层主要由黄褐色的 $Fe_2O_3$ 和 $Fe_3O_4$ 组成，这是由于合金镀层在室温 5%NaCl 溶液中腐蚀 15 天得到的试样组织，浸泡溶液氧含量低，且处于静止状态。正常钢的腐蚀应该先出现 $Fe_3O_4$，最后形成稳定的锈层 $Fe_2O_3$；但是不同 P 含量 Ni-Zn-P 合金镀层在 5%NaCl 溶液腐蚀 15 天后的宏观形貌与其相反，是由于 P 含量小于 4.38g/L 时镀层有漏镀现象，而 P 含量高时，腐蚀后的镀层没有完全被破坏。

将锈层清除后，观察表面宏观形貌，如图 5-16 所示。

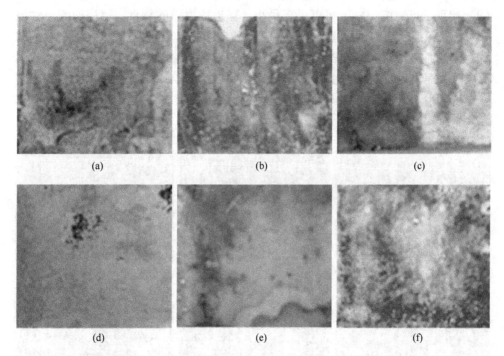

图 5-16　不同 P 含量 Ni-Zn-P 合金镀层在 5%NaCl 溶液腐蚀 15 天锈层清除后的宏观形貌
(a) 0.58g/L；(b) 1.46g/L；(c) 2.92g/L；(d) 4.38g/L；(e) 5.84g/L；(f) 7.31g/L

从图 5-16 得到：随着镀液中 P 含量的升高，Ni-Zn-P 合金镀层腐蚀 15 天锈层清除后的宏观表面由镀层剥落到镀层光亮到红褐色的表面状态。图 5-16 (a)~(c) 中 Ni-Zn-P 合金镀层腐蚀后出现了大量的剥落；图 5-16 (d) 和图 5-16 (e) 的 Ni-Zn-P 合金镀层基本完整，但图 5-16 (e) 黄褐色镀层表面中存在点蚀现象；图 5-16 (f) 中 Ni-Zn-P 合金镀层完整，没有破损，表面出现均匀的腐蚀产物，表明镀层表面发生均匀腐蚀。

综上所述，经过 5%NaCl 溶液腐蚀 15 天后，当 P 含量小于 2.92g/L 时，Ni-Zn-P 合金镀层严重腐蚀，镀层剥落；当 P 含量为 4.38~5.84g/L 时，Ni-Zn-P 合金镀层基本没有受到破坏，只出现少量点蚀坑；当 P 含量在 7.31g/L 时，Ni-Zn-P

合金镀层完整，没有破损，镀层表面发生均匀腐蚀。

　　B　Ni-Zn-P 合金镀层在 5%NaCl 溶液中腐蚀后的微观形貌

　　不同 P 含量 Ni-Zn-P 合金镀层在 5%NaCl 溶液中腐蚀 15 天后的金相组织，如图 5-17 所示。

　　从图 5-17 可见，随着 P 含量的增加，Ni-Zn-P 合金镀层腐蚀 15 天后锈层的微观表面形貌由严重成片腐蚀、出现孔洞、出现少量点蚀到均匀腐蚀。图 5-17 (a) 和图 5-17 (b) 出现了严重腐蚀，腐蚀产物连成片；图 5-17 (c) 和图 5-17 (d) 出现了点蚀坑，由于氯离子直径小、穿透能力强的特点，镀层遭受点蚀破坏可能是氯离子引起的；图 5-17 (e) 和图 5-17 (f) 锈层还可以看到少量的胞状，腐蚀均匀。可见，当 P 含量小于 1.46g/L 时，Ni-Zn-P 合金镀层腐蚀 15 天锈层微观表面出现了成片腐蚀产物；当 P 含量在 2.92~4.38g/L 之间时，锈层出现点蚀坑；当 P 含量大于 5.84g/L，表面发生均匀腐蚀。

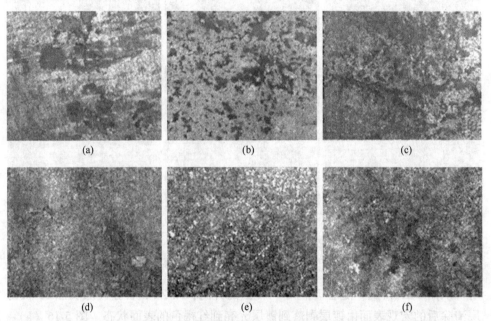

图 5-17　不同 P 含量 Ni-Zn-P 合金镀层在 5%NaCl 溶液腐蚀 15 天后的金相组织 (×200)
(a) 0.58g/L；(b) 1.46g/L；(c) 2.92g/L；(d) 4.38g/L；(e) 5.84g/L；(f) 7.31g/L

　　Ni-Zn-P 合金镀层在 5%NaCl 溶液中腐蚀后，除锈后的腐蚀形貌可以很直观地展示金属发生腐蚀的具体位置，以及被腐蚀破坏程度的大小，孔洞、裂纹的分布形状等关键信息。将在 5%NaCl 溶液腐蚀 15 天的合金镀层进行除锈处理，除锈后金相组织如图 5-18 所示。其中图 5-18 (a) 和图 5-18 (b) 为 0.58g/L 和 1.46g/L P 含量 Ni-Zn-P 合金镀层腐蚀 15 天后的金相照片，镀层表面出现了大的孔洞，属于明显的镀层破坏区域；图 5-18（c）和图 5-18（d）为 2.92g/L 和 4.38g/L P 含量 Ni-Zn-P 合金镀层腐蚀 15 天后的金相照片，镀层表面出现了少量的孔洞，属于镀层破坏区域，但是不是很明显；图 5-18（e）和图 5-18（f），Ni-Zn-P 合金镀层腐蚀 15 天后有腐蚀现象。图 5-18（e）为 5.84g/L P 含量 Ni-Zn-P 合金镀层腐蚀 15 天后的金相照片，镀层表面出现大量细小的胞状组织，没有点蚀坑、孔洞，镀层没有被破坏，但是胞状组织消失；图 5-18（f）为 7.31g/L P 含量 Ni-Zn-P 合金镀层腐蚀 15 天后的金相照片，镀层表面胞状组织均匀，但是胞状组织边界存在严重腐蚀。

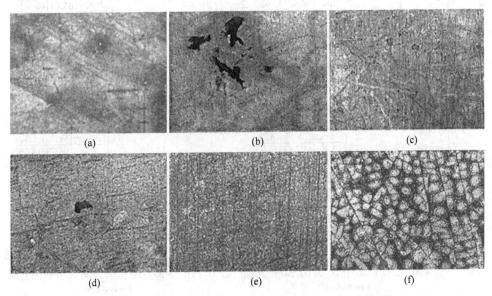

图 5-18　不同 P 含量 Ni-Zn-P 合金镀层在 5%NaCl 溶液腐蚀
15 天锈层清除后的金相组织（×200）

（a）0.58g/L；（b）1.46g/L；（c）2.92g/L；（d）4.38g/L；（e）5.84g/L；（f）7.31g/L

综上所述，当 P 含量小于 1.46g/L 时，Ni-Zn-P 合金镀层在溶液中腐蚀 15 天后胞状组织已经被腐蚀，表面发生严重腐蚀，出现大量的孔洞；当 P 含量在 2.92~4.38g/L 之间时，Ni-Zn-P 合金镀层在溶液中腐蚀 15 天后的表面出现点蚀坑；当 P 含量为 5.84g/L 时，镀层表面没有点蚀坑、孔洞，镀层没有被破坏，但是胞状组织消失；当 P 含量为 7.31g/L 时，镀层表面胞状组织均匀，但是胞状组织边界存在严重腐蚀。可见，随着镀层中 P 含量的增加，镀层耐蚀性明显提高。

### 5.2.3.2　Ni-Zn-P 合金镀层腐蚀 15 天后锈层的成分分析

不同 P 含量 Ni-Zn-P 合金镀层腐蚀 15 天后表面锈层成分分析结果见图 5-19 及表 5-7。

　　从图 5-19 及表 5-7 中可以看出，Ni-Zn-P 合金镀层腐蚀 15 天后表面锈层中存在元素 Ni、P、Zn、Fe 和 O，Ni 含量减少，P 的含量增加，Zn 的含量为 0.2%左右，基本保持不变；O 的含量在升高；Fe 的含量也在增加。可见锈层中腐蚀产物以 Fe、O 为主。

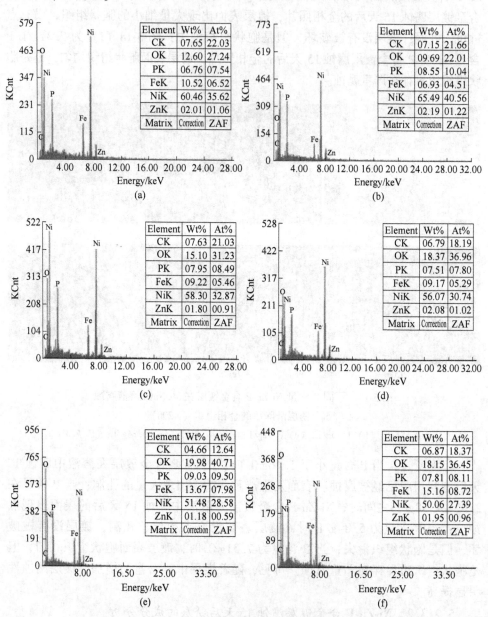

图 5-19　不同 P 含量 Ni-Zn-P 合金镀层腐蚀 15 天后表面锈层的 EDS 图
（a）0.58g/L；（b）1.46g/L；（c）2.92g/L；（d）4.38g/L；（e）5.84g/L；（f）7.31g/L

表 5-7 不同 P 含量 Ni-Zn-P 合金镀层腐蚀 15 天后的成分 （%）

| 成分 | P 含量/g·L⁻¹ | | | | | |
|---|---|---|---|---|---|---|
| | 0.58 | 1.46 | 2.92 | 4.38 | 5.84 | 7.31 |
| O | 12.60 | 09.69 | 15.10 | 18.37 | 19.98 | 18.15 |
| P | 06.76 | 06.95 | 07.45 | 07.81 | 08.03 | 08.11 |
| Fe | 10.52 | 06.93 | 09.22 | 09.17 | 13.67 | 15.16 |
| Ni | 60.46 | 65.49 | 58.30 | 56.07 | 51.48 | 50.06 |
| Zn | 02.01 | 02.19 | 01.80 | 02.08 | 01.18 | 01.95 |

不同 P 含量 Ni-Zn-P 合金镀层腐蚀 15 天后表面锈层成分的变化规律，如图 5-20 所示。

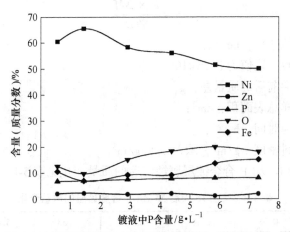

图 5-20 不同 P 含量 Ni-Zn-P 合金镀层腐蚀后表面锈层的各成分变化

由图 5-20 可以看出，Ni-Zn-P 合金镀层腐蚀后锈层的主要化学元素为 Ni、Zn、P、Fe、O。随着 P 含量的增加，Ni-Zn-P 合金镀层腐蚀后锈层中 Ni 的含量有一定的波动，先增加、后减少，Zn 的含量基本保持不变，P 的含量呈增加趋势，O、Fe 的含量先减少、后增加。与腐蚀前成分相比，成分中出现 Fe 和 O 元素，推断出锈层的主要腐蚀产物为铁的氧化物[42]。其中 O 的增加是因为腐蚀是在 5%NaCl 水溶液中进行的，溶液中存在溶解氧；而 Fe 含量的增加是因为腐蚀时间过长导致镀层破损，基体被腐蚀。当 P 含量小于 1.46g/L 时，O 的含量下降；当 P 含量大于 1.46g/L 时，O 的含量又升高，这是由于腐蚀产物铁的氧化物覆盖点蚀坑，O 原子穿透腐蚀产物达到基体表面困难，而 Cl 离子的原子半径小，可以穿透锈层，因此腐蚀后期由 Cl 离子主导。

综上所述，Ni-Zn-P 合金镀层腐蚀后锈层中 Ni 含量有一定的波动，先增加、后减少；锈层中 Zn 的含量基本保持不变；锈层中 P 含量呈增加趋势，与 Ni-Zn-P

合金镀层中的 P 含量变化相一致；O、Fe 的含量先减少、后增加，是由于腐蚀产物铁的氧化物覆盖点蚀坑，O 原子穿透腐蚀产物达到基体表面困难，而 Cl 离子的原子半径小，可以穿透锈层，因此腐蚀后期由 Cl 离子主导。

### 5.2.3.3　P 含量对 Ni-Zn-P 合金镀层耐蚀性的影响

#### A　失重法计算腐蚀速率

在相同时间内，不同 P 含量 Ni-Zn-P 合金镀层腐蚀前后质量变化不同。本试验采用失重法。失重法是腐蚀研究中最重要、最基本的方法，能够准确有效地评定钢铁的腐蚀速率。腐蚀前称重并记录数据，腐蚀后清除锈层并记录数据。根据时间相同，质量差不同，得到其腐蚀速率的快慢。根据国标 GB 5776—1986，一般以腐蚀深度表示腐蚀速率，计算公式如下：

$$v = \frac{K \times \Delta M}{STD} \tag{5-1}$$

式中　$v$——腐蚀速率，mm/a；

　　　$K$——常数，取值为 8.76×10⁴；

　　　$\Delta M$——腐蚀前后的质量差，g；

　　　$S$——试样总表面积，cm²；

　　　$T$——浸泡时间，h；

　　　$D$——材料密度，g/m³，取值 7.85g/m³。

不同 P 含量 Ni-Zn-P 合金镀层腐蚀前后的质量变化见表 5-8。

**表 5-8　腐蚀 15 天后 Ni-Zn-P 合金镀层的质量变化**

| P 含量/g · L⁻¹ | 0.58 | 1.46 | 2.92 | 4.38 | 5.84 | 7.31 |
|---|---|---|---|---|---|---|
| 腐蚀前 $M_1$/g | 3.651 | 3.619 | 3.610 | 3.552 | 3.242 | 3.623 |
| 腐蚀后 $M_2$/g | 3.588 | 3.564 | 3.565 | 3.522 | 3.223 | 3.605 |
| 质量差/g | 0.063 | 0.055 | 0.045 | 0.030 | 0.019 | 0.018 |

根据式（5-1）计算腐蚀速率，结果见表 5-9。

**表 5-9　不同 P 含量 Ni-Zn-P 合金镀层的腐蚀速率**

| P 含量/g · L⁻¹ | 0.58 | 1.46 | 2.92 | 4.38 | 5.84 | 7.31 |
|---|---|---|---|---|---|---|
| 腐蚀速率/mm · a⁻¹ | 0.390 | 0.341 | 0.279 | 0.186 | 0.118 | 0.116 |

#### B　P 含量与腐蚀速率的关系

Ni-Zn-P 合金镀层 P 含量与腐蚀速率的关系如图 5-21 所示。

由图 5-21 可知，腐蚀速率随 P 含量的增加逐渐减小，最后趋于稳定。当 P 含量小于 4.38g/L 时，腐蚀速率变化比较快，是由于 P 含量小于 4.38g/L，镀层表面有漏镀现象，镀层不完整，镀层与基体形成腐蚀微电池，加速腐蚀速率；当

P 含量大于 5.84g/L 时，腐蚀速率几乎不变，是由于 P 含量大于 5.84g/L，镀层连续致密，仅镀层发生均匀腐蚀，基体被保护。由此可得，镀层中 P 含量越多，腐蚀速率越低，镀层的耐蚀性越好。这主要是因为：（1）当镀层中磷含量小于 1.46g/L 时，镀层为晶态，镀层内存在大量的位错、晶界等缺陷，腐蚀反应容易在这些位置处萌生；当镀层中 P 含量在 1.46~4.38g/L 时，镀层为混晶时，镀层内的缺陷数量逐渐减少；当镀层中 P 含量大于 4.38g/L 时，镀层为非晶，没有缺陷，腐蚀微电池的数量已经很少，腐蚀反应不容易发生，反应阻力也很大；故 P 含量越高，腐蚀速率越慢。（2）化学镀镍层腐蚀时，能在表面形成含有磷的化合物，镀层中磷元素含量越高，容易形成含磷的保护膜，磷含量增加将会促进磷化膜含量的增加，从而产生更强的保护作用，抗腐蚀能力因而增大[43]。因此，P 含量越高，Ni-Zn-P 合金镀层的耐蚀性越好。

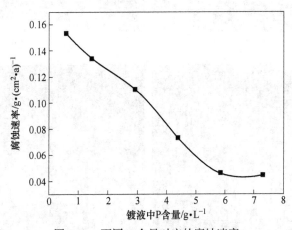

图 5-21 不同 P 含量对应的腐蚀速率

综上所述，随着 P 含量的增加，腐蚀速率逐渐减小，最后趋于稳定；耐蚀性越来越好。P 含量小于 4.38g/L 时，腐蚀速率变化比较快；当 P 含量大于 5.84g/L 时，腐蚀速率几乎不变。

C 高 P 含量镀层耐蚀性的探讨

高 P 含量即 P 含量为 7.31g/L 时 Ni-Zn-P 合金镀层的 SEM 图及成分结果，见图 5-22 及表 5-10。

从图 5-22 与表 5-10 中可以看出，高 P 含量即 P 含量为 7.31g/L 时，腐蚀后的锈层以 Ni、Fe、O、P、Zn 为主要成分，锈层表面组织出现三种形态：少量团絮状组织、大小形状不规则亮白色块状和暗色腐蚀区。其中图 5-22（a）和图 5-22（d）亮白色块状 Fe、O 含量明显高于锈层中 Fe、O 含量，推测腐蚀产物是铁的氧化物；图 5-22（b）区域与 P 含量为 7.31g/L 时锈层的大部分腐蚀区域成分相当；图 5-22（c）黑色团絮状主要成分是 Ni，Fe、O 含量十分少，Zn 的含量基本没有变化，与腐蚀前镀层成分一致，说明此点没有腐蚀。

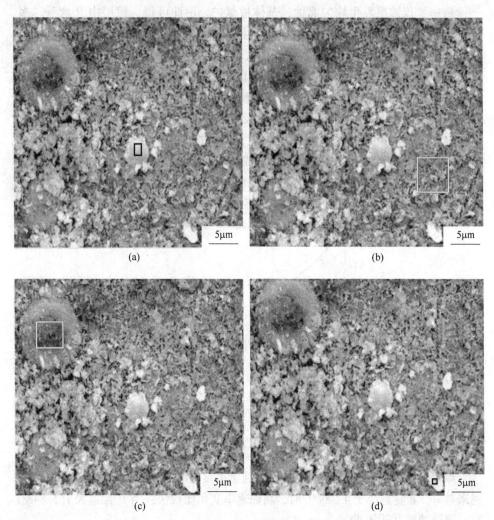

图 5-22　含量为 7.31g/L 合金镀层腐蚀后锈层的 SEM 图

**表 5-10　图 5-22（a）~（d）分别对应点的成分含量**　　　　　　　（%）

| 成分 | 锈层 | 5-22（a） | 5-22（b） | 5-22（c） | 5-22（d） |
|------|------|----------|----------|----------|----------|
| O | 18.15 | 26.21 | 17.54 | 03.04 | 29.59 |
| P | 07.81 | 05.67 | 07.97 | 12.12 | 03.85 |
| Fe | 15.16 | 25.34 | 13.07 | 02.42 | 33.16 |
| Ni | 50.06 | 33.24 | 52.69 | 77.41 | 24.88 |
| Zn | 01.95 | 02.10 | 02.32 | 02.82 | 01.10 |

综上所述，高 P 含量的 Ni-Zn-P 合金镀层发生局部腐蚀，腐蚀首先从镀层薄

弱处或缺陷处开始（亮白色块状组织），再逐渐腐蚀，直至基体表面。总体来说，高 P 含量的镀层在 5%NaCl 溶液中腐蚀 15 天后，只出现少量的局部腐蚀，说明高 P 含量的镀层耐蚀性良好。

## 5.2.4 小结

关于 P 含量对 Ni-Zn-P 合金镀层表面组织形貌及成分的影响，得到了以下结论：

（1）P 含量从 0.58g/L 增加到 7.31g/L，Ni-Zn-P 合金镀层的微观组织由不均匀、漏镀到连续致密的胞状组织；当 P 含量小于 2.92g/L 时，Ni-Zn-P 合金镀层出现漏镀现象；当 P 含量大于 4.38g/L 时，Ni-Zn-P 合金镀层出现胞状组织，连续致密；当 P 含量为 7.31g/L 时，得到连续致密的胞状组织，胞平均直径 4~8μm。

（2）P 含量从 0.58g/L 增加到 7.31g/L，Ni-Zn-P 合金镀层中 Ni 含量在 80% 左右，基本保持不变；P 含量逐渐增加，在添加还原剂中 P 的含量为 5.84g/L 时减少，可能由于 P 含量过高导致镀液分解造成的；Fe 的含量有明显减少的趋势，可见镀层对基体的覆盖程度增加，实际添加还原剂中的 P 含量达到 7.31g/L 时，镀层基本完全覆盖基体。

（3）P 含量从 0.58g/L 增加到 7.31g/L，化学镀镀速越来越快，镀液的稳定性由稳定到镀液分解；当 P 含量小于 4.38g/L 时，镀液稳定；当 P 含量大于 5.84g/L 时，镀液开始出现分解现象。

关于 P 含量对 Ni-Zn-P 合金镀层组织、成分和耐蚀性的影响，得到了以下结论：

（1）随着 P 含量的增加，Ni-Zn-P 合金镀层经过 5% NaCl 溶液腐蚀 15 天后的微观表面形貌由大量孔洞、腐蚀坑到胞状组织均匀、胞状组织边界严重腐蚀；当 P 含量小于 1.46g/L 时，Ni-Zn-P 合金镀层在溶液中腐蚀 15 天后胞状组织已经被腐蚀，表面发生严重腐蚀，出现大量的孔洞；当 P 含量在 2.92~4.38g/L 之间时，Ni-Zn-P 合金镀层在溶液中腐蚀 15 天后的表面出现点蚀坑；当 P 含量为 5.84g/L 时，镀层表面没有点蚀坑、孔洞，镀层没有被破坏，但是胞状组织消失；当 P 含量为 7.31g/L 时，镀层表面胞状组织均匀，但是胞状组织边界存在严重腐蚀。可见，随着镀层中 P 含量的增加，镀层耐蚀性明显提高。

（2）随着 P 含量的增加，Ni-Zn-P 合金镀层腐蚀 15 天后锈层的主要化学元素为 Ni、Zn、P、Fe、O，腐蚀产物为铁的氧化物。Ni-Zn-P 合金镀层腐蚀后锈层中 Ni 的含量有一定的波动，先增加、后减少；锈层中 Zn 的含量基本保持不变；锈层中 P 的含量呈增加趋势，与 Ni-Zn-P 合金镀层中的 P 含量变化相一致；O、Fe 的含量先减少后增加，是由于腐蚀产物铁的氧化物覆盖点蚀坑，O 原子穿透腐蚀产物达到基体表面困难，而 Cl 离子的原子半径小，可以穿透锈层，因此腐蚀后期由 Cl 离子主导。

（3）随着 P 含量的增加，腐蚀速率逐渐减小，最后趋于稳定，耐蚀性越来越好。P 含量小于 4.38g/L 时，腐蚀速率变化比较快，是由于 P 含量小于 4.38g/L，镀层表面有漏镀现象，镀层不完整，镀层与基体形成腐蚀微电池，加速腐蚀速率；当 P 含量大于 5.84g/L 时，腐蚀速率几乎不变，是由于 P 含量大于 5.84g/L，镀层连续致密，仅镀层发生均匀腐蚀，基体被保护。

（4）高 P 含量 Ni-Zn-P 合金镀层在 5% NaCl 溶液中腐蚀 15 天后发生局部腐蚀，腐蚀首先从镀层薄弱处或缺陷处开始，再逐渐腐蚀，直至基体表面。总体来讲，高 P 含量的镀层，只出现少量的局部腐蚀，说明高 P 含量的镀层耐蚀性良好。

## 5.3 Ni-P 和 Ni-Zn-P 合金镀层在人工模拟海水环境中的腐蚀行为

### 5.3.1 实验原料及分析方法

#### 5.3.1.1 实验原料

本实验采用普碳钢 Q235 作为实验材料，试样一端打孔（φ3mm），尺寸为 20mm×25mm×0.9mm。实验材料成分见表 4-1。

#### 5.3.1.2 实验原料的制备

（1）打磨。去除表面的铁锈，使表面光滑，能够清晰地观察表面形貌。根据国标，分别用 800 号、1000 号、1200 号砂纸进行打磨，最后一道工序的砂纸的选择要合适，打磨过程中注意均匀打磨。

（2）除油。除去工件表面在存储过程中和机械加工残留的润滑油、防锈油、抛光油等油脂或者污物。根据镀件表面存在的油污情况可用不同的方式进行除油，主要除油方式有碱性除油、有机溶剂除油、乳化剂除油、电化学除油、超声波除油等。本实验采用碱性除油和超声震荡除油相结合的方法如下：

20g/L NaOH、30g/L $NaCO_3$，试样在 60~80℃ 的除油液中处理 3~15min，然后用 70℃ 的热水清洗然后用冷水清洗，然后超声震荡 10min，然后用 70℃ 的热水清洗后冷水清洗。

检查除油是否彻底可以采用水润湿法，将水珠滴在工件表面，若除油不彻底，水滴则呈球形，表面倾斜时就会滚落下来，此时需重新进行除油处理；若除油彻底，水滴散布在表面呈水膜状。

将打磨除油后的实验原料统一放入干燥器中，避免实验材料被氧化。

#### 5.3.1.3 分析方法

在腐蚀损伤微观组织研究中，经常用到的分析技术有光学金相显微镜（含体式显微镜)、扫描电子显微镜和 EDS 能谱分析技术。

(1) 光学金相显微分析技术。光学金相显微镜分析技术可以进行简单的形貌观察和组织形貌观察,对研究腐蚀行为有重要的作用。其中,体式显微镜的主要特点是景深大。

(2) 扫描电子显微镜 (SEM+EDS)。在腐蚀科学研究和失效分析中,电子光学分析仪器占据重要的地位,特别是 SEM。能谱分析技术 (EDS) 和背散射电子衍射技术 (EBSD) 的加盟,使得扫描电镜不局限于观察样品的形貌,还可以观察微米级目标的成分和100nm 以上微小区域的晶体学结构。使腐蚀研究中,将微区形貌—微区成分—微区结果的一体化分析的梦想成为现实。扫描电镜景深大,成像清晰,从而成为碳钢腐蚀研究的一个重要的方法。

## 5.3.2　Ni-P 和 Ni-Zn-P 镀层工艺优化及组织成分分析

在各种化学镀层中,Ni-P 镀层研究的最多且应用最广。由于化学镀镍-磷合金具有镀层均匀、硬度高、耐蚀性好及深镀能力强等诸多优异性能,已广泛地应用在石油化工、轻纺机械、汽车制造、航空及航天工业等领域。在航空电连接器的接插件和计算机硬盘制备等高科技领域中,由于对传输信号抗干扰的要求很高,要求镀层必须是非晶态的,具有不导磁性能,以屏蔽其他的电磁波信号[44]。但 Ni-P 镀层属于阴极型镀层,当镀层应用于容器内表面的防腐时,一般不允许出现孔隙,否则就会加速容器局部腐蚀,造成穿孔;而化学镀本身难以彻底消除孔隙的产生。Ni-Zn-P 镀层属于阳极型镀层,在孔隙存在的情况下,不会对镀层整体防腐性能产生明显的影响。Ni-Zn-P 镀层耐蚀性强、延展性好,而且低氢脆、内应力小[45],可以有效地解决容器的内表面防腐问题[46]。因此,研究化学镀 Ni-Zn-P 和 Ni-P 镀层工艺具有重大的实际意义。

### 5.3.2.1　化学镀实验过程

(1) 配置镀液。先将主盐硫酸镍、硫酸锌,还原剂次亚磷酸钠分别溶解,再将络合剂柠檬酸钠、氯化铵溶解混合均匀,将主盐硫酸镍、硫酸锌加入混合均匀的络合剂中,混合均匀,最后再将还原剂加入其中。使用 NaOH 调节 pH 值至 10.5,稀释至 300mL,将溶液加热至 85℃,调节转速至 400r/min。

(2) 将干燥器中的实验原料取出进行酸洗和活化。

酸洗也称为浸蚀,是将工件浸入酸或酸性盐的溶液中,除去金属表面的氧化皮、氧化膜、锈蚀产物的过程。酸洗分电化学酸洗和化学酸洗,本实验采用化学酸洗。

活化的实质是要剥离工件表面的加工变形层以及在前处理工序生成的极薄的氧化膜,将基体的组织暴露出来以便镀层金属在其表面进行生长,因而不需要酸洗那样长的时间。

酸洗和活化配方及工艺：在室温下，试样在 3% 的盐酸中活化，直到试样的表面充满均匀的气泡为止，这个时间为 3~5min。

（3）向恒温水浴锅中加入足量的水进行加热，并将配好的镀液放入水中，用温度计测量镀液，待温度达到 85℃ 时，将活化好的试样放入镀液中开始进行化学镀。施镀时间为 90min，施镀完成后将镀件静置于烧杯中，待烧杯中温度降至 60℃ 后将镀件取出，用清水清洗镀件 1~2min。然后使用无水酒精在超声清洗仪中清洗 1~3min，取出吹干。将镀件放入干燥器中等待用金相显微镜和扫描电镜观察。

### 5.3.2.2　化学镀 Ni-Zn-P 工艺优化

根据文献 [47]，侯引平等人已经确定出化学镀 Ni-P 最优工艺，故本实验采用文献的化学镀 Ni-P 配方和工艺。在制备 Ni-Zn-P 镀层时，只需向 Ni-P 配方中添加 $ZnSO_4 \cdot 6H_2O$。本实验通过单因素变量法，通过添加范围在 0.3~0.6g/L 的 $ZnSO_4 \cdot 7H_2O$，同时通过修改工艺参数来进行工艺优化。

结果分析：通过实验确定在向原有的 Ni-P 镀层最优工艺中添加 0.4g/L 的 $ZnSO_4 \cdot 7H_2O$ 时镀层表面平整、光亮、胞状分布均匀（图 5-23(a)），但是有裂纹。

在实验过程中未进行搅拌的化学镀 Ni-Zn-P 时，镀层出现明显的裂纹，这是由于在化学镀过程搅拌是为了提高传质速度，均匀镀液成分，增加镀速的作用[47]。

若不加搅拌，镀液传质速度减慢，镀液成分不均匀，在进行化学镀的过程中无法使镀层与基体结合，镀层本身很脆，在冷却过程中就会出现裂纹。图 5-23 为在化学镀过程中不加搅拌与加搅拌的 Ni-Zn-P 镀层。从图中可以看出加搅拌的镀层没有裂纹，胞状结构连续、致密。

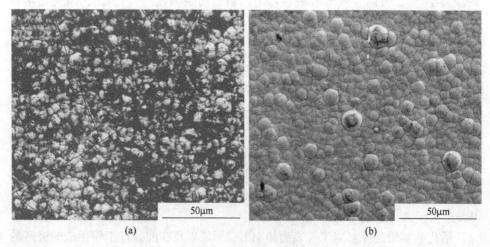

图 5-23　Ni-Zn-P 镀层
(a) 不加搅拌；(b) 加搅拌

### 5.3.2.3 镀层组织与成分分析

#### A Ni-P 和 Ni-Zn-P 镀层金相显微组织

图 5-24 为镀层在 500 倍扫描电镜下的金相显微组织。图 5-24（a）为施镀 90min 后的 Ni-P 镀层，图 5-24（b）为施镀 90min 后的 Ni-Zn-P 镀层，可以发现，Ni-P 镀层和 Ni-Zn-P 镀层都呈现出胞状组织，镀层连续致密。对比可以看出，Ni-Zn-P 镀层胞状组织比 Ni-P 镀层更细小且均匀，原因是 Zn 的加入造成镀速降低[46]，同时在形核过程中形核率增加，易发生非均匀形核。

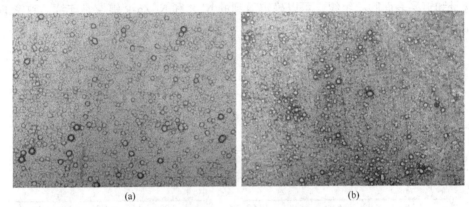

(a)         (b)

图 5-24　Ni-P 和 Ni-Zn-P 镀层金相显微组织（×500）

（a）Ni-P 镀层；（b）Ni-Zn-P 镀层

#### B Ni-P 和 Ni-Zn-P 镀层扫描电镜组织

图 5-25 为 Ni-P 和 Ni-Zn-P 镀层的扫描电镜组织。图 5-25（a）为 Ni-P 镀层，图 5-25（b）为 Ni-Zn-P 镀层。两种镀层都较致密，胞状组织清晰且均匀。通过

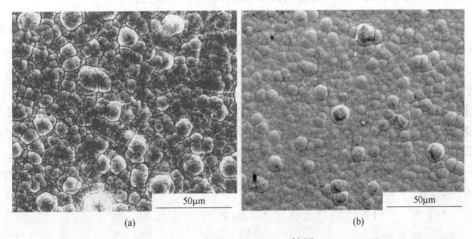

(a)         (b)

图 5-25　Ni-P 和 Ni-Zn-P 镀层

（a）Ni-P 镀层；（b）Ni-Zn-P 镀层

比较发现，Ni-Zn-P 镀层比 Ni-P 镀层胞状组织更均匀，胞与胞的边界结合更加致密，这是由于 Zn 的加入使得镀液更加稳定，镀层与基体材料结合更加紧密。

C　Ni-P 和 Ni-Zn-P 镀层的成分分析

采用 EDS 技术，分析 Ni-P 和 Ni-Zn-P 镀层的表面成分。图 5-26 为 Ni-P 和 Ni-Zn-P 镀层的 EDS 成分图，图 5-26（a）为 Ni-P 镀层的成分分析图，图中表明 Ni、P 含量分别为 79.65% 和 11.26%。图 5-26（b）为 Ni-Zn-P 镀层的成分分析图，图中表明 Ni、Zn、P 三种元素含量分别为 84.37%、4.31% 和 9.97%。从 P 含量和镀层表面胞状组织，可以确定得到的 Ni-P 和 Ni-Zn-P 镀层是连续、致密的非晶镀层。

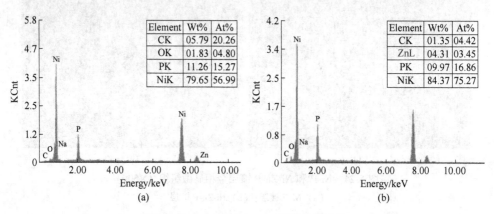

图 5-26　Ni-P 和 Ni-Zn-P 镀层成分对比
（a）Ni-P 镀层；（b）Ni-Zn-P 镀层

### 5.3.3　Ni-P 和 Ni-Zn-P 镀层在人工模拟海水中腐蚀行为

化学镀 Ni-P 合金在碱、盐、海水及有机酸等介质中比较稳定，具有较好的耐腐蚀性，而且随着 P 含量的增加，镀层的耐腐蚀性提高。这主要是因为 P 影响了 Ni-P 合金镀层的组织结构。与电镀相比，Ni-P 合金镀层的孔隙率低，因而对基体材料有极好的机械保护作用，常用石油化工等行业的耐腐蚀镀层。但 Ni-P 镀层为阴极保护镀层，而 Ni-Zn-P 镀层为阳极保护镀层，同时 Ni-Zn-P 镀层的耐腐蚀性很好，且 Ni-Zn-P 镀层较 Ni-P 镀层成本低，因此 Ni-Zn-P 镀层具有很大的研究价值[44]。基于此，本章研究 Ni-P 和 Ni-Zn-P 镀层在人工模拟海水中的腐蚀行为，对比 Ni-P 和 Ni-Zn-P 镀层的耐蚀性，探讨 Ni-Zn-P 镀层在人工模拟海水中腐蚀过程[48]。

#### 5.3.3.1　耐蚀性实验过程

A　实验设备

静态挂片实验使用 2S 数显恒温水浴锅，其型号为 HH-S。设备生产厂家为金坛市大地自动化仪器厂。2S 数显恒温水浴锅照片如图 5-27 所示。其参数为：电源：220V，600W，温度：5~99.0℃，分辨率：0.1℃，均匀度：±0.5℃。

图 5-27  2S 数显恒温水浴锅

B  实验方法

本实验采用单因素变量实验。将 Q235 化学镀 Ni-P 和 Ni-Zn-P 试样竖直放入模拟海水中（5%纯氯化钠溶液），保持试样距离溶液 200mm，溶液温度保持在25℃左右，两种试样分别进行 1h、6h、12h、24h、48h、72h、96h、120h、144h、168h、192h、216h、240h 的挂片实验。

实验结束后，按国标 GB/T 16545—1996 方法除锈，干燥。先用机械方法手工除掉腐蚀产物（不损伤基体），再泡入酸中清洗，用自来水冲洗干净后，放入无水乙醇中浸泡脱水，取出及时吹干，然后在干燥器中干燥 24h 后称重。

C  腐蚀速率测定方法

本实验采用失重法计算腐蚀速率，失重法是腐蚀研究中最重要和基本方法，能准确、有效地评定钢铁的腐蚀速度，也可以对其他实验方法得到的腐蚀数据进行评价。静态挂片法是在模拟海水腐蚀环境的实验设备中进行腐蚀失重测量的方法，通过这种方法能获得金属腐蚀速率的近似值。根据国标 JB/T 6074—1992，一般以质量损失表示腐蚀速率，单位为 $g/(m^2 \cdot h)$，计算公式如下：

$$V = K \times (W_1 - W_2)/AtD \tag{5-2}$$

式中　$K$——$1 \times 10^4 \times D$；

$\quad\quad W_1$——原始质量，g；

$\quad\quad W_2$——腐蚀后质量，g；

$\quad\quad A$——试样面积，$cm^2$；

$\quad\quad t$——实验时间，h；

$\quad\quad D$——材料密度 $g/cm^3$。

5.3.3.2  Ni-P 和 Ni-Zn-P 镀层腐蚀速率

A   Ni-P 和 Ni-Zn-P 镀层失重分析

Q235 钢化学镀 Ni-P 和 Ni-Zn-P 镀层在 5% NaCl 水溶液中进行静态挂片实验，实验前后质量损失见表 5-11。

表 5-11   腐蚀实验数据

| 时间/h | Ni-Zn-P 镀层 | | | Ni-P 镀层 | | |
|---|---|---|---|---|---|---|
| | 腐蚀前质量/g | 腐蚀后质量/g | 质量损失/g | 腐蚀前质量/g | 腐蚀后质量/g | 质量损失/g |
| 0 | 3.556 | 3.556 | 0 | 3.792 | 3.792 | 0 |
| 1 | 3.779 | 3.779 | 0 | 3.792 | 3.7922 | 0 |
| 6 | 3.736 | 3.736 | 0 | 3.708 | 3.709 | 0 |
| 12 | 3.767 | 3.76688 | 0.00012 | 3.663 | 3.6625 | 0.0005 |
| 24 | 3.634 | 3.633 | 0.001 | 3.781 | 3.779 | 0.002 |
| 48 | 3.53 | 3.527 | 0.003 | 3.439 | 3.434 | 0.005 |
| 72 | 3.655 | 3.649 | 0.006 | 3.542 | 3.536 | 0.006 |
| 96 | 3.565 | 3.557 | 0.008 | 3.912 | 3.905 | 0.007 |
| 120 | 2.873 | 2.863 | 0.01 | 3.459 | 3.451 | 0.008 |
| 144 | 3.926 | 3.913 | 0.013 | 3.47 | 3.46 | 0.01 |
| 168 | 3.885 | 3.87 | 0.015 | 3.551 | 3.539 | 0.012 |
| 192 | 2.859 | 2.842 | 0.017 | 3.831 | 3.816 | 0.015 |
| 216 | 2.859 | 2.84 | 0.019 | 3.831 | 3.812 | 0.016 |
| 240 | 2.859 | 2.838 | 0.021 | 3.831 | 3.809 | 0.02 |

图 5-28 为镀层在 5% 氯化钠水溶液中浸泡过程中质量损失与时间的关系。图中表明随着腐蚀时间的增加，镀层质量损失开始变化很小，然后迅速增加。腐蚀初期，质量损失开始变化很小是由于 Ni-P 和 Ni-Zn-P 镀层对基体有保护作用；腐蚀后期，随着时间增加，质量损失增大是由于镀层发生腐蚀。对比发现，腐蚀初期，Ni-Zn-P 镀层质量损失小于 Ni-P 镀层质量损失，说明 Ni-Zn-P 镀层耐蚀性比 Ni-P 镀层耐蚀性较好；超过 75h，Ni-Zn-P 镀层质量损失大于 Ni-P 镀层，说明腐蚀后期，Ni-Zn-P 镀层耐蚀性比 Ni-P 镀层要差。

B   Ni-P 和 Ni-Zn-P 镀层腐蚀速率分析

图 5-29 为 Ni-P 和 Ni-Zn-P 镀层腐蚀速率与时间的关系。从图中可以看出，两种镀层的腐蚀速率的总体变化趋势相同，腐蚀初期，腐蚀速率为零；腐蚀中期，腐蚀速率迅速增加，然后腐蚀速率增加缓慢；腐蚀后期，腐蚀速率基本在某一定值附近波动，趋于平稳。两种镀层呈现这种趋势原因是腐蚀初期，Ni-P 镀层

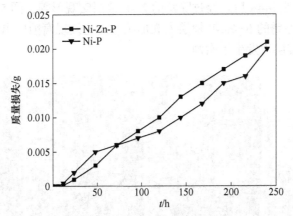

图 5-28 Ni-P 和 Ni-Zn-P 质量损失与时间的关系

和 Ni-Zn-P 镀层保护基体材料，镀层基本上不发生腐蚀；腐蚀中期，腐蚀速率迅速增加是由于 O 元素的作用，镀层被破坏发生腐蚀，之后腐蚀速率缓慢增加是由于镀层腐蚀生成氧化物覆盖在点蚀坑上，O 原子无法穿过氧化物层；腐蚀后期，Cl 离子半径小，穿透氧化物层导致镀层发生均匀腐蚀。对比发现，75h 之前，Ni-Zn-P 镀层腐蚀速率低于 Ni-P 镀层，这是由于 Zn 的加入使得镀层耐腐蚀性增加，但是最终两种镀层腐蚀率趋于平稳值，Ni-Zn-P 镀层为 $0.08g/(m^2 \cdot h)$ 而 Ni-P 镀层为 $0.07g/(m^2 \cdot h)$，两者镀层最终腐蚀速率基本相同，这说明 Ni-P 镀层和 Ni-Zn-P 镀层在腐蚀后期均发生严重腐蚀。

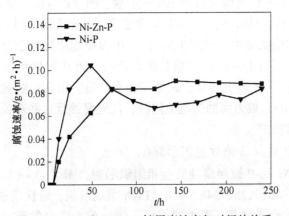

图 5-29 Ni-P 和 Ni-Zn-P 镀层腐蚀率与时间的关系

### 5.3.3.3 Ni-P 和 Ni-Zn-P 镀层组织形貌

A Ni-P 和 Ni-Zn-P 镀层腐蚀前后宏观形貌

图 5-30 是 Ni-P 镀层和 Ni-Zn-P 镀层腐蚀前后宏观形貌对比图。图 5-30（a）为 Ni-P 镀层腐蚀前宏观形貌，图 5-30（b）为 Ni-Zn-P 镀层腐蚀前宏观形貌。图

5-30（c）为腐蚀 144h 后且经过除锈的 Ni-P 镀层宏观形貌，图 5-30（d）为腐蚀 144h 后且经过除锈的 Ni-Zn-P 镀层宏观形貌。对比发现腐蚀后出现很严重的锈层和孔洞，两种镀层均发生了腐蚀。

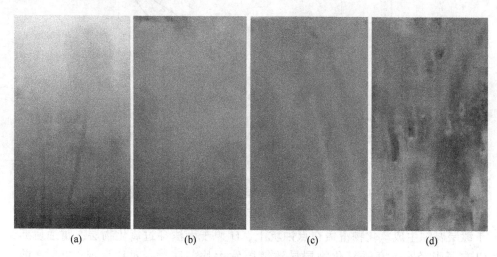

（a）　　　　　　　（b）　　　　　　　（c）　　　　　　　（d）

图 5-30　Ni-P 镀层和 Ni-Zn-P 镀层腐蚀后宏观形貌

（a）Ni-P 镀层腐蚀前；（b）Ni-Zn-P 镀层腐蚀前；（c）Ni-P 镀层腐蚀后 144h；

（d）Ni-Zn-P 镀层腐蚀后 144h

**B　Ni-P 镀层腐蚀后组织形貌**

图 5-31 是 Ni-P 镀层腐蚀后金相组织形貌，图（a）~（f）分别为 Ni-P 镀层腐蚀后 1h、6h、12h、24h、96h、144h 微观形貌。对比发现，图 5-31（a）~（c）中镀层仍有清晰的胞状结构，但图 5-31（c）中镀层胞边界处已经发生腐蚀，胞状组织变小；图 5-31（d）~（f）中胞状组织消失，出现明显点蚀坑，其中图 5-31（e）、（f）中点蚀坑更多更密集，说明腐蚀更严重。出现点蚀坑是由于胞状边缘 P 含量低于胞中心，成为腐蚀微电池阳极，优先腐蚀且这些部位不容易形成钝化膜，所以优先腐蚀[49]。

**C　Ni-Zn-P 镀层腐蚀后组织形貌**

图 5-32 是 Ni-Zn-P 镀层腐蚀后金相组织形貌，图（a）~（f）分别为 Ni-Zn-P 镀层腐蚀后 1h、6h、12h、24h、96h、144h 微观形貌。对比发现，图 5-32（a）、（b）仍有明显的胞状组织；图 5-32（c）~（e）没有明显的胞状组织，也没有点蚀坑，判断可能是胞状边界发生轻度腐蚀，致使胞状组织更细小，或者镀层发生均匀腐蚀；图 5-32（f）镀层上有少量点蚀坑，说明镀层已经发生腐蚀。从图中可以看出，Ni-Zn-P 合金镀层在 96h 前发生均匀腐蚀，之后才出现明显的腐蚀坑，这是由于 Zn 的加入使得其与基体材料中的 Fe 构成腐蚀电池构成阳极保护，且这种阳极保护作用较明显。

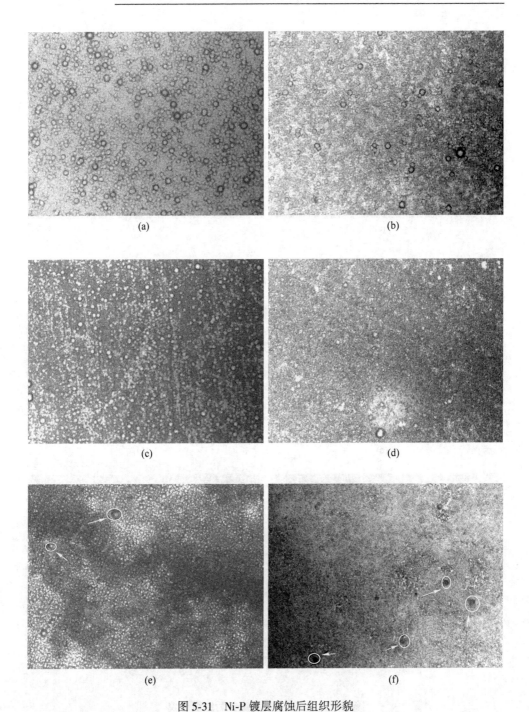

图 5-31 Ni-P 镀层腐蚀后组织形貌

(a) 腐蚀时间 1h；(b) 腐蚀时间 6h；(c) 腐蚀时间 12h；(d) 腐蚀时间 24h；

(e) 腐蚀时间 96h；(f) 腐蚀时间 144h

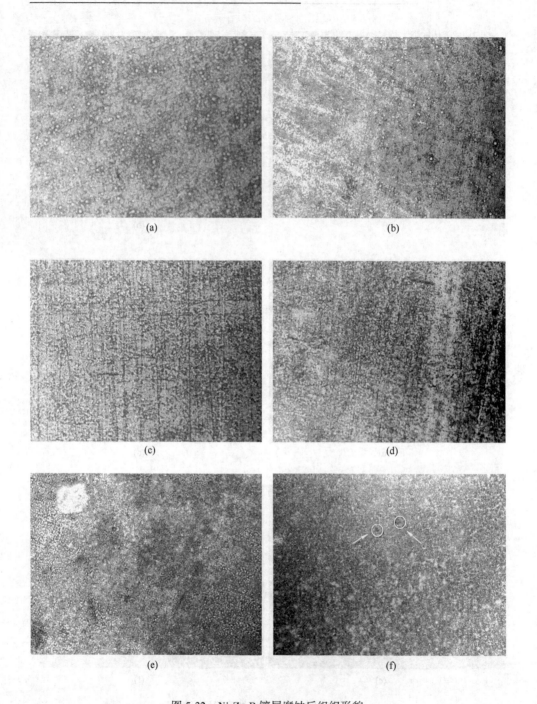

图 5-32　Ni-Zn-P 镀层腐蚀后组织形貌

（a）腐蚀时间 1h；（b）腐蚀时间 6h；（c）腐蚀时间 12h；（d）腐蚀时间 24h；

（e）腐蚀时间 96h；（f）腐蚀时间 144h

#### 5.3.3.4　Ni-Zn-P 镀层在人工模拟海水中的腐蚀行为

为了更加清楚地了解 Ni-Zn-P 镀层在人工模拟海水中的腐蚀过程，采用 EDS 分析 Ni-Zn-P 合金镀层腐蚀前后的成分，如图 5-33 所示。图 5-33（a）为 Ni-Zn-P 镀层腐蚀前的成分，Ni、Zn、P 三种元素含量分别为 84.37%、4.31% 和 9.97%。图 5-33（b）为 Ni-Zn-P 镀层腐蚀 144h 后的成分，从图 5-33（b）中可以看出腐蚀后的 Ni-Zn-P 镀层存在 Ni、P、O、Fe 和 Cl 元素，没有 Zn 元素，说明 Ni-Zn-P 镀层中 Zn 优先被腐蚀，镀层逐渐被破坏，最后基体发生腐蚀。

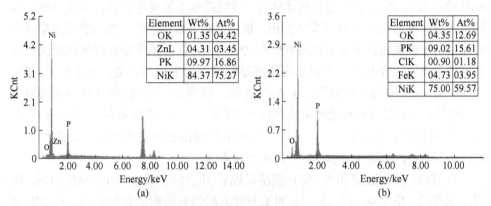

| Element | Wt% | At% |
| --- | --- | --- |
| OK | 01.35 | 04.42 |
| ZnL | 04.31 | 03.45 |
| PK | 09.97 | 16.86 |
| NiK | 84.37 | 75.27 |

| Element | Wt% | At% |
| --- | --- | --- |
| OK | 04.35 | 12.69 |
| PK | 09.02 | 15.61 |
| ClK | 00.90 | 01.18 |
| FeK | 04.73 | 03.95 |
| NiK | 75.00 | 59.57 |

图 5-33　Ni-Zn-P 镀层腐蚀前后成分图
（a）腐蚀前成分；（b）腐蚀 144h 后成分

### 5.3.4　小结

关于 Ni-P 和 Ni-Zn-P 合金镀层在人工模拟海水环境中腐蚀行为的研究，结论如下：

（1）制备 Ni-Zn-P 合金镀层的最佳硫酸锌（$ZnSO_4 \cdot 7H_2O$）含量是 0.4g/L；在实验工艺中加入搅拌解决了镀层开裂问题。

（2）Ni-P 和 Ni-Zn-P 镀层呈现胞状组织，镀层连续致密，无裂纹出现，胞状组织清晰且均匀；Ni-Zn-P 镀层胞状组织比 Ni-P 镀层更细小且均匀，胞与胞的边界结合更加致密，原因是 Zn 的加入造成镀速降低，在形核过程中形核率增加，易发生非均匀形核；镀层与基体材料结合更加紧密。

（3）Ni-P 和 Ni-Zn-P 镀层的成分分析结果表明 Ni-P 镀层的 Ni、P 含量分别为 79.65% 和 11.26%；Ni-Zn-P 镀层的 Ni、Zn、P 三种元素含量分别为 84.37%、4.31% 和 9.97%。结合组织分析结果，可以确定得到的 Ni-P 和 Ni-Zn-P 镀层是连续致密的非晶镀层。

（4）将 Ni-P 镀层和 Ni-Zn-P 合金镀层在 5%NaCl 的人工模拟海水中进行全浸实验，结果表明：

1) Ni-P 和 Ni-Zn-P 合金镀层随着腐蚀时间的增加，镀层质量损失开始变化很小，然后迅速增加。腐蚀初期，质量损失开始变化很小是由于 Ni-P 和 Ni-Zn-P 镀层对基体有保护作用；腐蚀后期，随着时间增加，质量损失增大是由于镀层发生腐蚀。

2) 两种镀层的腐蚀速率的总体变化趋势相同。腐蚀初期，腐蚀速率为零；腐蚀中期，腐蚀速率迅速增加，然后腐蚀速率增加缓慢；腐蚀后期，腐蚀速率基本在某一定值附近波动，趋于平稳。两种镀层呈现这种趋势原因是腐蚀初期，Ni-P 镀层和 Ni-Zn-P 镀层保护基体材料，镀层基本上不发生腐蚀；腐蚀中期，腐蚀速率迅速增加是由于 O 元素的作用，镀层被破坏发生腐蚀，之后腐蚀速率缓慢增加是由于镀层腐蚀生成氧化物覆盖在点蚀坑上，O 原子无法穿过氧化物层；腐蚀后期，Cl 离子半径小，穿透氧化物层导致镀层发生均匀腐蚀。对比发现，75h 之前，Ni-Zn-P 镀层腐蚀速率低于 Ni-P 镀层，这是由于 Zn 的加入使得镀层耐腐蚀性增加；但是最终两种镀层腐蚀率趋于平稳值，Ni-Zn-P 镀层为 $0.08g/(m^2 \cdot h)$ 而 Ni-P 镀层为 $0.07g/(m^2 \cdot h)$，两者镀层最终腐蚀速率基本相同，这说明 Ni-P 镀层和 Ni-Zn-P 镀层在腐蚀后期均发生严重腐蚀。

3) 观察 Ni-P 镀层和 Ni-Zn-P 镀层腐蚀后 1h、6h、12h、24h、96h、144h 微观形貌发现：Ni-P 镀层在 1h、6h 和 12h 时镀层仍有清晰的胞状结构，在 24h 时镀层胞边界处已经发生腐蚀，胞状组织变小，在 24h、96h、144h 时胞状组织消失，出现明显点蚀坑；出现点蚀坑是由于胞状边缘 P 含量低于胞中心，成为腐蚀微电池阳极，优先腐蚀且这些部位不容易形成钝化膜，所以优先腐蚀。Ni-Zn-P 镀层在 1h、6h 时仍有明显的胞状组织，在 12h、24h、96h 时没有明显的胞状组织，也没有点蚀坑，判断可能是胞状边界发生轻度腐蚀，致使胞状组织更细小，或者镀层发生均匀腐蚀，在 96h 时镀层上有少量点蚀坑，说明镀层已经发生腐蚀。

4) Ni-Zn-P 镀层腐蚀前后成分分析表明，腐蚀前 Ni、Zn、P 三种元素含量分别为 84.37%、4.31% 和 9.97%；腐蚀后镀层存在 Ni、P、O、Fe 和 Cl 元素，没有 Zn 元素，说明 Ni-Zn-P 镀层中 Zn 优先被腐蚀，镀层逐渐被破坏，最后基体发生腐蚀。

## 参 考 文 献

[1] 李宁. 化学镀实用技术 [M]. 北京：化学工业出版社, 2004.

[2] 姜晓霞, 沈伟. 化学镀理论及实践 [M]. 北京：国防工业出版社, 2000.

[3] 王艳文, 邓宗钢, 肖长庚. 化学镀 Ni-Cu-P 合金镀层的组织结构及抗蚀性能研究 [J]. 材

料保护, 1991, 24 (3): 20~24.

[4] 赵晴, 杜楠. 化学镀 Ni-W-P 合金工艺的研究 [J]. 材料保护, 2001, 34 (5): 28~29.

[5] 胡永俊, 熊玲, 蒙继龙. 钨含量对铝合金化学镀 Ni-W-P 硬度和耐磨性的影响 [J]. 中国有色金属学报, 2007, 17 (5): 737~742.

[6] Tsai Y Y, Wu F B, Chen Y I, et al. Thermal stability and mechanical properties of Ni-W-P electroless deposits [J]. Surface and Coatings Technology, 2001, 146 (7): 502~507.

[7] Kim D H, Koji A, Osamu T. Soft magnetic films by electroless Ni-Co-P plating [J]. J. Electrochemical Society. 1995, 142 (11): 3763~3767.

[8] Younan M M, Aly I H M, Nageeb M T. Effect of heat treatment on electroless ternary Nickel-Cobalt-Phosphorus alloy [J]. J. Applied Electrochemistry, 2002, 32 (4): 439~446.

[9] Xue R J, Wu Y C. Mechanism and microstructure of electroless Ni-Fe-P plating on CNTs [J]. J. China University of Mining and Technology, 2007, 17 (3): 424~427.

[10] Schmeckenbecher A F. Chemical Nickel-Iron films [J]. J. Electrochemical Society, 1966, 113 (8): 778~782.

[11] Zhang B W, Xie H W. Effect of alloying elements on the amorphous formation and corrosion resistance of electroless Ni-P based alloys [J]. Materials Science and Engineering A: Structural Materials: Properties, Microstructure and Processing, 2000, 281 (1): 286~291.

[12] Hao X W, Bang Z W, Qiao Y Q. Preparation, structure and corrosion properties of electroless amorphous Ni-Sn-P alloys [J]. Transactions of the Institute of Metal Finishing, 1999, 77 (3): 99~102.

[13] Schoch E P, Hirsch A. The electrolytic deposition of Nickel-Zinc alloys [J]. J. American Chemical Society, 1907, 29 (3): 314~321.

[14] Cocks H C. The effect of superposed alternating current on the deposition of Zinc-Nickel alloys [J]. Transactions of the Faraday Society, 1928, 24: 348~358.

[15] Swathirajan S, Mikhail Y M. Corrosion resistant Nickel-Zinc-Phosphorus coating and method of electroplating said coating. 1988, US Patent 4758479.

[16] Schlesinger M, Meng X, Snyder D D. Electroless Ni-Zn-P [J]. J. Electrochemical Society, 1990, 137 (6): 1858~1859.

[17] Roman L, Filippi B, Raducanu C, et al. Corrosion behavior of phosphorus containing zinc alloy deposits obtained from alkaline electrolyte [J]. Materials and Corrosion, 2000, 51 (7): 511~513.

[18] Veeraraghavan B, Kim H, Kumaraguru S P, et al. Comparison of mechanical, corrosion, and hydrogen permeation properties of electroless Ni-Zn-P alloys with electrolytic Zn-Ni and Cd coatings [J]. Corrosion, 2003, 59 (11): 1003~1011.

[19] Schlesinger M, Meng X, Snyder D D. The microstructure and electrochemical properties of electroless Zinc-Nickel-Phosphorous alloy [J]. J. Electrochemical Society, 1991, 138 (2): 406~410.

[20] Valova E, Georgiev I, Armyanov S, et al. Incorporation of zinc in electroless deposited Nickel-

Phosphorus alloy. I. A comparaive study of Ni-Zn-P coatings deposition, structure, and composition [J]. J. Electrochemical Society, 2001, 148 (4): C266~C273.

[21] Valova E, Armyanov S, Franquet A, et al. Incorporation of zinc in electroless deposited Nickel-Phosphorus alloy. Ⅱ. Compositional variations through alloy coating thickness [J]. J. Electrochemical Society, 2001, 148 (4): C274~C279.

[22] 孙雅茹, 于锦, 周凯. 稀土元素在化学镀 Ni-P 中作用的研究 [J]. 沈阳工业大学学报, 2001, 23 (4): 292~294.

[23] Bouanani M, Cherkaoui F, Fratesi R, et al. Microstructural characterization and corrosion resistance of Ni-Zn-P alloys electrolessly deposited from a sulphate bath [J]. J. Applied Electrochemistry, 1999, 29 (5): 637~645.

[24] Bouanani M, Cherkaoui F, Cherkaoui M, et al. Ni-Zn-P alloy deposition from sulfate bath: inhibitory effect of zinc [J]. J. Applied Electrochemistry, 1999, 29 (10): 1171~1176.

[25] 肖顺华, 江雄知. Ni-Zn-P 三元合金沉积速率的研究 [J]. 桂林工学院学报, 2003, 23 (4): 480~482.

[26] 王森林, 喻伟伟. 钝化处理对 Ni-Zn-P 镀层耐腐蚀性能的影响 [R]. 福建省自然科学基金报告, E0210020: 367~370.

[27] Wang S L, Chen Z M. The effect of heat treatment on the structure and the properties of the Ni-Zn(Fe)-P alloy prepared by electroless-deposotion [J]. J. Functional Materials, 2005, 36 (5): 798~802.

[28] 赵丹, 杨立根, 徐旭仲. 低碳钢表面化学镀 Ni-Zn-P 合金镀层的沉积行为及沉积机理 [J]. 表面技术, 2016, 45 (1): 69~74.

[29] Ranganatha S, Venkatesha T V, Vathsala K. Development of electroless Ni-Zn-P/nano-TiO₂ composite coatings and their properties [J]. Applied Surface Science, 2010, 256: 7377~7383.

[30] 胡光辉, 唐锋, 黄华娥, 等. 碱金属阳离子对化学镀镍的影响 [J]. 电镀与涂饰, 2011, 30 (4): 19~22.

[31] 蒋柏泉, 公振宇, 杨苏平, 等. 预化学镀石英光纤表面电镀镍层的研究 [J]. 南昌大学学报 (工科版), 2009, 31 (3): 210~214.

[32] 蒋柏泉, 胡素芬, 曾庆芳, 等. 木材表面化学镀 Ni-P 电磁屏蔽材料的制备和性能 [J]. 南昌大学学报 (工科版), 2008, 30 (4): 325~328.

[33] 蒋柏泉, 李春, 白立晓, 等. 石英光纤表面化学镀 Ni-P 的工艺研究及其表征 [J]. 南昌大学学报 (工科版), 2008, 30 (3): 205~208.

[34] 王殿龙, 宫玉梅. 酸性化学镀 Ni-Zn-P 工艺的研究 [J]. 电镀与环保, 2009, 29 (2): 39~42.

[35] 付川. 电镀 Zn-Ni-P 合金工艺的优化 [J]. 材料保护, 2003, 36 (12): 29~31.

[36] 蒋柏泉, 刘贤相, 吴琴芬, 等. 镧-镱改性化学镀制备陶瓷负载型钯膜的动力学研究 [J]. 南昌大学学报 (工科版), 2008, 30 (1): 12~15.

[37] 黄晖, 刘艳华, 富阳, 等. 磷含量对化学镀镍层在工业锅炉水介质中腐蚀性的影响 [J]. 热加工工艺, 2013, 42 (24): 137~140.

[38] 高加强，胡文彬. 化学镀镍-磷镀层中磷含量的控制及性能研究 [J]. 电镀与环保，2002，22（1）：1~4.

[39] 赵丹，徐旭仲，杨立根. 磷含量对 Ni-Zn-P 合金镀层组织及成分的影响 [J]. 热加工工艺，2017，46（2）：161~163.

[40] 黄桂桥，颜民，郁春娟，等. 金属材料在盐湖卤水中的腐蚀研究 [J]. 腐蚀与防护，2005，26（9）：369~372.

[41] 孟君，芆清华，张淼，等. 热处理对化学镀 Ni-Zn-P 合金性能的影响 [J]. 南方金属，2013，（5）：15~17.

[42] 史艳华，梁平，王玉安，等. Q235 和 Q345 钢在模拟海水中的腐蚀行为 [J]. 辽宁石油化工大学学报，2013，33（1）：5~8.

[43] Elsener B, Crobu M, Scorciapino M A, et al. Electroless deposited Ni-P alloys: corrosion resistance mechanism [J]. Journal of Applied electrochemistry, 2008, 38（7）：1053~1060.

[44] 刘贤相. 低碳钢管表面化学镀 Ni-P-Zn 合金的研究 [D]. 南昌：南昌大学，2008.

[45] 谢勤. Zn-Ni、Zn-Ni-P 合金电镀工艺及其基础理论研究 [D]. 长沙：中南大学，2001.

[46] 潘振中，罗建东，胡小芳. 化学镀 Ni-Zn-P 合金工艺的研究 [J]. 电镀与污染控制，2008，28（5）：28~30.

[47] 侯引平，姜忠义，李艳，等. 化学镀 Ni-P 合金的工艺条件研究 [J]. 陕西师范大学学报，2005，33：79~83.

[48] 赵丹，徐旭仲，徐博. Ni-Zn-P 合金镀层在人工模拟海水中腐蚀行为的研究 [J]. 表面技术，2016，45（4）：169~174.

[49] 王丽荣，张树芳，庄晓娟. 海水中碳钢缓蚀剂研究进展 [J]. 内蒙古石油化工，2008（1）：5~6.

# 6    钢铁表面化学复合镀

随着工业和高新技术的发展，各种具有特定功能的涂层也相应地得到了发展，它在材料的表面处理、表面保护、表面强化、表面改性等方面日益显示出不可取代的重要地位。目前，涂层和镀层的种类很多，制备方法也各异，其中以化学沉积方法为基础的复合镀层正在工程技术中获得广泛应用。复合镀层是在保持原有基质金属镀层性质的基础上，再辅以复合相的特性，它既强化了原有金属镀层的性质，又对原镀层进行了改性，这就使复合镀层的功能具有相当的自由度。

化学复合镀是在化学镀液中添加固体微粒，在搅拌力的作用下，这些固体微粒与金属或合金共沉积，从而获得一系列具有独特的物理、化学和力学性能的复合镀层。这些固体微粒是元素周期表中Ⅳ、Ⅴ、Ⅵ族的金属氧化物、碳化物、氮化物、硼化物以及有机高分子微粒等。化学复合镀层既具有镀层金属（或合金）的优良特性，又具有固体微粒的特殊功能，从而满足人们对镀层性能的特定要求。目前化学复合镀层已广泛用于汽车、电子、模具、冶金、机械、石化等行业[1]。

化学复合镀在复合材料制备工艺中具有很大的优势，为复合材料的制备开辟了广阔的前景。利用化学镀镍方法可制备出一系列性能广泛变化的复合镀层。复合化学镀镍是在化学镀镍的溶液中加入不溶性微粒，使之与镍磷合金共沉积从而获得各种不同物理化学性质镀层的一种工艺。由于加入的粒子表面积很大，复合化学镀首先应解决的问题是镀液的稳定性；其次是选用微粒的种类、大小、数量、结合力以及共沉积数量等。目前已经实现的镍基复合镀层有如下几种：$Al_2O_3$、$Cr_2O_3$、$Fe_2O_3$、$TiO_2$、$ZrO_2$、$ThO_2$、$SiO_2$、$CeO_2$、$BeO_2$、$MgO$、$CdO$、$SiC$、$WC$、$VC$、$ZrC$、$TaC$、$Cr_3C_2$、$B_4C$、$BN$、$ZrB_2$、$TiN$、$Si_3N_4$、$WSi_2$、$PTFE$、$MoS_2$、$WS_2$、$CaF_2$、$BaSO_4$、$SrSO_4$、$ZnS$、$CdS$、$TiH_2$ 等[2]。

## 6.1  化学复合镀的分类

目前，关于化学复合镀的分类主要以复合镀层的形成过程和功能进行分类。复合镀层的基本成分有两类：一类是通过还原反应而形成镀层的金属，可称为基质金属，基质金属是均匀的连续相；另一类则为不溶性固体颗粒，它们通常是不连续地分散于基质金属之中，组成一个不连续相。所以，复合镀层属于金属基复合材料，如果不经过特殊的加工处理，基质金属和不溶性固体颗粒之间在形式上是机械地混杂着的，两者之间的相界面基本上是清晰的，几乎不发生相互扩散现象，但是它们可以获得基质金属与固体颗粒两类物质的综合性能。例如，金刚石、碳化硼等材料的硬度很高、耐磨性很好，但它们的抗拉强度低、抗冲击能力差、不易加工成型，妨碍了它们获得广泛的应用。若通过化学复合镀把金刚石、碳化硼等颗粒镶嵌在镀镍层中，制成各种磨具（钻头、滚轮等），则能在很大程度上克服金刚石和碳化硼等的缺点，保持并发扬其耐磨的优点。这些工具已在成型磨削、高速磨削、地质钻探、石油开采等领域中获得了广泛应用。如果把石墨、聚四氟乙烯等具有减磨功能的颗粒沉积到金属镀层中，这种复合镀层就成为具有耐磨性能，又有自润滑性能的优异材料[3]。

按用途将目前开发出的镀层进行分类，可分为三类：自润滑镀层、耐磨镀层及脱模性镀层[2]。

自润滑镀层主要用在汽缸壁、活塞环、活塞头、轴承等方面。这类镀层中所分散的往往是一些固体润滑剂。

耐磨镀层主要应用在汽缸壁、压辊、模具、仪表、轴承及其他方面。在这类镀层中主要分散的是一些高硬度的粒子，利用粒子自身的硬度及其共沉积所引起的镀层金属的结晶细化来提高其耐磨性。

脱模性镀层分散的主要是那些能够提高模具脱模性的改变表面润湿状态的粒子。

与熔渗法、热挤压法、粉末冶金法等目前用得较多的热加工方法相比，化学复合镀的优点与特点如下[3]：

（1）用热加工法制造复合材料，一般需要用 500~1000℃ 或更高的温度处理或烧结。因此很难使用有机物来制取金属基复合材料。此外，由于烧结温度高，基质金属与夹杂于其中的固体颗粒之间会发生相互扩散作用及化学反应等，这往往会改变它们各自的性能，出现一些并不希望出现的现象。用化学复合镀法制造复合材料时，大多都是在水溶液中进行，温度很少超过95℃。因此，除了目前已经大量使用的耐高温陶瓷颗粒外，各种有机物和其他一些遇热易分解的物质，也完全可以作为不溶性固体颗粒分散到镀层中，制成各种类型的复合材料。在这种情况下，基质金属与夹杂物之间基本上不发生相互作用，而保持它们各自的特性。但是，如果需要复合镀层中的基质金属与固体颗粒之间发生相互扩散，则可在化学复合镀之后，再进行热处理，从而使它们获得更大的主动权。

（2）化学复合镀的设备投资少，操作比较简单，易于控制，生产费用低，能源消耗少，原材料利用率比较高。所以，通过化学沉积来形成复合材料，是一个比较方便而且经济的方法。采用热加工法制备复合材料时，不但需要比较复杂的生产设备，而且还需要采用保护性气体等附加措施。

（3）同一基质金属可以方便地镶嵌一种或数种性质各异的固体颗粒；同一

种固体颗粒也可以方便地镶嵌到不同的基质金属中，制成各种各样的复合镀层。而且改变固体颗粒与金属共沉积的条件，可使颗粒在复合镀层中从 0～50% 或更高些的范围内变动，镀层性质也会发生相应的变化。因此，可以根据使用中的要求，通过改变镀层中颗粒含量来控制镀层性能。这样，化学复合镀技术为改变和调节材料的机械、物理和化学性能提供了极大的可能性和多样性。

（4）很多零部件的功能，如耐磨、减磨、抗划伤、抗高温氧化等均是由零部件的表层体现出来的。因此，在很多情况下可以采用某些具有特殊功能的复合镀层取代用其他方法制备的整体实心材料。也就是说，可用廉价的基体材料镀上复合镀层代替由贵重原材料制造的零部件。因此，其经济效益是非常大的。

## 6.2　影响化学复合镀工艺的主要因素

在化学镀的过程中受各种因素影响，如温度、pH 值等，而化学复合镀除了受这些因素影响外，由于第二相粒子的引入，破坏了体系的平衡状态，且形成了催化核心，这样会促使镀液分解，必须提高镀液的稳定性。通常提高稳定性的方法有添加稳定剂、减少固相颗粒的量以及连续过滤镀液等。但在化学复合镀中含有固相颗粒，连续过滤镀液这种方法不能采用。可以通过增加稳定剂的量，或者在保证固相颗粒含量的情况下，尽量减少固体微粒的量。

由于第二相粒子的加入，复合镀层需考虑固体颗粒的种类、第二相粒子的分散方式、粒子的含量等因素。常用的粒子分散的方法有物理分散和化学分散。物理分散需要一直施加外力，外力消失的话，粒子会由于相互之间的作用力又重新聚集。化学分散改变了粒子的表面性质，会使粒子更好的分散。物理分散主要采用了机械搅拌和超声波振荡两种分散方法，化学分散是在化学复合镀液中加入表面活性剂。机械搅拌时间和分散剂的种类这两个工艺参数的选择依据是通过分散体系的稳定性来表征。

在化学镀溶液中添加固体微粒，通过搅拌使之充分悬浮，则在镀液中金属离子被还原剂还原的同时，可以将固体微粒嵌入金属沉积层中，形成复合镀层。下面讨论影响复合化学镀工艺的主要因素[3]。

（1）镀层中微粒含量。复合化学镀层中固体微粒的含量，几乎是随着化学镀液中微粒浓度的增加而直线上升，并且很快达到极大值。达到极大值后，若进一步提高微粒在化学镀液中的浓度，会出现镀层中微粒含量下降的现象。这主要取决于微粒与金属沉积的相对速度。当然也发现过和复合电镀类似的情况，即镀层微粒含量随镀液中微粒浓度的上升而增大，最后维持在较恒定的数值，如复合化学镀 Ni-P-TiN 等。

与复合电镀相比，复合化学镀的另一特点是，只要在镀液中悬浮少量固体微粒，就可以得到微粒含量相当高的复合镀层。例如，在化学镀镍液中只含 3g/L

的 SiC 微粒（平均粒径在 0.5~1.5μm）时，在 Ni-P-SiC 复合镀层中 SiC 含量就可达 7.72%；而在电镀的 Ni-SiC 复合镀层中，要想获得 SiC 含量为 7.72% 的镀层，就必须在镀液中加入 120g/L 的 SiC 微粒。

（2）搅拌强度。搅拌强度对微粒在复合镀层中的含量有较大影响。因为微粒在镀液中的均匀悬浮以及向试样表面的输送，都主要依靠搅拌的作用，所以要从这两方面来考虑搅拌所产生的影响。

对于密度和粒径较小的微粒，当它们在镀液中的浓度不太大时，很容易在镀液中均匀、充分地悬浮，这种情况下搅拌强度通常不需要太大，搅拌对化学复合沉积的影响主要表现在向试样表面输送微粒，所以搅拌的影响也就相对小些。对于粒径和密度大的微粒，搅拌的影响就显得突出了，这是因为这类体系的化学复合镀需要较强烈的搅拌。

随着搅拌强度的提高，液体流动的速度逐渐增大，微粒在镀液中的有效浓度也逐渐增大，最后可使之接近或达到配方浓度值。与此同时，搅拌强度越大，被输送到试样表面的数量也越多，微粒在镀层中的含量也相应地增大。但是，搅拌强度过高，微粒随液流一起运动的速度也高，到达试样表面的微粒数量虽然很大，但是液流对试样表面冲击力也很大。这不仅会使微粒难以黏附在试样表面上，而且还会使已经黏附于试样表面上但尚未完全被基质金属嵌合牢固的微粒，在运动着的微粒和镀液液流的冲击下，脱离试样表面重新进入镀液中。因此，随着液流速度的增大，在这两个相反因素的影响下，微粒在镀层中的含量有可能是先上升，达到极限值后，又转变成下降。

（3）镀液的稳定性。化学镀溶液的稳定性是化学镀工艺中非常重要的一个问题。无论是化学镀反应过程中镀液自身形成的沉淀物（如化学镀镍中的亚磷酸盐、氢氧化镍等），还是由空气中降落到镀液中的尘埃，都会在化学镀液中形成催化核心，加速化学镀液的分解。通常采用以下措施，来降低这种有害作用。

1）加入稳定剂。例如，化学镀镍溶液中除含有镍盐和次磷酸盐之外，还必须加入某些有机酸或有机酸盐作为稳定剂。它们一方面对镀液的 pH 值有缓冲作用，使之不致变化太大；另一方面又可减缓金属离子在镀液中的还原过程。

2）连续过滤镀液。及时用过滤的方法清除化学镀液中出现的各种沉淀和尘埃，也是保持镀液稳定的一项措施。

3）适当地限制进入镀液中的镀件面积与镀液体积的比值。为了避免在短时间内镀液的浓度变化过大，有必要限制在一定体积的镀液中，放入镀件的数量。通常认为，在每升化学镀液中，同时浸入的镀件面积不应超过 125cm²。

在用化学镀方法沉积复合镀层时，向化学镀液中加入的固体微粒，使得金属离子不但能在零件表面上被还原成为金属镀层，而且它也会在悬浮于镀液中固体微粒表面上发生金属离子还原为金属的过程。由于微粒在镀液中的存在，加速了化学镀液的分解，所以说，复合化学镀溶液的稳定性，要比普通化学镀溶液更差些。为了改善这种情况，必须向化学镀液中添加过量的稳定剂。显然，复合化学镀溶液对稳定剂的需要，要比普通化学镀迫切得多。当然，加入的稳定剂也不能太多，否则会明显降低化学镀的沉积速度。因此，为了能在生产上实现复合化学镀，绝不能单纯从提高稳定剂的加入量来解决此问题，而必须注意研究稳定效果更高的新型稳定剂，才能在不降低沉积速度的前提下，达到使镀液稳定的目的。

不同的固体微粒，对化学镀液的催化分解能力存在相当大的差别。一般来讲，金属微粒的催化活性较高，对镀液稳定性的影响较大。在复合化学镀中，尤其不能选用比基质金属更活泼的金属作为共沉积的微粒。否则，这种金属微粒会从镀液中置换出一层基质金属膜，化学镀过程将在此置换膜上迅速进行下去，使镀液很快失效。因此，在化学复合镀中，应尽量选用对基质金属催化活化较低的物质（如碳化物、氧化物、氮化物等作为固体微粒）。在满足镀层中微粒含量要求的前提下，应尽量减少化学镀液中固体微粒的浓度。

## 6.3　化学复合镀机理

目前被人们普遍接受的化学复合镀的沉积机理是 Guglielmi 的三步共沉积机理[4]，其主要观点为：固体颗粒在流动的镀液中运动到试样表面附近，然后吸附在表面上，进而被金属基质包覆而实现共沉积。

其复合过程分为以下几个阶段：

（1）镀液中的微粒在搅拌和镀液冲击作用下通过物理作用吸附在镀件表面。

（2）微粒黏附于试样上，此过程受很多因素影响，如微粒的特性，施镀过程中的操作条件、镀液的成分等。

（3）沉积的金属俘获固相微粒。固相微粒黏附试样表面一定的时间被沉积的金属俘获，这个过程受微粒的附着力，金属的沉积速度等影响。

（4）埋没固相颗粒。固相颗粒被俘获后，随着金属的继续沉积，沉积的金属会将固相微粒埋没在镀层中，这样逐渐就形成复合镀层。

## 6.4　纳米化学复合镀

随着人们对镀层性能要求越来越高，传统的化学镀 Ni-P 合金镀层不能满足要求，化学复合镀随着人们的需求发展起来[5~7]。化学复合镀不仅有传统 Ni-P 合金镀层的优点，如深镀性能好、镀层均匀致密，还可以满足许多单金属和合金镀层不能满足的地方。纳米技术的发展为复合镀的研究带来了新的研究方向和发展前景，纳米复合镀能够使复合镀层的表面组织得到改善，给予基体良好的性能[8,9]。

纳米材料科学的发展又为复合镀层的发展带来了新的机遇。通过在化学镀液中加入纳米粒子来制备纳米复合镀层，其用途更加多样化，具有良好的应用前景。利用化学复合镀技术将纳米颗粒引入金属镀层中，由于纳米粒子独特的物理及化学性能，使得其形成的纳米化学复合镀层性能更加优异，这是纳米材料技术与化学复合镀技术结合的结果，是化学复合镀技术发展中又一次质的飞跃。尽管纳米复合镀技术的研究起步较晚，但纳米复合镀层所表现出的诸多优异的性能已使其迅速成为复合镀技术发展的热点。纳米颗粒作为第二相粒子对镀层有强化作用，颗粒越细，强化作用越强[10]。但纳米颗粒的分散作为一个技术难点还未得到根本性的解决，因此也就限制了纳米复合镀层诸多性能的提高。其中，如何选择适当的分散剂是关键，但由于国内合成多种功能团的分散剂跟不上时代的步伐、理论研究不够深入、分子设计水平较低，这些因素限制了人们对分散剂的选择，从而阻碍了纳米颗粒分散这一关键技术的发展。因此，纳米颗粒分散的发展方向应是合成性能优异的分散剂，设计高效的分散方法，提高分散后纳米颗粒的稳定性和均匀性[11,12]。

相对其他复合镀层而言，纳米复合镀层硬度更大、耐磨性增强、抗高温氧化能力和耐腐蚀能力更强，同时还具有电催化性、光催化性等多方面的优良特性[13]。但纳米粒子化学复合镀的研究与应用仍然处于起步阶段，受到许多条件的制约，到目前为止，许多复合镀工艺方面的问题还没有解决，如纳米粒子与金属离子的共沉淀机理以及纳米颗粒在镀液及镀层中的均匀分布[14]。总的来讲，纳米复合镀层具有许多优良的性能，发展前景广阔，但是这种技术尚且处于研究阶段，在理论方面和制备工艺方面有待更加深入的研究。

纳米材料具有许多奇特的性能，它的引入对复合镀工艺产生了重大影响，因此纳米复合镀工艺已成为研究热点之一[15]。由于纳米颗粒具有独特的物理及化学性能，采用纳米化学复合镀技术能够得到优良的性能[16]。目前，国内 Ni-P 基纳米复合化学镀主要是向镀液中添加非金属单质或化合物粉体纳米粒子，如 SiC、$SiO_2$、$Al_2O_3$、ZnO 和 $TiO_2$ 及金属纳米粒子等，所得纳米复合化学镀镍层硬度高，耐蚀性能也有所增强[17]。一些具有高耐磨性的纳米复合镀层已经成功运用于工业生产。

G. W. Reade[18]等研究了基质金属表面状况对复合镀层的性能的影响。该研究表明，为了制备优良的纳米复合镀层，需要保持基体表面清洁、光滑，并且具有足够的活化点，所以在施镀前必须对基体进行镀前预处理工序。

黄新民等人研究了分散方法对纳米颗粒化学复合镀层性能的影响。纳米粒子在镀液中分散越均匀，镀层中沉积的纳米粒子就会越多，纳米粒子的特性就会在镀层中得到更好的体现，镀层的耐蚀性、耐磨性将会提高[19]。

曹茂盛等人研究纳米颗粒加入量、镀液的 pH 值及施镀温度对 Ni-P/Si 纳米颗粒复合镀层性能影响[20]。研究表明，纳米粒子的加入可以提高镀层的硬度并且使镀层的耐蚀性提高，镀层具有良好的耐蚀性。

由于纳米复合镀技术的发展历史比较短，纳米复合镀层的沉积机理还没有形成一个专门的理论体系[13, 21]。纳米复合镀是一种新的表面处理技术，由于其优良的性能，因此具有广阔的发展前景。关于纳米复合镀技术的研究，国内外处于刚刚起步的阶段，还有很多问题亟待解决，必须做进一步的研究工作[22~25]。

### 6.4.1　纳米化学复合镀层镀液的组成

以 Ni-Zn-P 纳米复合镀层镀液的组成为例，介绍纳米复合镀层镀液组成。

常用的 Ni-Zn-P 合金镀层镀液的主要成分如下[26~28]：

(1) 镍盐。镍盐是化学镀 Ni-Zn-P 合金镀层镀液中的主盐之一，可选用的药品有硫酸镍、氯化镍、醋酸镍等。在化学镀的反应过程中，镍盐负责提供 $Ni^{2+}$，硫酸镍价格低廉，最常用。镍盐的浓度会影响镀液的沉积速率，浓度越高，沉积速度越快；但是缺点是，镀液稳定性下降，镀液易分解。

(2) 锌盐。锌盐为化学镀 Ni-Zn-P 溶液中的主盐，可用的药品有硫酸锌、氯化锌等，由它们提供化学镀反应过程中所需的 $Zn^{2+}$。由于锌离子在沉积过程中起阻碍作用，因此为了获得良好的镀层，锌盐的含量不能过高，一般在 0.4~1.0g/L 为最佳。

(3) 还原剂。可选用的还原剂有次亚磷酸钠、肼等，它们含有两个及以上的活性氢，通过催化脱氢还原 $Ni^{2+}$，起到还原剂的作用。由于次亚磷酸钠价格低、镀液容易控制，而且还原得到的 Ni-P 合金镀层性能优良，因此最常采用次亚磷酸钠为还原剂。当次亚磷酸钠浓度增加时，沉积速率会增大，但镀液的稳定性下降，且易产生沉淀，沉积层表面还会发暗。

(4) 络合剂。在化学镀 Ni-Zn-P 合金镀层的镀液组成中，络合剂也是必不可少一个组成部分。在镀液中络合剂起到的作用有：1) 防止镀液中有沉淀析出，提高镀液稳定性。2) 提高镀液的沉积速度。3) 提高镀液的 pH 值范围。由于在镀液后期，会析出亚磷酸镍沉淀，而亚磷酸镍沉淀的临界点是随 pH 值变化而变化的，而加入络合剂后 pH 值相应地可以提高，这样就会提高亚磷酸镍沉淀的临界值。4) 使镀层的表面光洁、致密。镀液的酸碱性不同，络合剂的选择也不同，在酸性中常用丁二酸、苹果酸等，在碱性中常用柠檬酸盐、铵盐等。

(5) 缓冲剂。缓冲剂在镀液中的作用是维持镀液的酸碱平衡。因为在化学镀 Ni-Zn-P 合金镀层的过程中，由于还原剂的作用机理为通过催化脱氢，导致氢离子不断地析出，导致镀液的 pH 值降低，而 pH 值低，会导致镀液的沉积速率降低，这样就需要缓冲剂提供 $OH^-$ 来中和析出的氢离子，防止沉积速度降低。

化学复合镀镀液由于加入了不溶的第二相颗粒，因此镀液组成需要在 Ni-Zn-P 镀液组成的基础上另外添加其他成分，如下[29]：

（1）稳定剂。稳定剂的作用是阻止或推迟镀液的自发分解，稳定镀液。稳定剂不能使用过量，只需加入痕量即可，加入过量镀液可能停止反应。稳定剂通过抑制次磷酸根的脱氢反应，进而抑制沉积反应的进行。常用的稳定剂主要有硫的无机物或有机物，如硫氰酸盐、硫脲等；某些含氧化合物，如 $AsO_2^-$、$IO_3^-$、$BrO_3^-$、$NO_2^-$、$MoO_4^{2-}$；重金属离子，如 $Pb^{2+}$、$Sn^{2+}$、$Sb^{3+}$、$Cd^{2+}$ 等。本实验选用硫脲作为稳定剂。

（2）表面活性剂。化学复合镀液中还需要添加第二相不溶性固体颗粒，为了使固体微粒能均匀分散在镀液中，还需要添加表面活性剂。表面活性剂可以降低镀层的孔隙率，改善镀层的性能，还可以起到提高镀液中微粒自悬浮能力的作用。表面活性剂有阴离子、阳离子和非离子几类，其中阳离子和阴离子表面活性剂的量约为 60mg/L，非离子表面活性剂用量约为 30mg/L。

### 6.4.2　Ni-Zn-P-纳米复合镀层的研究现状

化学复合镀技术具有工艺简单、成本低廉、在常温下实现材料的复合而不影响基体的性质等优点[30]。通过化学沉积方法将纳米级固体颗粒包覆于 Ni-Zn-P 合金镀层中，由于纳米颗粒对位错和晶界的钉扎作用，可以抑制晶粒的高温长大，这更有可能获得具有更高耐磨性和硬度的纳米复合镀层[31~33]。朱绍峰[34]等人报道了化学沉积 Ni-Zn-P-TiO$_2$纳米复合镀层及其性能。采用化学沉积方法获得了 Ni-Zn-P-TiO$_2$纳米复合镀层，并采用 SEM、EDS 和 XRD 对复合镀层进行了表征，研究了纳米 TiO$_2$粒子加入量对 Ni-Zn-P 沉积行为的影响和镀层在流动的盐酸介质中的腐蚀行为。

由于纳米 SiO$_2$颗粒具有很强的化学稳定性和耐腐蚀性，Taher Rabizadeh 等通过化学复合镀技术，把纳米 SiO$_2$添加到 Ni-P 合金镀层中，测试其耐蚀性能，探究出纳米 SiO$_2$的加入改善了镀层的致密性，降低了镀层的孔隙率，提高了镀层的耐蚀性能。但许多研究者认为杂质粒子的加入会给镀层带来缺陷，从而降低镀层的耐蚀性能。纳米 SiO$_2$的加入对镀层耐蚀性能的影响有待进一步的研究[35]。

由于纳米颗粒的表面活性高，在镀液中极不稳定，易发生团聚形成尺寸较大的粉末团，为了使纳米颗粒均匀分散于镀液中，纳米颗粒的分散是有待解决的首要问题，必须做更多的研究工作。但对纳米颗粒分散的问题研究的还不够深入，导致纳米颗粒的分散至今还未得到根本性的解决，导致纳米 SiO$_2$化学复合镀层的诸多性能的提高受到限制。因此，工艺参数的优化和分散剂的选择，对提高镀液的稳定性和复合镀层的性能具有重要意义[36]。

## 6.5　化学镀双层 Ni 基复合镀层

单层 Ni-P 二元合金镀层是一种封闭性保护层，只有当合金镀层完好无损的情况下，即镀层没有孔隙，才会对钢铁材料起到保护作用。如果镀层表面存在孔隙等缺陷，则镍磷镀层就会和有缺陷的钢铁基体形成腐蚀电池，使得镀层孔隙处的小面积钢铁基体有着密度较大电流，导致镍磷镀层不但不能够保护基体，反而加速基体的腐蚀发生。较厚镀层的孔隙等缺陷较少，耐腐蚀性能较好，但增加单种镀层的厚度无疑会增加生产成本。相比之下，相同镀层厚度下，化学镀双层或多层 Ni-P 合金的耐腐蚀性、耐磨性强于化学镀单层 Ni-P 合金[37]。

人类在 21 世纪迎来了海洋资源大开发，如何克服恶劣的海洋环境一直都是科学家们的研究课题。海洋带给人类的不仅有丰富的物质资源，还有其腐蚀性带来的经济损失。金属材料是海洋开发的最常用材料，提高其在海洋环境中的耐腐蚀性能有着十分重大的经济意义。对海洋用金属采用涂层保护技术在目前来讲是一种较好的防腐蚀方法。热镀锌技术是防止材料腐蚀常用的方法，但是随着环保意识的增强，热镀锌必会因其带来的环境污染问题而被限制使用。因此，要解决海洋环境的腐蚀性问题，开发高耐蚀性的化学镀 Ni-P 合金工艺已迫在眉睫[38]。拥有"绿色环保技术"美称的化学镀 Ni-P 合金工艺是一种没有公害物质排放的表面处理工艺，该工艺同时还具备易操作、低成本等特点，备受工业界的推崇。

以化学镀 Ni-P 二元合金为基础，多种多元合金化学镀已经得以发展，如三元合金[39~41]（Ni-Co-P、Ni-Fe-P、Ni-Cu-P、Ni-W-P、Ni-Sn-P、Ni-Mo-P），四元合金（Ni-Co-Fe-P、Ni-Co-Cu-P、Ni-Fe-P-B），甚至五元合金（Co-Ni-Re-Mn-P）等。

化学镀或多层化学镀能够融合各镀层的优点，从而可以获得性能更加优异的多层化学镀层。目前报道最多的双层镀 Ni 技术是利用两种镀层在电化学性质和硬度方面的差异，通过优化其工艺组合，得到镀层厚度不大，但仍具有优异耐蚀性或耐磨性的镀层。在生产成本不增加的情况下，采用双层或多层化学镀 Ni 工艺，可以降低孔蚀的发生几率，是一种比较经济、适用的表面处理工艺。美国于1995 年率先开始了双层镀镍工艺的研究[42]，我国在 2000 年前后也陆续展开了相关研究[43~46]。

成少安[47]在研究单层保护层工艺和电极电位的基础上，研制了化学镀牺牲阳极复层，并通过盐雾腐蚀试验和电化学测试确定了最佳复层参数，腐蚀试验结果表明复层的耐蚀性几倍甚至几十倍地优于单层。刘景辉[48]用双层化学镀工艺取代传统的单层化学镀工艺，得到的 Ni-P/Ni-W-P 镀层，比 Ni-W-P 镀层更均匀、细致，同时有更好的硬度、耐磨性和耐蚀性能；Zhong Chen 等[49]在烧结 Nd-Fe-B 永磁体上分别进行低磷镀层（A）、低磷+高磷镀层（B）、低磷+高磷+中磷（C）3 种形式的化学镀，在盐酸溶液中进行耐腐蚀研究。结果表明，单层 A 的耐蚀性最差，B 样品的耐蚀性最好[50]。

在化学镀 Ni-P 合金方面，国内相比国外仍有一定距离，需要进一步自主创新。在微粒与合金共沉积的化学复合镀研究方面，目前能够工业应用的复合材料镀液与国外相比也较少，也需要进一步开发出更多经济实用的工业配方[50]。

C. D. Gu[51]等利用化学镀加电镀的方法制备了低磷 Ni-P/高磷 Ni-P 双层镀层，并在 3.5%NaCl 溶液中进行耐腐蚀性研究，结果表明双层镀具有较高的耐蚀性。T. S. N. S. Narayanan[52]等人利用化学镀 Ni-B 合金和化学镀 Ni-P 的方法制备了 Ni-B/Ni-P 双层镀，并测定了这镀层在 450℃回火 1h 后的耐磨性能及耐腐蚀性能，结果表明，Ni-B/Ni-P 镀层具有较高的腐蚀电位和较高的硬度。Wang Yuxin[53]等人在不锈钢表面进行了双层化学镀，内层为 Ni-P 合金镀层、外层为 Ni-P-ZrO$_2$ 复合镀层，得到力学性能和耐腐性能良好的镀层。

高荣杰[54]采用正交实验筛选出一种含 P 量为 11%Ni-P 合金镀层作为中间层，含 P 量为 9.17%Ni-P 合金镀层作为表面层，复配成为双镀层；通过中性盐雾实验表明，双层 Ni-P 平均腐蚀速率是单层 Ni-P 的四分之一。张会广[55]通过化学镀的方法制备了 Ni-P/Ni-P-PTFE 双层镀，并对镀层的耐磨、耐蚀性做了研究。刘景辉[48]等人利用 30min 化学镀 Ni-P+30min 化学镀 Ni-W-P 的方法制备了厚度为 13.2μm 的 Ni-P/Ni-W-P 双层镀层，并研究了镀层的耐蚀性，结果表明双层镀具有良好的耐蚀性。张翼[56]等人研究了在酸性化学镀条件下制备 Ni-Mo-P/Ni-P 双层镀的镀液组成及工艺条件，并在 10%NaCl 中的腐蚀实验表明，在钼含量低于 8%时，随着钼的增加，双层镀层孔隙率下降，耐蚀性上升。

化学复合镀是目前解决高温腐蚀、高温强度以及磨损等问题的有效方法之一，也是一种获取复合材料的先进方法。因此，在表面工程技术的研究领域中，化学复合镀的相关研究和开发应用一直是其中较为活跃的一部分[57]。

Ni-Zn-P 三元化学镀相对于其他的三元化学镀（Ni-W-P、Ni-Mo-P）具有成本低、实用性强等特点。Ni-Zn-P 镀层可以用在形状复杂的工件上，也可以代替金属 Cd 作为牺牲性阳极起到阳极保护的作用，而化学镀 Ni-P 合金镀层在腐蚀防护中起到阴极保护作用，所以将两个镀层结合起来形成 Ni-P/Ni-Zn-P 复合镀层，既起到阴极保护作用又起到了阳极保护作用。Ni-P/Ni-Zn-P 双层镀的研究对现代海洋钢的防腐具有重要的意义，而且能为其沉积机理的研究提供实验支持，Ni-P/Ni-Zn-P 双层镀的沉积机理的研究可以进一步丰富双层镀的理论知识。

## 参 考 文 献

[1] 郭忠诚，杨显万. 化学镀镍原理及应用 [M]. 昆明：云南科学技术出版社，1982.
[2] 李宁，袁国伟，黎德育. 化学镀镍基合金理论与技术 [M]. 哈尔滨：哈尔滨工业大学出版社，2000.

［3］闫洪. 现代化学镀镍和复合镀新技术 ［M］. 北京：国防工业出版社，1999.

［4］Ebdon P R. Ory lubrication using a composite coating ［C］. Proceedings of the institution of mechanical engineers international conference，1988.

［5］许乔瑜，何伟娇. 化学镀镍-磷基纳米复合镀层的研究进展 ［J］. 电镀与涂饰，2010，29（10）：23~26.

［6］Dong D，Chen X H，Xiao W T，et al. Preparation and properties of electroless Ni-P-SiO2 composite coatings ［J］. Applied Surface Science，2009，255（15）：7051~7055.

［7］Balaraju J N，Kalavati，Rajam K S. Influence of particle size on the microstructure，hardness and corrosion resistance of electroless Ni-P-Al$_2$O$_3$，composite coatings ［J］. Surface and Coatings Technology，2006，200（12~13）：3933~3941.

［8］穆欣，凌国平. 钢铁表面纳米 Al$_2$O$_3$ 复合化学镀镍的研究 ［J］. 表面技术，2006，35（2）：43~45.

［9］曹茂盛. 纳米材料学 ［M］. 哈尔滨：哈尔滨工程大学出版社，2002.

［10］胡德林. 金属学及热处理 ［M］. 西安：西北上业大学出版社，1995.

［11］Guglielmi N. Kinetics of the deposition of inert particles from electrolytic baths ［J］. Journal of the electrochemical society，1972（119）：1009~1012.

［12］蒋斌，徐滨士，董世运. 纳米复合镀层的研究现状 ［J］. 材料保护，2002，35（6）：1~3.

［13］常京龙，吴庆利. 纳米化学复合镀技术概述 ［J］. 电镀与精饰，2013，35（9）：24~28.

［14］张凤桥，李兰兰，魏子栋. 纳米粒子复合镀的研究现状 ［C］//全国电子电镀学术研讨会，2004.

［15］Li C，Wang Y，Pan Z. Wear resistance enhancement of electroless nanocomposite coatings via， incorporation of alumina nanoparticles prepared by milling ［J］. Materials and Design，2013，47（9）：443~448.

［16］王健，孙建春，丁培道，等. 纳米复合镀工艺的研究现状 ［J］. 表面技术，2004，33（3）：1~3.

［17］金辉，王一雍，郎现瑞，等. 纳米化学复合镀镍-磷-氧化铝工艺 ［J］. 电镀与涂饰，2014，33（3）：115~117.

［18］Reade G W，Kerr C，Barker B D，et al. The importance of substrate surface condition in controlling the porosity of electroless nickel deposits ［J］. Transactions of the Institute of Metal Finishing，1998，76（4）：149~155.

［19］黄新民，吴玉程. 表面活性剂对复合镀层中 TiO$_2$ 纳米颗粒分散性的影响 ［J］. 表面技术，1999（6）：10~12.

［20］曹茂盛. 纳米材料导论 ［M］. 哈尔滨：哈尔滨工业大学出版社，2001.

［21］史丽萍，赵世海. Ni-P 基纳米化学复合镀层的研究进展 ［J］. 电镀与精饰，2014，36（11）：15~19.

［22］范峥. 化学镀镍新配方的开发及其废液的处理与回收再生 ［D］. 西安：西北大学，2009.

［23］黎黎. 化学复合镀工艺研究 ［D］. 上海：上海交通大学，2007.

[24] 李亚敏, 张星, 王阿敏, 等. ZL102 表面直接化学复合镀 Ni-P-SiC 镀层的结构与性能 [J]. 兰州理工大学学报, 2015, 41 (1): 7～10.

[25] Ferkel H, Müller B, Riehemann W. Electrodeposition of particle-strengthened nickel films [J]. Materials Science and Engineering A, 1997, 234～236 (97): 474～476.

[26] 张捷. 化学镀 Ni-P-Al$_2$O$_3$ 复合镀层的研究 [D]. 上海: 华东理工大学, 2002.

[27] 李秋菊. Ni-P-纳米 Al$_2$O$_3$ 复合镀层结构与性能研究 [D]. 昆明: 昆明理工大学, 2003.

[28] 姜晓霞, 沈伟. 化学镀理论及实践 [M]. 北京: 国防工业出版社, 2000.

[29] 王为, 李克锋. Ni-P 基纳米化学复合镀研究现状 [J]. 电镀与涂饰, 2003, 22 (5): 34～38.

[30] AgarwalaR C, Agarwala Vijaya. Electroless alloy/composite coatings: A review [J]. Sadhana, 2003, 8 (3, 4): 475～493.

[31] Karthikeyan S, Srinivasank N, Vasudevant, et al. 化学镀 Ni-P-Cr$_2$O$_3$ 和 Ni-P-SiO$_2$ 复合镀层的研究 [J]. 电镀与涂饰, 2007, 26 (1): 1～6.

[32] Balaraju J N, Rajam K S. Electroless deposition and characterization of high phosphorus Ni-P-Si$_3$N$_4$ composite coatings [J]. Int J Electrochem Sci, 2007, 2 (10): 747～761.

[33] Apachitei I, Duszczyk J, Katgerman L, et al. Particles co-deposition by electroless nickel [J]. Scripta Materialia, 1998, 38 (9): 1383～1389.

[34] 朱绍峰, 吴玉程, 黄新民. 化学沉积 Ni-Zn-P-TiO$_2$ 纳米复合镀层及其性能研究 [J]. 热处理, 2011, 26 (1): 34～37.

[35] 曾斌. Ni-P/纳米 SiO$_2$ 复合镀层耐蚀及强化冷凝传热性能研究 [D]. 上海: 华东理工大学, 2012.

[36] 赵永华, 张兆国, 赵永强. Ni-P-纳米 SiC 化学复合镀超声波分散工艺 [J]. 兰州理工大学学报, 2011, 37 (2): 26～29.

[37] 何焕杰, 詹适新, 王永红, 等. 双层化学镀镍技术——用于油管及井下工具防腐的可行性 [J]. 表面技术, 1995, 24 (6): 29～31.

[38] 蒲艳丽. 适用于海洋环境的化学镀 Ni-P 合金工艺及耐蚀机理研究 [D]. 青岛: 中国海洋大学, 2004.

[39] 叶栩青, 罗守福, 王永瑞. 化学镀 Ni-Cu-P 合金工艺研究 [J]. 腐蚀与防护, 2000, 21 (3): 126～128.

[40] 陈菊香, 黎永军, 于光, 等. 化学镀三元 Ni-W-P 合金的沉积条件 [J]. 表面技术, 1993, 22 (6): 247～249.

[41] 宋锦福, 郭凯铭. 化学镀 Ni-W-P 合金的冲刷腐蚀行为研究 [J]. 机械工程材料, 1998, 22 (3): 43～45.

[42] Tyler J M. Automotive applications for chromium [J]. Metal Finishing, 1995, 93 (10): 11～14.

[43] 陈咏森, 沈品华. 多层镀镍的作用机理和工艺管理 [J]. 表面技术, 1996, 25 (6): 40～43.

[44] 于光, 黎永钧, 陈菊香, 等. 化学镀 Ni-Cu-P/Ni-P 双层合金的工艺及镀层结合力研究

[J]. 机械工程材料, 1994 (4): 13~15.

[45] 朱立群, 刘慧丛, 吴俊. 化学镀镍层封孔新工艺的研究 [J]. 电镀与涂饰, 2002, 21 (3): 29~33.

[46] 伍学高. 化学镀技术 [M]. 成都: 四川科学技术出版社, 1985.

[47] 成少安, 李志章, 姚天贵, 等. 化学镀牺牲阳极复层的研制及其抗蚀特性和机理的研究 [J]. 浙江大学学报, 1993, 27 (4): 487~497.

[48] 刘景辉, 刘建国, 吴连波, 等. Ni-P/Ni-W-P 双层化学镀的研究 [J]. 热加工工艺, 2005, (6): 72~74.

[49] Zhong Chen, Alice Ng, Jianzhang Yi, et al. Multi-layered electroless Ni-P coatings on powder-sintered Nd-Fe-B permanent magnet [J]. Journal of Magnetism and Magnetic Materials, 2006, 302 (1): 216~222.

[50] 王冬玲, 陈焕铭, 王憨鹰, 等. 化学镀镍磷合金的研究进展与展望 [J]. 材料导报 (网络版), 2006 (2): 10~12.

[51] Gu C D, Lian J S, Li G Y, et al. High corrosion-resistant Ni-P/Ni/Ni-P multilayer coatings on steel [J]. Surface & Coatings Technology, 2005, 197 (1): 61~67.

[52] Narayanan T S N S, Krishnaveni K, Seshadri S K. Electroless Ni-P/Ni-B duplex coatings: preparation and evaluation of microhardness, wear and corrosion resistance [J]. Materials Chemistry & Physics, 2003, 82 (3): 771~779.

[53] Wang Y, Shu X, Wei S, et al. Duplex Ni-P-ZrO$_2$/Ni-P electroless coating on stainless steel [J]. Journal of Alloys & Compounds, 2015 (630): 189~194.

[54] 高荣杰, 杜敏, 孙晓霞, 等. 双层 Ni-P 化学镀工艺及镀层在 NaCl 溶液中耐蚀性能的研究 [J]. 腐蚀科学与防护技术, 2007, 19 (6): 435~438.

[55] 张会广. 双层 Ni-P 镀层及 Ni-P/PTFE 复合镀层的制备及性能研究 [D]. 成都: 西南交通大学, 2010.

[56] 张翼, 方永奎, 张科. 酸性 Ni-Mo-P/Ni-P 双层化学镀工艺研究 [J]. 中国表面工程, 2003, 16 (1): 34~37.

[57] 江茜. 化学复合镀 Ni-P/Ni-P-PTFE 的工艺优化及镀层性能研究 [D]. 武汉: 武汉理工大学, 2012.

# 7　化学镀镍层性能表征

化学镀镍层的外观一般为光亮、半光亮并略带黄色，有类似银器的光泽，但用肼作还原剂的镀层，其外观颜色是无光泽的暗灰色[1]。

镀层的光泽性受镀液的 pH 值、镀层的沉积速率、镀层含磷量、镀层厚度等因素的影响[1, 2]。

（1）被镀件表面的粗糙度。无论是金属或非金属，其表面粗糙度越低，则所获镀层表面的光泽性就越好。

（2）镀层厚度。镀层厚度在 20μm 以下时，镀层越厚，则光泽性越好；当镀层厚度大于 20μm 时，光泽随厚度的增加已不明显。

（3）沉积速率、pH 值和磷含量。镀层的光泽性，随磷含量的减小和镀液 pH 值的增加而提高。沉积速率在 25μm/h 以下时，随着沉积速率的提高，镀层的光泽性越好。

（4）施镀工艺。以上只述及单个因素对镀层光亮程度的影响，实际上这些影响因素是综合性的，镀液组成、pH 值、温度、使用周期等均有影响。

## 7.1　镀层的显微组织

镀层的显微组织决定了镀层的性质。通常采用金相显微镜、扫描电子显微镜（SEM）和透射电子显微镜（TEM）观察镀层的微观组织形貌，用来评价镀层的连续性、致密性和厚度。

### 7.1.1　镀态下镀层表面组织

Ni-P 镀层在镀态下的平面金相组织大部分呈现环状（图 7-1）。沉积核心在环中央，环线是沉积过程的记录，也是沉积过程中形核的标志。在高倍显微镜下，可以发现镀层是由许多边界隔开的胞状组织组成（图 7-2）的。

### 7.1.2　镀层截面组织

镀层的厚度及其均匀性是衡量镀层质量的重要指标之一。镀层厚度直接影响到工件的耐蚀性、耐磨性、孔隙率和导电性等性能，从而在很大程度上影响产品的可靠性和使用性能。镀层的厚度取决于沉积速率、沉积时间与镀液的老化程度，理论上可得到任意厚度的镀层。化学镀镍层的一个主要优点是沉积金属的厚

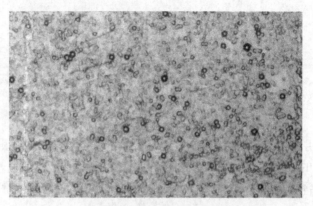

图 7-1　Ni-P 镀层金相图（×500）

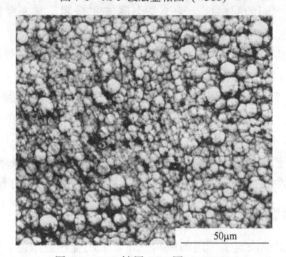

图 7-2　Ni-P 镀层 SEM 图（×2000）

度在整个基体表面是均匀的，几乎与它的几何形状无关，并且在全部被溶液浸润以及镀液流动有自由通道的条件下，可获得非常均匀的镀层。化学镀所得到的镀层比电镀所得到的镀层要均匀。

　　镀层截面的金相试样制备方法通常是垂直于镀层剖开，剖面朝外竖直镶嵌在快速固化的镶样树脂里。树脂固化后用金相砂纸由粗到细逐级打磨抛光，抛光后浸蚀。浸蚀一般直接用化学浸蚀，如用 1：1 硝酸和醋酸的混合酸液浸蚀 1～2s，或是 30mL 的 $H_2O_2$ 和 10mL 的 $H_2SO_4$ 的混合溶液浸蚀；也可用阳极浸蚀，如使用 10% 的铬酸或是 10g/L 的 $CrO_3$ 与 30g/L 的 $H_2SO_4$ 的混合溶液，在大约 $1A/dm^2$ 电流密度下浸蚀 20s。浸蚀后，彻底清洗并干燥，样品便可以在显微镜下观察了。镀态下的镀层截面组织为颜色比基体浅的均匀组织，如图 7-3 所示。

### 7.1.3　热处理后镀层表面组织

　　未经热处理的化学镀镍层处于热力学上的亚稳态，有从非晶态或微晶态向晶

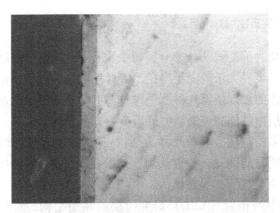

图 7-3　Ni-P 镀层截面金相图（×500）

态转变的趋势。当对镀层进行热处理时，由于镍磷晶体的形成和长大，磷向表面扩散，同时与基体间相互扩散形成金属间化合物层，生成金属镍的晶胞和金属间化合物（如 $Ni_2P$、$Ni_3P$、$Ni_5P_2$）。TEM 图同样也可以反映热处理对镀层显微结构的影响。例如，随着热处理温度的升高或时间的推移，磷含量为 12% 的镀层从非晶态到微晶最后完全晶化成晶体。

　　热处理过程中生成的金属间化合物会引起镀层的硬化。当足够的原子扩散到一个特定的位置后，而且当镍与磷具有合适的组成配比满足生成金属间化合物的条件时，就形成了金属间化合物的晶核。在晶核的体积未到临界尺寸之前，其原子排布及周围的排列保持不变。这种具有不同原子间距的区域之间的连接导致了紧密拉紧，使合金硬化。

　　热处理后镀层会出现裂纹（图 7-4），但随着镀层中磷含量的提高，热处理时体积变化减小，裂纹数目会随之减少[3]。

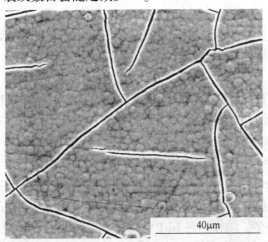

图 7-4　热处理后 Ni-P 镀层 SEM 图（×2000）

## 7.2 镀层的成分和结构[3, 4]

镍的晶体结构为面心立方（fcc），每个镍原子与 12 个镍原子相邻；磷是正交结构，镍的原子半径大于磷原子半径。磷含量增加，会扰乱固溶体点阵，造成结晶的不完善。磷的加入使得这种原子排布不可能生成很大的晶粒，而且随着磷含量的增大，镀层由晶体变成微晶，最后变为非晶结构。

低磷合金是微晶结构，晶粒尺寸为 2~6nm。随磷含量的增加，微晶逐渐转变为非晶，没有明显的突变。一般认为，磷含量小于 7% 的镀层为微晶，而磷含量为 12% 时已经完全变为非晶态结构。

一般采用 X 射线衍射（XRD）研究镀层的晶型结构。对于晶体可得到一系列的分离峰，从衍射峰的位置、高度和宽度可以得到晶体的主要参数，如晶胞类型、点阵常数、晶体尺寸、晶面间距、择优取向等。对于非晶，只能得到单个的宽峰。对 X 射线衍射图分析同样也可以确定随着镀层磷含量的增加，未经过热处理的化学镀镍层的结构由极小的微晶（约 5nm）过渡到完全的非晶体。

Ni-P 合金镀层的相结构与其磷含量有关，只有镀层成分在 Ni-P 相图共晶点（11%P）附近时，才能形成典型的非晶态组织。一般情况，随着磷含量的提高，X 射线衍射峰逐渐从尖锐到宽化漫散，磷含量少于 7.0%P 的 Ni-P 合金，在 $2\theta=45°$ 处的衍射峰分别是 Ni(111)、Ni(200) 系镍的过饱和固溶体；高于 7.0%P 的镀层，在 $2\theta=45°$ 处最强，且沿着两侧漫开来，呈"馒头包"状，这是非晶态的特征。

总之，Ni-P 镀层随着磷含量增加，其结构变化过程为晶态—晶态+微晶—微晶—微晶+非晶态—非晶态。

热处理温度对 Ni-P 镀层相结构有很大的影响。在加热过程中，Ni-P 合金镀层的组织结构发生变化。

Ni-4.0%P 合金在较低温度下加热，组织结构没有多大变化。到 350℃ 时，Ni-4.0%P 合金层衍射峰宽化程度减小、衍射强度增大。到 400℃ 附近，出现新 $Ni_3P$ 的衍射峰。

Ni-7.0%P 合金层是介于晶态与非晶态中间状态，加热过程中易于向晶体状态转化。所以较低温度加热时，原子状态略作调整。加热到较高温度时，必然要发生上述组织转变过程。

Ni-10.0%P 合金层在较低温度下加热，合金仍呈非晶态。当加热到 340℃ 时，非晶态 Ni-10.0%P 合金产生晶化，晶化相为面心立方晶格 Ni。加热温度升高至 350℃，X 射线衍射图像出现 $Ni_3P$，表明镀层中有 $Ni_3P$ 生成。温度继续升高到 400℃，$Ni_3P$ 量增多。同样，对 Ni-P 合金等温处理也会出现类似结果，延长加热时间和提高温度具有同等功能。

总之，对于 Ni-P 镀层，当热处理温度在 250℃ 以下时，Ni-P 合金层的 X 射线衍射结果显示在 $2\theta = 45°$ 处为一个弥散的馒头峰，其结构是非晶态。当热处置温度为 250℃ 时，虽然未出现其他衍射峰，但衍射峰明显变窄。这是晶粒长大或应力释放的表现，其峰位刚好是 Ni(111) 峰位，这时 Ni-P 合金层为非晶态与晶态的混合态。当热处理温度为 300℃ 以上时，衍射图中除了有 Ni(111) 和 Ni(200) 外，还出现了数量众多、峰值明显且与 $Ni_3P$ 相衍射峰吻合的衍射峰。随着温度的升高，Ni-P 合金镀层由非晶向微晶转化，最后转变成晶态，形成了 $Ni_3P$ 相。

合金镀层的成分分析，一般采用 EDS（energy dispersive spectrometer）能谱分析，能谱仪是与扫描电子显微镜或透射电镜相连的设备。在微米或纳米尺度上对扫描电镜或透射电镜内通过电子碰撞所产生的 X 射线的能量进行测量来确定物质化学成分。

分析范围：4~100 号元素定性定量分析。

特点：

（1）能快速、同时对各种试样的微区内 Be-U 的所有元素进行定性、定量分析，几分钟即可完成。

（2）对试样与探测器的几何位置要求低：对宽度、深度（简写为 W. D）的要求不是很严格；可以在低倍率下获得 X 射线扫描、面分布结果。

（3）能谱所需探针电流小：对电子束照射后易损伤的试样，如生物试样、离子导体试样、玻璃等损伤小。

（4）检测限一般为 0.1%~0.5%，中等原子序数的无重叠峰主元素的定量相误差约为 2%。

合金镀层的原子价态使用 X 射线光电子能谱技术（XPS）分析，由于它可以比俄歇电子能谱技术更准确地测量原子的内层电子束缚能及其化学位移，因此它不但为化学研究提供分子结构和原子价态方面的信息，还能为电子材料研究提供各种化合物的元素组成和含量、化学状态、分子结构、化学键等方面的信息。它在分析电子材料时，不但可提供总体方面的化学信息，还能给出表面、微小区域和深度分布方面的信息。另外，因为入射到样品表面的 X 射线束是一种光子束，所以对样品的破坏性非常小。这一点对分析有机材料和高分子材料非常有利。

## 7.3 均镀能力和厚度[2]

化学镀镍的一个主要优点就是，沉积金属的厚度在整个基体表面是均匀的，几乎与它的几何形状无关。如果镀件表面的所有部分已经催化活化，且被溶液所浸润，且若镀液流动有自由通道，失效的溶液可以去除，则可以获得均匀的镀层。

　　化学镀是利用还原剂以化学反应的方式在工件表面得到镀层，不存在电镀中由于工件几何形状复杂而造成的电力线分布不均、均镀（分散）能力和深镀（覆盖）能力不足等问题。无论有深孔、槽或形状复杂的工件均可获得厚度均匀的镀层。均镀能力好是化学镀工艺最大的特点及优势，也是其应用广泛的原因之一。

　　要化学镀层厚度均匀必须保证在施镀过程中工件表面各部分的沉积速度基本相同。镀速与温度、pH 值及镀液组成等因素有关，而这些因素要完全控制一致又很困难，因此实际上镀层厚度也不可能完全均匀。据统计，镀层厚度波动范围一般在±2%，最大达±5%。搅拌在得到均匀镀层中起着重要的作用。例如，一根 2.54cm（1in）长的黄铜管用悬挂方式不搅拌镀 2h，金相观察发现管底部厚 17.3μm、边沿 19.0μm，而顶部只有 13.2μm；在搅拌条件下快速镀一个螺栓，其峰、谷处的镀层厚度比为 1.013，可见搅拌显然大大地改善了镀层厚度的均匀性。工件放置方式应该有利于氢气泡的逸出，以免气泡阻碍溶液到达工件表面而影响施镀。

　　镀层厚度从理论上讲似乎是无限的，但太厚了应力大、表面变得粗糙、容易剥落。过去认为 125μm 是上限，但近来已有成功镀出 250~300μm 甚至 400μm 厚镀层的报道。

　　镀层的厚度是一个重要指标，直接关系到产品的可靠性和使用寿命，故测定方法必须选择得当，否则会带来不应有的误差。镀层厚度的测量方法常用的有重量法、β 射线背散射法、金相显微镜法、涡流法、千分尺测量、X 射线法、库仑测量法、磁性测量法、点滴法、溶解法等。

　　（1）重量法。

　　1）原理。镀覆的试样与工件的基材相同，测定镀层所增加的质量，计算镀层厚度。

　　2）测量。测定试样的面积。

　　3）称量清洁、干燥的试样，精确至 0.001g，然后在工艺条件下镀覆试样，将镀覆的试样进行清洗、干燥，并在与称量未镀覆试样时相同的温度下，称量至相同精度。

　　4）计算。镀层厚度按式（7-1）计算。

$$\delta = \frac{100(m_2 - m_1)}{\rho A} \tag{7-1}$$

式中　$\delta$——镀层厚度，μm；

　　　$m_1$——镀覆前的试样质量，g；

　　　$m_2$——镀覆后的试样质量，g；

　　　$\rho$——镀层的密度，g/cm$^3$；

$A$——试样镀覆表面的面积，$dm^2$。

（2）千分尺测量法。镀覆前后测量零件或试样上规定部位的厚度，精确至 0.002mm，可得到一个厚度的直接读数。

一般工厂都有百分表、千分尺，用它可以测量镀层厚度，但测量精度有限。因此在现场，必须镀前、镀后都把零件几何尺寸测量准确，并作记录，才能测出镀层厚度，工作量较大。

（3）金相法。横断面与镀层平面成直角，通过金相显微镜或扫描电子显微镜，在稳定的放大倍数条件下测量镀层厚度。测厚试样的切割、镶嵌、抛光和浸蚀以及仪器的校准必须严格按照 GB/T 6462—2005 相关标准进行。横断面金相法测量可精确至 0.5μm，扫描电子显微镜测量镀层厚度的误差应小于 0.1μm。

（4）磁性法。采用磁性测厚仪方法适用于磁性基体上（如钢铁、镍、钴）磷含量大于9%，且未进行热处理的非磁性化学镀镍层。磁性测厚仪是对在同一镀浴中镀覆的，采用显微镜法测厚过的试样进行校准。钢铁基体上的非磁性化学镀镍层的测厚精度为2μm。

磁性测厚法的工作原理是镀层与基体有一个是非磁性的，这样当探头测试时，磁通量或互感电流就会发生变化，用此线性变化值来测量镀层的厚度。所谓磁性测厚仪就是指基体金属为磁性体，如钢铁；非磁性测厚仪就是基体金属为非磁性体，如铜件、铝件。

化学镀镍层中 Ni-P、Ni-B、Ni-P-Co 等合金具有磁性，但测试表明镀层的磁性强弱取决于镀层中磷含量的多少，同时还与热处理条件有关。当镀层中磷含量低于8%时，测 Ni-P 镀层显示有磁性；当镀层中磷含量高于8%时，Ni-P 镀层是非磁性的。但当热处理温度高于260℃时，镀层又有了微磁性。因此，当在钢铁等磁性材料上镀 Ni-P 合金后，只有在磷含量高于8%时，才能用磁性测厚仪进行测厚，且应该在热处理前进行。同理，如基体材料是非磁性的，则只能在 Ni-P 合金层中磷含量低于8%时才能用磁性法测量，当然此时在热处理前后测，已无所谓。

目前磁性测厚仪和非磁性测厚仪大致有如下产品：CH-1000、MIKROTEST 磁性测厚仪（德国）、DHC-1、QCC-A 等多种。它们的测量误差为 ±(0.1~1) μm，可以根据产品生产品种及技术要求进行选购。

（5）库仑法。库仑测厚法的原理是测量已知面积的镀层的阳极溶解的耗电量，通过该金属镀层的电化学当量，正比换算成镀层溶解质量，从而测量出镀层厚度。由于镀层金属的化学成分不同，其电化学当量值不同，因此采用库仑测厚法的前提是已知被测镀层的化学成分。化学镀镍的磷含量或热处理对测量结果影响很大，所以库仑法测厚仪必须以同一镀浴中镀覆的、采用显微镜法测厚过的试样进行校准。

ISO4527 附录 A 规定库仑法仅推荐用于钢基体上最大厚度为 10μm 的镀态下的镀层。

对于测量较厚的镀层或多层镀层，可在保持探头不动的情况下，采用更换专用电解液的方式进行，专用电解液应由仪器供应商提供。库仑法测厚可精确至 0.1μm；误差范围为±(5%~10%)。

(6) β 射线背散射法。β 射线测厚是一种无损测厚的方法。利用同位素中释放出的 β 粒子与被镀零件发生相互作用而取得的。β 射线背散射法只限于用在原子序数小于 18 或大于 40 的基体金属。镀层磷含量对测厚有影响，因此测量仪器需用与被测工件相同基体和镀层磷含量相同的标准镀厚试样进行校准。

通常用于镀金或其他贵金属镀层的测厚，此方法特别适用于铝及其合金基体上化学镀镍层的测厚。

(7) X 射线法。X 射线法是利用 X 射线在通过不同材料时，射线强度衰减程度的原理，即根据 X 射线的衰减强度来测定镀层厚度。这种方法适用于测量薄的镀层，可以测定任何金属镀层和基体材料的化学镀镍基合金镀层。但是由于这类仪器大部分属进口设备，价格较昂贵，使用还不普遍，进口产品型号有 XDVM/XUVM。

(8) 涡流法。涡流法测厚是利用镀层与基体金属两者之间电导率的差异。涡流法主要用于非磁性基体上的非导电性覆层厚度，如铝的阳极氧化膜厚的测量。当镀层与基体导电性差异较大时，测厚结果比较准确。因此，此法适用于铝、铝基体上化学镀镍层的测厚，同样要求用相同的化学镀镍层且相同基体的标准试样校准仪器。

## 7.4　镀层与基体结合力

镀层与基体的结合力是镀层的一项十分重要的工艺性质，也是衡量镀件质量的重要指标之一。结合力的测定方法虽然很多，但定量测定还是比较困难的，通常都是一些定性或半定量的方法，如弯曲试验、热震试验及冲孔试验等。一般讲化学镀镍的结合力是良好的，如软钢上为 210~420MPa、不锈钢上为 160~200MPa、Al 上为 100~250MPa。Ni-P 镀层结合力通常比 Ni-B 层好。影响化学镀结合力的因素如下所述[2]。

(1) 基材。结合力与基材性质密切相关，在金属上镀是金属-金属的键合，而非金属表面上则是机械咬合。碳钢上镀且不进行热处理其结合力也很好，不锈钢上镀较差，但工业统计镀层鼓泡也只有 1%~2%。Fe、Cu 表面的结合力为 350~450MPa、钢表面镀为 210~350MPa，轻金属 Al、Ti 表面镀结合力较差。基材与镀层的线膨胀系数差异也会影响结合力。

(2) 前处理。镀层金属的生长首先是基材原子排列的继续，要结合力好基材必须是完全清洁的，所以镀前的除油、活化工序是影响结合力最重要的因素。必须根据基材性质选择前处理工艺并认真对待。如前处理不当，会使局部或整体表面不起镀，即使起镀，结合力也不佳。一般不锈钢表面以 HCl 活化为宜，它可以除去表面钝化膜，或在高浓度 $NiCl_2$+HCl 浴中先预镀一层镍后再进行化学镀。

工件表面粗糙度也是影响结合力的敏感因素，表面粗糙度过低，抛光表面上的结合力并不好。人们早就从实践中总结出镀件表面事先经过细喷砂处理，除了使表面处于压应力状态外就是使之具有一定的粗糙度，使镀层与粗糙面机械咬合而增加结合力。

（3）施镀工艺。酸浴比碱浴得到镀层的结合力高，前者约为 415MPa、后者只有约 219MPa。镀层中的磷量也影响结合力，因镀液组成、pH 值及温度等条件均与磷量相关，所以也影响结合力。温度或 pH 值在施镀过程中产生的波动，引起不同磷量的层状组织，将降低结合力，严重时有层间剥落现象。实验发现化学镀过程中，间断停镀对结合力影响不大，停镀时只需把工件放在冷镀液中保存，但电镀镍却不行。

（4）热处理。在碳钢、不锈钢、铜及铝合金基材上的化学镀镍层适当进行热处理能提高镀层的结合力。热处理温度高达 700℃ 时虽然镀层硬度下降，但基材与镀层界面间出现了一层薄薄的扩散层，这可以改善结合力。要同时保证结合力与硬度则不宜用过高的加热温度，也不宜加热太快，否则因为基材与镍层间线膨胀系数的差异使之容易出现微裂纹。

通常，化学镀镍结合强度（即结合力）的测定只是定性的，可以模拟各种负载来进行此类定性试验，如变形、剪切负载、压缩或拉伸应力以及热循环。试验结果一般根据与其他样品的比较，然后做出"合格或不合格"的结论。

在这些试验中用得最广泛的方法有根据条带弯曲、研磨、锉、喷丸和切削以及热循环来进行定性试验。根据具体的基体材料，ISO4527 推荐弯曲条带、热冲击试验（在 150~300℃ 之间循环）、机械冲击和锉刀试验。

通常，化学镀镍结合强度的测定是定性的。ISO4527 及 GB/T 13913—2008 中规定，镀层必须经通过由需方选择的下列一种或多种结合强度试验。

（1）弯曲试验。将试样沿直径最小为 12mm 的或试样厚度 4 倍的芯轴绕 180°。用 4 倍的放大镜检查，镀层不应出现脱落。弯曲拉伸面的镀层开裂，不应认为镀层结合强度不良。

（2）热震试验。将镀覆了化学镀镍层的零件在炉内加热 1h。工件在室温水中淬火，镀层不应产生起泡或剥落。

（3）冲压试验。用弹簧加载的冲压头在镀层上冲压几个压痕，各压痕间相距约 5mm，冲压头经磨削加工，其端头半径为 2mm，镀层不应出现起泡或片状脱落。

（4）锉刀试验。经需方同意，镀覆的工件可采用锉刀试验，锉刀与镀层呈45°，锉去非主要表面，以便露出基体金属/镀层的界面，镀层不应起皮。

## 7.5　镀层的硬度和耐磨性能

### 7.5.1　镀层的硬度[2, 3]

硬度是指材料对外力引起表面局部变形的抵抗强度，镀层硬度一般都用显微硬度计进行测定。维氏硬度计使用的正方锥体金刚石压头，压痕为正方形。测得的硬度值受基体和载荷影响较小，即使如此镀层厚度应 1.5 倍于压痕对角线长才能消除基体影响，如此计算的镀层厚至少需要 55~60μm 才满足，所以通常都用镀层的剖面金相样品进行测量。硬度的测定结果还与载荷大小、浸蚀与否、操作人员技术熟练程度有关，应取多次测量结果的平均值。

化学镀镍层的硬度一般在 HV300~600，最高可达到 HV700 以上；而电镀镍的硬度仅为 HV160~180，高的也只有 HV200。显然化学镀镍层的硬度要远远大于电镀镍层的硬度。而且化学镀镍层经过一定的热处理之后，其硬度还可提高。

镀层硬度除与镀液有关外，还与磷含量有关。有时测得的镀层硬度不均匀，分析原因为含磷量不同，即所谓带状组织所致。含 1%~3% 磷含量的低磷镀层在镀态条件下的硬度远大于中、高磷镀层，热处理后硬度更加提高，但硬铬的硬度反而降低，所以低磷镀层能很好地代替硬铬镀层。

化学镀镍层硬度与热处理时间的关系不大，但由于不同热处理温度要求不同的保温时间，因此应视温度的不同，采用合适的热处理时间。如热处理温度为200℃，处理时间长达 21h 硬度才达到 HV650；当温度提高到 300℃，处理时间只需要 10min 得到硬度为 HV650；而当处理时间延长到 2h，镀层硬度则可提高到HV1000。化学镀镍层的硬度是随热处理温度的提高而增加的。

为了提高硬度，恰当的热处理规范是：热处理温度 380~400℃，处理时间为1h；采用这种温度处理最好是有保护气体或使用真空炉，以防镀层变色。这种处理规范可充分提高镀层的硬度，同时处理周期也较短。

由于化学镀镍层硬度较高，且镀层又较薄，因此不能用布氏硬度、洛氏硬度实验检验其硬度，应该用显微维氏或显微努氏硬度实验检验镀层硬度。

#### 7.5.1.1　对镀层的要求

为了避免显微维氏、努氏硬度计上的金刚石压头压穿镀层，影响测试准确度，所以对化学镀层厚度有一定要求。当压头垂直镀层表面，用显微维氏硬度计测量时，镀层厚度应为压痕对角线长度的 1.4 倍。用显微努氏硬度测量时，镀层厚度应为压痕对角线的 0.4 倍。

其次，被测试的化学镀镍层应光滑平整、无油污，并按金相试样进行制备。

### 7.5.1.2 关于显微维氏硬度、显微努氏硬度

维氏硬度试验法是 1925 年由英艾密斯（R. L. Smith）和桑德兰德（G. E. Sandland）提出的，但第一台硬度计却是由维克斯（Vickers）公司生产出来的，所以称为维氏硬度试验法。这种试验方法与布氏硬度不同的是：压头不是球体，而是金刚石四棱锥体，两个侧面的角均为 136°。维氏硬度值（HV）就是压力载荷除以金刚石四棱锥体压痕面积得到的商值。测量维氏硬度的载荷可以选择任何值。但由于镀层很薄，压力载荷必须很小，才能保证其精确度，一般选用 5g、10g、20g、50g 载荷进行镀层硬度测试，这时压痕很小，必须在显微镜下读取压痕对角线（计算面积用）。这个极小范围内的维氏硬度值，就是显微维氏硬度，计算见式（7-2）。

$$HV = 1.854 \times \frac{F}{d^2} \times 10^6 \tag{7-2}$$

式中　$F$——施加于试样的负荷，N；

　　　$d$——压痕对角线长度，$\mu m$。

努氏（Knoop）硬度试验是维氏硬度试验方法的发展。其试验原理与维氏硬度相同，所不同的只是四棱锥形金刚石压头的两个侧面的角不相等，分别为 172.5° 及 130°，在试样上得到长对角线比短对角线长度大 7.11 倍的棱形压痕，只测量长对角线长度 $L$，就可根据式（7-3）计算镀层努氏硬度值（HK）。

$$HK = 14.229 \times \frac{F}{d^2} \times 10^6 \tag{7-3}$$

式中　$F$——施加于试样的负荷，N；

　　　$d$——压痕长对角线长度，$\mu m$。

## 7.5.2 镀层的耐磨性能[3, 4]

耐磨性是材料在一定摩擦条件下表现出的抗磨损能力。它不是材料固有的属性而是一个系统的特性，故讨论耐磨性时必然要涉及磨损机制。常见的磨损形式可分为四类：

（1）黏着磨损。相对运动的接触表面因发生冷焊而造成材料转移和流失的现象。如对磨材料的物理化学性质很相近时易出现这种磨损。

（2）磨料磨损。硬粒子或凸起物压入较软的表面，在剪切力推动下造成犁削、凿削、划伤而引起的材料流失现象。材料硬度、硬度及韧性的配合是保证抗磨料磨损，特别是冲击载荷下这类磨损的重要条件。

（3）疲劳磨损。疲劳磨损是在交变应力或冲击力的反复作用下，使材料表面萌生裂纹并扩展而造成的材料流失。典型的表现是轴承、齿轮等摩擦副表面以点蚀或剥落形式出现的表面疲劳。

（4）腐蚀磨损。腐蚀（氧化）环境与摩擦力双重作用下引起的材料表面破坏。它不仅包括前面三类磨损形式，更重要的是电化学因素与表面力学因素交互作用对破坏的加速。

但在实际工况条件下因磨损情况复杂，常常是几种磨损形式同时出现。无论什么类型的磨损造成材料表面破坏均可用外形尺寸、体积或质量的变化来表示。在润滑条件下工作的表面磨损较均匀，可以准确测量其尺寸变化，如活塞环的磨损就可用长度来表示磨损量。某些磨料磨损或腐蚀磨损使材料表面形貌不规则，则以失重（磨损重量）表示。疲劳磨损大多借用整体疲劳概念，以 $10^7$ 周次运行中不发生超过总面积 2%～5% 的点蚀（剥落）的接触应力来表示。某些因疲劳机制而造成的磨损，如凸轮/挺杆、齿轮表面则用点蚀（剥落）面积来表示。耐磨性定义为磨损量的倒数。由于影响材料耐磨性的因素太多，在各种磨损试验机及选定的试验条件下都可以得到磨损量并计算出耐磨性。显然，这些耐磨性只能与一种质地均匀、性能稳定的"标准"材料且在相同条件下测定的耐磨性进行对比，才可能较确切地表达各类材料的磨损情况。目前，常用的耐磨性表示方法是相对耐磨性，相对耐磨性越高，表示在相同试验条件下该试验材料的磨损量越小。

摩擦磨损试验机目前已有二百多种，但它们都是实验室内为了测定某种运动方式，如滑动、滚动或振动下，某一工作参数（载荷、速度等）及环境（是否润滑）下的磨损情况，与实际工况距离较远。但利用这些设备进行选材或工艺参数的优化还是有效的，有时也可以用它们模拟一些典型工况条件进行试验，以测定材料的磨损量。

Ni-P 镀层应用广泛的一个重要原因就是它具有优越的耐磨性及减摩性。影响化学镀镍层耐磨性的因素有：镀层的硬度、塑性、粗糙度、与基体结合力、基体硬度、镀层和与镀层接触的物体的相似性、热处理等。镀层粗糙度直接影响其摩擦系数。如前所述，化学镀镍的一大优点就在于镀层均匀。在基体良好抛光的前提下可获得粗糙度很低的镀层、摩擦系数小、耐磨性较高。对于耐磨性镀层来讲，镀层与基体的良好结合力是必不可少的。对基体硬度也有一定要求：硬基体能为化学镀镍层提供更好的支持；而在软基体（如铝）上的硬镀层（如化学镀镍层）就很容易被硬而粗糙的接触面破坏，甚至穿透。

在选择耐磨性镀层时，其硬度及摩擦系数是两个重要的指标。

（1）磷含量对镀层耐磨性的影响。化学镀低磷含量的 Ni-P 镀层（磷含量为 4%～5%），在低于 400℃ 热处理时，其耐磨性随热处理温度的升高而提高；高于 400℃ 热处理时，其耐磨性随热处理温度的升高而降低。化学镀高磷含量的 Ni-P 镀层（磷含量为 8.5%～10%），其耐磨性总是随热处理温度的升高而提高。对于磷含量相同的化学镀层，在热处理到相同的硬度条件下，高温热处理的耐磨性比低温的好，高磷含量的 Ni-P 镀层更是如此，因此一般耐磨 Ni-P 镀层以高温处理为宜。400℃以上温度热处理因析出 $Ni_3P$，硬度增加而使耐磨性明显提高。

（2）热处理对镀层耐磨性的影响。低磷合金镀层的耐磨性的变化规律和硬度与热处理的关系曲线是一致的，即在达到最大硬度值之前，耐磨性随热处理温度升高而提高。当 400℃ 热处理 1h 后，镀层硬度达到最大值，磨损体积最小，耐磨性最好。继续提高热处理温度，硬度值降低，耐磨性也随之降低。但是，高磷合金镀层的耐磨性，在达到最大硬度值之前（低于 400℃），提高热处理温度，硬度增加，磨损体积减小，耐磨性提高。在 400℃ 以上热处理后，硬度值降低，耐磨性反而提高。这表明，镀层耐磨性的好坏不仅与硬度值有关，还与组织结构有关。

据研究可知，镍磷合金层在镀态下为磷在镍中的过饱和置换固溶体，随着加热温度的升高，磷原子在镍的（111）面发生偏聚，形成 $Ni_3P$ 的过渡相，在 400℃ 时，$Ni_3P$ 相共格析出，发生沉淀硬化。因此，在低于 400℃ 时，耐磨性的好坏主要取决于固溶体的硬度。对于低磷含量的镍磷合金镀层，在高于 400℃ 热处理后，虽然发生了 $Ni_3P$ 和镍晶粒的聚集长大，但由于 $Ni_3P$ 相的数量多，对耐磨性的影响不大。但应指出，在高于 400℃ 处理后，其耐磨性明显地优于低温处理后的耐磨性。这一事实表明，两项机械混合物组织的耐磨性比单相固溶体的耐磨性好。此外，高温处理对消除镀层的内应力、增加镀层和基体的结合力、改善镀层的塑性、减少裂纹产生的可能性有利，这些对提高耐磨性是有贡献的。高磷含量的镍磷合金镀层，在高温下热处理后的耐磨性，随热处理温度的升高而提高，这表明足够数量和一定尺寸的 $Ni_3P$ 硬质对提高耐磨性是必要的。

## 7.6 镀层的耐蚀性能

化学镀镍技术能广泛应用的原因之一是镀层具有优越的耐蚀性能，它是阴极性涂层，所以镀层厚度及完整性是保护基材效果好坏的关键，否则反而加速基材的腐蚀，这点必须充分予以重视。

Ni-P 镀层耐蚀性能与磷含量密切相关，高磷镀层耐蚀性能优越源于它的非晶态结构。非晶态与晶态的本质区别在于它们的原子排列是否有周期性，由于固体化学键的作用从短程看两者都是有序的，非晶的特征是不存在长程有序、无平移周期性。这种原子排列的长程无序，使非常均匀的 Ni-P 固溶体组织中不存在晶界、位错、孪晶或其他缺陷。另外，非晶态镀层表面钝化膜性质也因为基体的特征，其组织也是高度均匀的非晶结构，无位错、层错等缺陷，韧性也好，不容易发生机械损伤。与晶态合金对比，非晶态合金钝化膜形成速度快，破损后能立即修复而具有良好的保护性。

磷含量和热处理影响镀层的耐蚀性[2,4]。

（1）磷含量对镍磷合金镀层耐蚀性的影响。将沉积状态的镍磷合金镀层浸渍硝酸溶液，发现低磷固溶体镀层迅速变暗，且表面发黑的地方清洗不掉；但高磷非晶态镀层浸渍后，没有反应，表面仍保持银白色。可见非晶态镍磷合金的抗蚀性优于低磷合金镀层。

随磷含量的增加，镀层的自腐蚀电流降低，且高磷合金镀层同低磷合金镀层相比，自腐蚀电流降低了很多；镍磷合金的耐蚀性能主要来自于合金表面膜的保护能力，镀层的极化电阻 $R_p$ 随磷含量增加而增大，说明磷增加了镀层表面氧化膜的钝化性能。

在腐蚀介质中，形成钝化膜的金属先是活性溶解，而后成膜，活性溶解结束越早，成膜速率越快，耐蚀性能越强。活性溶解时间取决于钝化膜的形成速率，实验表明，磷加快了合金溶解及钝化膜的形成。

镀态晶态合金是单相的过饱和固溶体，处于热力学不稳定状态，磷含量增加，这种不稳定性也增加，从而增大了合金溶解的驱动力，缩短了合金活性溶解时间，加快了钝化膜的形成，提高了合金的耐蚀性能。当合金中磷含量超过8.5%时，合金结构发生由晶态向非晶态转变，消除了晶态合金中的晶界、位错及偏析等缺陷，进一步改善了合金的耐蚀性能，尤其是耐孔蚀性能。

（2）热处理对镍磷合金镀层耐蚀性的影响。经过热处理，Ni-P 合金镀层的组织结构发生变化，进而影响到其抗蚀性能。较低温度（200℃）加热后，镀层内残留的氢气逸出，消除缺陷，提高致密度，耐蚀有所改善。加热到 300℃ 以后，合金层开始晶化和生成 $Ni_3P$，并产生晶体缺陷，镀层由单相变成多相，形成微电池腐蚀，这些因素会导致合金层耐蚀性降低。650℃ 的热处理，可使耐蚀性重新提高。这是由于有 Ni-Fe 互扩散层形成，结合力增强，镀层本身韧性也有所提高。另外，当加热温度较高时，镀层表面形成一层厚而坚固的氧化膜，有利于提高耐蚀性。

关于镀层耐蚀性的检测分析，通常有三种方法：腐蚀介质浸泡法，盐雾试验和电化学实验。

（1）腐蚀介质浸泡法。腐蚀介质浸泡法是采用标准配制的腐蚀介质溶液，在实验条件下浸泡镀层试样，记录各个时间点的腐蚀形貌和失重（或增重），计算腐蚀速率；盐雾试验在盐雾试样腐蚀箱中进行，采用标准实验条件，记录腐蚀形貌和时间；电化学实验在电化学工作站上进行，分析极化曲线和阻抗谱，对比材料表面的耐蚀性。经研究发现，含量一定的化学镀 Ni-P 合金镀层在 NaCl 盐水、$H_2S$ 和有机酸中的耐蚀性是碳钢无法比拟的，其耐蚀性甚至超过不锈钢。

（2）盐雾试验。化学镀镍层的耐腐蚀性检验，有户外曝晒腐蚀试验和人工加速腐蚀试验两种。

关于户外腐蚀试验，对曝晒条件如工业性大气、海洋性大气、农村大气、城郊大气及曝晒方式如敞开式、遮挡式、全封闭式，以及试样摆放位置等都有许多具体要求。

各种盐雾试验或其他各种人工加速腐蚀试验，对于化学镀镍层来讲，都是一种对镀层是否有孔隙的检查。因为化学镀镍层如果没有孔隙，由于它具有高的耐蚀性，在盐雾试验中是能经受很长周期考验的；如果化学镀镍层有孔隙，由于它对于钢铁基体是阴极，基体金属将很快产生锈点。对于腐蚀等级的评定，往往是根据试样上的腐蚀点的多少来评定的。这样看来，用盐雾试验来评定化学镀镍的耐蚀性并不太科学。

然而盐雾试验毕竟模拟了沿海大气条件，能揭示化学镀层的孔隙和缺陷程度，间接地反映镀层的抗蚀能力。因此在鉴定一个化学镀镍工艺时，还是需要进行盐雾试验。

（3）其他人工腐蚀试验。人工腐蚀试验还有腐蚀膏试验（CORR 试验）（ISO 4541—1978）、周期浸润腐蚀试验（HB 5194—1981）、二氧化硫凝露试验（ISO 6988—1985）、各种不同浓度酸碱溶液试验（根据产品使用条件提出）以及电解腐蚀试验和湿热试验等等。

---

## 参 考 文 献

[1] 郭忠诚，杨显万. 化学镀镍原理及应用 [M]. 昆明：云南科学技术出版社，1982.
[2] 姜晓霞，沈伟. 化学镀理论及实践 [M]. 北京：国防工业出版社，2000.
[3] 李宁，袁国伟，黎德育. 化学镀镍基合金理论与技术 [M]. 哈尔滨：哈尔滨工业大学出版社，2000.
[4] 闫洪. 现代化学镀镍和复合镀新技术 [M]. 北京：国防工业出版社，1999.

# 8 化学镀镍废液的处理

我国自 20 世纪 80 年代后期，尤其是 90 年代以来，对化学镀镍的研究也进入了飞速发展时期。目前，对化学镀镍的工艺、镀层性能研究已达到或接近国际先进水平，但对其三废处理未能引起足够的重视，甚至有的厂家直接排放废液，造成了严重的环境污染。

对于常见的以次磷酸钠为还原剂的化学镀镍工艺，副产物中危害最大的是亚磷酸钠。亚磷酸根会和镍离子结合成难溶解的亚磷酸镍，而亚磷酸镍会和反应产生的镍原子共沉淀，使镀层质量下降，此时只好废弃镀液，镀液的废弃既增加了成本，又污染了环境。因此，化学镀镍废液的处理与再生关系到环境保护与资源合理利用等问题。

近 20 余年来，国内外对化学镀镍废液的处理已有一些报道。但由于化学镀镍废液的组成较为复杂，处理相当困难，导致对其处理的研究还很落后。因此，化学镀镍液中镍的回收利用及废液中其他有害成分的达标处理成为急需解决的课题[1]。

另外，由于镀液中存在着大量的具有还原性的亚磷酸盐、次磷酸盐、络合剂和还原剂，使得镀镍废液具有高浓度的 $COD_{Cr}$，同时在镀液中，由于反应生成的硫酸盐和亚磷酸盐的积累，容易使得镀液老化，可能导致化学镀镍液部分或全部报废，报废的镀液和镀件漂洗导致水中污染物质较多，必须进行处理，所以应特别注意镀液的维护与处理。我国于 20 世纪 60 年代开始使用化学镀镍工艺，目前从事化学镀镍工艺的中小型企业很多，经常是小批量配一槽镀液，镀完后废液即报废直接倒掉，这样不但造成了巨大的资源浪费，同时也污染了环境。随着人类环境意识的提高，这一点严重制约了化学镀镍技术的应用。因此，如何有效地处理化学镀镍废液，减少其对环境的污染、对昂贵金属资源的浪费，从而实现社会效益、环境效益和经济效益的协调统一，有着极其重要的现实意义[2]。

## 8.1 化学镀镍废液特征

在化学镀镍的过程中，镍离子不断被还原为金属镍，次亚磷酸盐则被氧化为亚磷酸盐。随着化学镀镍时间的不断延长，溶液中的有效成分镍离子和次磷酸根离子等逐渐被消耗，但亚磷酸根离子、钠离子和硫酸根离子等副产物则不断积累，当副产物达到一定的浓度时，容易析出白色的沉淀 $NiHPO_3 \cdot 7H_2O$，从而使化学镀镍溶液变浑浊甚至自发分解[3]。这会影响镍-磷合金镀层的沉积，使得沉积速度降低，镀层粗糙，镀层内应力、孔隙率增大，延展性、耐磨性和耐腐蚀性下降，最终导致镀液老化至不能继续使用，成为化学镀镍废液。此时，化学镀镍废液中除了含有大量的次磷酸根离子、镍离子、亚磷酸根离子、硫酸根离子和钠离子外，还含有一定量的无机物络合剂、稳定剂和缓冲剂。化学镀镍废液中的镍大部分以络合物的形式存在，如柠檬酸镍、苹果酸镍、酒石酸镍等，这些稳定的络合物，给镀液的处理带来很多困难；磷主要以次磷酸钠和亚磷酸钠的形式存在；化学镀液中添加的其他助剂，如 pH 值缓冲剂、光亮剂和稳定剂添加的量较少，对废液处理产生的影响较小[4]。

以次亚磷酸盐为还原剂的化学镀镍液，在施镀过程中所发生的化学反应是三个相互竞争着的氧化-还原反应[5]：

$$Ni^{2+} + H_2PO_2^- + H_2O \longrightarrow Ni + H_2PO_3^- + 2H^+$$

$$H_2PO_2^- + [H] \longrightarrow P + OH^- + H_2O$$

$$3H_2PO_2^- \longrightarrow H_2PO_3^{2-} + H_2O + 2OH^- + 2P$$

化学镀镍液长时间施镀后，镍盐、次亚磷酸钠等有效成分被消耗，亚磷酸根、钠离子、硫酸根离子等副产物逐渐积累，当达到一定浓度时会影响镍、磷沉积，使沉积速度降低。镀层内应力、孔隙率增大，延展性下降，并且会产生亚磷酸镍沉淀，使镀液变浑浊，严重时会导致镀液自然分解。此时，化学镀镍液已经老化，称为化学镀镍废液。化学镀镍废液中除了含有较高浓度的镍、磷以外，还含有大量的络合剂、缓冲剂、稳定剂等有机物。化学镀镍废液中大部分镍是以络合物形式存在，如柠檬酸镍、酒石酸镍、苹果酸镍等，镍离子浓度为 2~7g/L；化学镀镍废液中磷以次磷酸钠、亚磷酸钠为主，浓度为（以总 P 计）80~200g/L。同时还存在大量的还原剂，如次磷酸钠、亚磷酸钠等、pH 缓冲剂（醋酸-醋酸钠）、稳定剂、加速剂及光亮剂等大量的有机物[6]。

化学镀镍液的特点是：（1）镀镍液中存在着一定量的镍的络合物，而且这种络合物都是外轨型的，如柠檬酸镍、酒石酸镍、苹果酸镍等；（2）镀液中存在着具有还原性的次磷酸以及亚磷酸；（3）镀液中存在着大量的 pH 值缓冲剂，如醋酸、丁二酸等。因而化学镀镍废水的处理是一项较为复杂的工作。

## 8.2　化学镀镍废液的主要危害

随着化学镀镍技术应用范围及生产规模的不断扩大，由此产生的社会问题和环境问题也都日趋严重。一般镀液使用 6~12 个周期后，镀液便会出现浑浊、自发分解的现象，镀层会出现针孔等质量问题，此时化学镀镍溶液部分或全部报废，从而增加了化学镀镍的成本，限制了其应用和发展[7~9]。

在化学镀镍废液中 $Ni^{2+}$ 已被证实具有强致癌作用，如果此废液不加处理就任意排放，不仅造成资源浪费，还将对环境和人体健康造成严重的危害[10]。含镍废液排入水中后，不仅会威胁水生生物的生存，而且可能通过吸附、沉淀和食物链而不断富集，最终破坏生态环境，危害人类健康。调查表明[11]，井水、河水、土壤和岩石中镍含量与患鼻咽癌的死亡率呈正相关。此外，白血病人血清中镍含量是健康人的 2~5 倍，且患病程度与血清中镍含量明显相关，暗示着镍也可能是白血病的致病因素之一。此外，镍还有降低生育能力、致畸和致突变作用。人体液中镍的含量还与其他疾病有关，如发生心梗、中风等。在被烧伤后，血清中镍的浓度会增加，暗示着当正常组织受到损伤时就释放出镍。此外，哮喘、尿结石等病都与人体内镍的含量有关。镍对人健康的危害更不能被忽视，它可引起基因突变或丢失、影响人体内多种酶和遗传物质的合成、扰乱内分泌系统、影响人体对营养物质的吸收、诱导人体产生活性氧，从而使人类患上炎症、神经衰弱症、癌症等，还可扰乱人体内部平衡、降低人的生育能力[11, 12]。镍的流行病学调查研究表明，长期从事和镍有关工作的人患鼻腔癌、皮肤癌和肺癌的概率都非常高，经常接触镀镍产品的人更容易患湿疹和过敏性皮炎[13]。

此外，镍是一种短缺的贵金属资源，它在国际市场上的价格近几年一直在上涨，目前每吨镍的市场价在 1200 美元左右。

磷则是引起水体富营养化现象的主要污染因素之一，富营养化[14]是一种氮、磷等植物营养物质含量过多所引起的水质污染现象。在自然条件下，随着河流夹带冲击物和水生生物残骸在湖底的不断沉降淤积，湖泊会从贫营养湖过渡为富营养湖，进而演变为沼泽和陆地，这是一种极为缓慢的过程。但由于人类的活动，将大量工业废水和生活污水及农田径流中的植物营养物质排入湖泊、水库、河口、海湾等缓流水体后，水生生物特别是藻类将大量繁殖，使生物量的种群种类数量发生改变，破坏了水体的生态平衡。大量死亡的水生生物沉积到湖底，被微生物分解，消耗大量的溶解氧，使水体溶解氧含量急剧降低，水质恶化，以致影响到鱼类的生存，大大加速了水体的富营养化过程。水体出现富营养化现象时，由于浮游生物大量繁殖，往往使水体呈现蓝色、红色、棕色、乳白色等，这种现象在江河湖泊中称为水华，在海中称为赤潮。在发生赤潮的水域里，一些浮游生物爆发性繁殖，使水变成红色，因此称为赤潮。这些藻类有恶臭、有毒，鱼类不能食用。另外，藻类大量繁殖也遮蔽了阳光，使得水生植物因为光合作用受到阻碍而死去，腐败后放出氮、磷等植物的营养物质，再供藻类利用。这样年深日久，造成恶性循环，藻类大量繁殖，水质恶化且腥臭，造成鱼类的死亡。水体富营养化的危害有以下两方面：

（1）富营养化会影响水体的水质，造成水的透明度降低，使得阳光难以穿透水层，从而影响水中植物的光合作用及氧气的释放，同时由于浮游生物的大量繁殖，消耗水中大量的氧，使得水中的溶解氧严重不足，而水面植物的光合作用，造成局部溶解氧的过饱和，溶解氧的过饱和及水中溶解氧的不足都对水生动物有害，造成鱼类大量死亡。因为水体富营养化，水体表面生长着蓝藻、绿藻等大量水藻，形成一层"绿色浮渣"，致使底层堆积的有机物质在厌氧条件下分解产生的有害气体和一些浮游生物产生的生物毒素也会伤害鱼类。

（2）富营养化水中含有硝酸盐和亚硝酸盐，人畜长期饮用这些物质含量超过一定标准的水会中毒、致病等。

因此，必须对化学镀镍废液加以处理、回收利用，否则不仅造成资源浪费，还会严重危害生态环境和人类健康。

## 8.3 化学镀镍废液处理方法

随着人们环保意识的提高，人们逐渐认识到了化学镀镍废液对环境特别是对人类产生的危害，并采取了多种治理措施。

近年来，国内外许多专家都致力于解决化学镀镍废液的处理与回收再利用问题。目前，对化学镀镍废液的处理方法主要有两种：一种是回收化学镀镍废液中有价值的重金属资源；另一种是化学镀镍废液的净化再生利用。

化学镀镍废液处理法主要有化学处理法[15~23]、电解法[24~26]、离子交换法[27~29]、膜分离法[30~37]、还原法[38,39]、氧化法、间隔取液法、吸附法[40~44]等。化学镀镍废液组成比较复杂，因此处理较困难，使用单一的方法很难达到国家排放标准和回用目的。目前，废液的处理方法主要是综合方法，即上述方法的两种或两种以上的组合工艺。

化学镀镍废液处理主要有两种途径：（1）废液经回收部分镍、磷后进一步处理再排放；（2）净化再生化学镀镍废液后循环使用。化学镀镍废液净化再生技术更符合环保要求。

### 8.3.1 化学沉淀法

对于化学镀镍废液的处理，化学沉淀法是一种既简便、又实用的方法。它是在废液中加入试剂破坏配合物，再投入适宜的沉淀剂（主要为碱性物质），如氢氧化钠、石灰、漂白粉、硫化物、硫酸亚铁等无机物，或不溶性淀粉黄原酸醋（ISX）和二烷基二硫代氨基甲酸盐（DTC）等有机物，在一定的 pH 值条件下，沉淀剂与废液中的镍离子及重金属离子等进行反应生成不溶性沉淀物，凝聚、沉降、液固分离，从而除去废水中的有害污染物。对于镍沉淀物，可以用酸进行回收，而剩余的含磷废液可用强氧化剂处理后排放。

通常废液中含有较多的络合剂和缓冲剂，化学镀镍废液中的镍大部分以络合物的形式存在，需要加入大量的沉淀剂才能去除部分镍，而且镍的去除率较低。最好是在预先分离或氧化分解废液中的络合剂及缓冲剂后，再进行化学沉淀分离，这样效果更好。因此，可先向废液中投加过氧化氢、高锰酸钾或次氯酸钠等氧化剂破坏镍的络合物，使镍离子呈游离的状态，再投加适当的沉淀剂，以提高镍的去除率。

### 8.3.1.1　镍的沉积

我国早期对废液的处理主要针对镍离子的沉积回收，而将其他成分废弃。常用的沉淀剂[16~22, 24, 26, 32, 39, 45~55]有苛性钠、碳酸钙、石灰、漂白粉、硫化钠、硫化亚铁、硫化氨基甲酸二甲酯（DTC）、不溶性淀粉黄原酸酯（IXS），使其形成氢氧化镍沉淀除去，排放液中镍含量可达国家排污标准。氢氧化镍沉淀过滤干燥后可用稀硫酸溶解，以硫酸镍形式回收。

经典的化学沉淀法工艺过程是在废液中投入石灰乳和苛性碱，使废液的 pH 值升高至 12，此时废液中绝大部分镍离子及其他污染物发生沉淀反应，加入少量高分子絮凝剂，加速不溶物的沉降过程。加入氧化剂，除去废液中的有机物，有利于镍离子的沉淀反应，降低废水的化学需氧量（COD）；采用砂池过滤法、离心过滤机或板框过滤机，使液固分离，调整滤液 pH 值，分析检验，符合标准后排放废水，污泥脱水，综合利用废渣。

陈志勇、王辉[45]用工业漂白粉作处理剂，使废液中的镍去除率达 99%。若在用漂白粉处理过后的化学镀镍废液中再加以少量的 $S^{2-}$，利用 NiS 溶度积比较小的特点，可以把 $Ni^{2+}$ 的残留浓度降至更低。于秀娟[19, 56]以 $Ca(OH)_2$ 为沉淀剂，pH = 12，80℃反应，老化液中镍的质量浓度降到 1mg/L；分离沉淀后的溶液用硫酸调节 pH = 8，按 $Ca(ClO)_2$ 与总 P 的质量比为 3.5：1.0，加入 $Ca(ClO)_2$，老化液中的磷酸盐通过形成沉淀得到去除。对 $Ni(OH)_2$ 沉淀，以稀硫酸溶解回收其中的镍，剩余沉渣填埋处理。其他常用的沉淀剂还有硫化钠、硫化亚铁、硫酸亚铁、硫酸铝等无机物，二烷基二硫代氨基甲酸盐（DTC）和不溶性淀粉黄原酸酯（ISX）等有机物。不溶性淀粉黄原酸酯（ISX）除镍的机理是[57]：ISX 与含 $Ni^{2+}$ 废水中的 $Ni^{2+}$ 发生离子交换反应，黄原酸基与 $Ni^{2+}$ 生成不溶性的螯合物沉淀，从而达到去除 $Ni^{2+}$ 的目的。朱福良[58]等人研究用 ISX 处理含锌废水，结果表明，在 ISX 加入量为理论用量 1.5 倍，pH 值控制在 6 左右，室温下搅拌 30min 的最佳条件下，锌离子的去除率可达到 98% 以上，处理后废水中锌离子的含量为 0.2mg/L，达到国家排放标准（0.5mg/L）。上述两种新型沉淀剂使用方便，但价格较高，主要用于处理低浓度的废水。用 DTC 处理化学镀镍废液已有报道。在被稀释的镍浓度为 250mg/L 的废液中加入 5% 的 DTC 溶液，30min 后加入高分子絮凝剂，DTC 过量 20% 时处理效果比较理想。DTC[59]可在较宽的 pH 值（3~10）范围内，与 $Ni^{2+}$ 及其他重金属离子形成螯合沉淀物。DTC 及其衍生物螯合剂（但螯合树脂类 DTC 为立体架桥结构，不溶性的）易溶于水，且为长链线形高分子结构，含有大量的极性基（极性基中的硫原子半径较大，带负电，容易极化变形而产生负电场），它能捕捉阳离子并趋向成键而生成难溶的二硫代氨基甲酸盐（DTC），生成的 DTC 盐中部分是离子键或强极性键，大多数是配位键，同一金属离子螯合的配价基极可能来自不同的 DTC 分子，这样重金属离子与 DTC 螯合捕集剂生成的 DTC 盐的分子是高交联、立体结构的，生成的难溶螯合盐的相对分子质量很大（达到百万或上千万），所以此种金属盐一旦在废水中形成，其溶解度很小，且具有很好的絮凝沉积效果。利用 DTC 在常温下能与废水中的 $Ni^{2+}$、$Hg^{2+}$、$Cd^{2+}$、$Cu^{2+}$、$Pb^{2+}$、$Mn^{2+}$、$Zn^{2+}$、$Cr^{3+}$ 等多种重金属离子迅速反应生成不溶于水螯合盐的特性，若再加入少量的有机或无机絮凝剂可形成絮状沉淀，从而达到捕集吸附除去 $Ni^{2+}$ 离子及重金属离子的目的。利用 DTC 能有效地沉淀 $Ni^{2+}$ 离子，使废液中的 $Ni^{2+}$ 离子降低至 $1 \times 10^{-6}$ mol/L 以下。单纯使用 DTC 处理电镀废水，虽然处理效果好，但用量多处理成本较高，利用 DTC 处理重金属离子含量较低的废水非常有效。化学沉淀法结合重金属离子捕集剂螯合沉淀法，对于化学镀镍企业废水处理比较适合，且操作容易简便，处理成本较低，$Ni^{2+}$ 离子及重金属离子除去率高。

国内深圳市东江环保股份有限公司的刘富强[60]等人用硫化钠作为沉淀剂，将废液的镍离子以硫化镍的形式析出，以达到净化废液和回收镍的目的。实验结果表明，影响镍去除率效果的几个因素中：硫化钠的投加量最大，pH 值次之，反应时间最小；最佳去除工艺条件为：pH＝6.0，投加 200mL 质量分数为 20%的硫化钠溶液，反应时间 30min，能使 200mL（镍质量浓度为 5450mg/L）化学镀镍废液中镍的去除率达到 99.8%。残余镍的质量浓度可以降至 12mg/L 左右，对其余重金属离子的去除也有明显的效果。但该方法对废水中的氨氮、COD 和磷的去除没有明显的效果。冯粒克、施银燕[61]等人实验研究确定了 NaOH 处理镀镍废水的最佳工艺参数，结果表明，以过氧化氢为破络剂，氢氧化钠为化学沉淀剂，当过氧化氢用量为 50ml/L，氢氧化钠为 25g/L，温度为 60℃时，镍的含量由10.27g/L 降至 0.980mg/L，达到国家排放标准（GB 8978—2002）。孙红、赵立军[16]等人利用化学沉淀法处理化学镀镍废液中的镍时采用石灰乳作为沉淀剂处理镀镍废液，使其含量降低到 1mg/L。另外，有广西大学采用二-（2-乙基己基）磷酸（$P_2H_4$）作为萃取剂[18]，在常温、pH 值为中性条件下，萃取化学镀镍老化液中镍，萃余液用硫酸反萃取，生产工业级硫酸镍，达到了治理环境，废物利用的目的。于秀娟[20]等人采用二次回归正交旋转组合设计法得到反应温度、石灰乳投加量、反应温度与废水中剩余镍之间关系的数学模型，揭示了化学沉淀法处理含镍废水时影响因素间的内在联系，为试验条件的优化提供了依据。

对氢氧化钠与石灰对废液中 $Ni^{2+}$ 的沉淀效果进行比较后发现，在使用石灰处理时，高分子絮凝剂可加速沉淀，产生的沉淀体积很大。但该方法的处理效果优于仅用氢氧化钠的处理方法，此外石灰同老化液中的亚磷酸根形成钙盐沉淀，去除大部分的磷。

### 8.3.1.2 亚磷酸根的处理

针对化学镀镍废液中亚磷酸根的处理，一种方法是直接用沉淀剂如钙盐[19, 47~49]，形成亚磷酸钙沉淀除去，剩余钙离子用可溶性氟化物掩蔽。各种可溶性钙盐如 $Ca(Ac)_2$、$CaCl_2$ 等对亚磷酸根的去除率达 85%，高于难溶性钙盐（如 CaO）。该法存在的问题是二次沉淀物 $CaF_2$ 粒度小，用滤纸很难除去，必须离心分离，限制了该法的实际应用，且镀液中残余的 $Ca^{2+}$ 会污染镀液。曾见报道用三氯化铁[48]沉积亚磷酸根，但残留铁离子会影响镀液性能。另一种方法是加入 $KMnO_4$、$H_2O_2$ 等氧化剂[19, 49]，将次磷酸根、亚磷酸根氧化成正磷酸根，再使之产生磷酸盐沉淀除去。但镀液中的络合剂降低其氧化能力，需高活性催化剂，如铂及其化合物，选择范围窄，对镀液稳定性有影响，需开发新的催化剂才使该方法具有实用性。

另外，石灰乳还能同废液中的亚磷酸根形成钙盐沉淀，去除大部分的磷。王利[62]采用化学沉淀法对玻璃纤维化学镀镍钴磷废液进行再生。以乙酸钙为沉淀剂去除亚磷酸根，反应时间为 20min，反应温度 40~50℃，乙酸钙的投加量为 90~100g/L。

大连理工大学的刘贵昌[21]等人进行了采用可溶性钙盐去除化学镀镍废液中亚磷酸根，再用可溶性氟化物去除残余 $Ca^{2+}$ 离子的净化再生化学镀镍废液的研究。最佳去除工艺条件为 $[Ca^{2+}]/[H_2PO_3^{2-}]$ 为 0.72，pH 值为 6.0，温度为 50℃，处理时间大于 10h。研究结果表明，采用该方法去除亚磷酸根在技术上是可行的，所得镀层质量令人满意。哈尔滨工业大学理学院的于秀娟等人研究了以 $Ca(OH)_2$ 和 $Ca(ClO)_2$ 为处理剂的分步处理法[19]。采用 $Ca(OH)_2$ 处理回收废液中金属镍之后采用 $Ca(ClO)_2$ 以磷酸盐的形式去除磷。

化学沉淀法的优点是工艺比较成熟、设备简单、操作方便、投资小、经济可行等。其缺点是处理过程中会产生大量的废渣，必须进行妥善处理或综合利用；否则，废渣中镍离子等污染物溶出，会造成二次污染。综合利用废渣的方式包括，与硅酸盐物料混合烧结成砖、浇灌混凝土、低镍含量的污泥可用作建筑涂料等。

## 8.3.2 催化还原法

在化学镀镍废液中，趁热向化学镀镍废液中加入适量的还原剂（如氯化钯或硼氢化钠等）[38]，或人为地改变某些条件（如升高废液 pH 值、温度等）诱发废液自发分解，生成金属镍的方法称为催化还原法。反应生成黑色镍微粒，约 90% 镍沉降分离后，可回收利用。处理后的废液，可降低镍离子浓度数十倍。后续的化学沉淀和废渣处理就较容易，但此法费用较高。

类似的诱导自发分解镀液的方法有：升高废液 pH 值和温度，滴加少量还原剂硼氢化钠等，以触发废镀液的分解反应，经过沉降后，可大大降低废液中镍离子的含量。目前国外还出现了几种回收化学镀液中金属的商品，如具有极高表面积（260m$^2$/g）的碳微粒和纤维素等，经过特殊的表面催化活性处理后，使表面活性大大提高。当碳微粒或纤维素与热的废液混合接触时，镍离子迅速被吸附而沉积，然后经液、固分离，镍即可回收利用而碳微粒可重新使用，废液中镍离子浓度可降至 5×10$^{-7}$mol/L。

刘娟[63]等通过正交实验，利用 XRF、XRD、TEM 等分析手段，系统地研究了硼氢化钠还原法处理化学镀镍废液中镍的工艺。研究结果表明，反应温度、硼氢化钠的浓度和 pH 值对镍的回收效果均会产生一定的影响。使用不同的分散剂会对实验效果产生一定影响，其中，分散剂 KH570 可有效改善处理效果，增加回收产物的量，使其粒度分布更集中。实验所得的最优工艺参数为：硼氢化钠用量 140mg/L，KH570 用量 0.3g/L，温度 40℃，pH 值 5。在该工艺参数下，镍的回收率接近 100%，废液中残余镍离子的浓度低于 1.0mg/L，达到电镀废水排放标准的要求。闫雷[39]等人研究了硼氢化钠的投加量、pH 值、温度及反应时间对硼氢化钠还原法去除化学镀镍废液中镍的影响。实验结果表明，投加一定量的硼氢化钠，控制反应温度为 50℃、pH 值为 6、反应时间为 10min，可使废液中镍的浓度从 6000mg/L 降到 10mg/L 以下，镍的回收率达到 66.1%。国外还有数种回收化学镀废液中镍的新产品，如进行特殊的表面催化活化、表面活性极高的纤维素和碳微粒等，当其与热废液接触混合时，镍离子迅速被微粒吸附，并在其表面沉积，经固液分离后，废液中残余的镍离子浓度可降低到 5×10$^{-7}$mol/L，该法可有效的回收镍，微粒也可反复循环使用[38]。袁孝友[53]利用酸性化学镀镍废液合成 Ni-P 纳米粉，以 PbCl$_2$ 为催化剂，制得 Ni-P 纳米粉，粒径 10～20nm，分散性好。

催化还原法的优点是明显的。此法作为初级处理步骤有偿地回收了大部分镍资源，减少了废水处理量。废渣中镍含量降低了数十倍，有利于环境保护。催化还原法的优点是能有效回收镍资源，使废液中镍含量大大降低，有利于后续的化学沉淀处理，减少了废渣，有利于环境保护。其缺点是成本偏高，尤其是氯化钯价格高且不易回收，形成的镍沉积物不易分离提纯。

### 8.3.3 电解回收法

与化学沉淀法比较，电解法更适于深度处理化学镀镍废水，而且无废渣产生。电解法处理化学镀镍废液，采用不溶性材料（二氧化铅等）作阳极，不锈钢网作阴极，废弃的化学镀液中的镍离子可采用电解法使其在阴极表面上电化学沉积，以便回收利用。为了回收废液中的镍，也可以采用阴极电解法将化学镀镍液中的镍离子沉积在由不锈钢网做成的阴极上，此时获得的实际上是电镀镍磷合金镀层，而后将不锈钢网进行碾压以回收镀层。这种方法已经得到了实际的应用，对于单一的镍磷化学镀镍废液较为实用。为提高回收效率，已衍生出各种工艺设备，如大面积叠层电解池、导电碳纤维、旋转电极等。常用的阴极[64]有特殊涂层电极、导电膜电泳电极、导电碳纤维电极、旋转电极、不锈钢网等。

电解法[65]兼具气浮、絮凝、杀菌等多种功能，被称为"环境友好"技术，因该法处理废液效率高、装置紧凑、用地少、产生污泥少、便于控制管理，在国内外得到广泛应用[66~71]。

R. Idhayachander[72]等人认为化学镀镍操作过程中会产生大量的有毒废物镍，从经济和环境两个方面考虑镍的去除具有十分重要的意义。他们采用电解法处理某继电器开关制造行业产生的化学镀镍废液，以碳钢和镀金碳钢作为阴极，在不同的实验参数条件下进行了电解实验，研究了电流密度、时间、搅拌电流效率及溶液的 pH 值变化等对镍回收率的影响。结果表明，当电流效率增加到 $5A/dm^2$ 时，电解的效率开始下降。使用混合阴极不能改善实验效果，但改良的阴极对实验效果却有很大的改善作用。在电流为 $5A/dm^2$、pH 值为 4.23 的条件下，化学镀镍废液中镍的去除率达到 81.81%，废液中镍的含量从 5.16g/L 降低到 0.94g/L，电流效率为 62.97%。

电解过程中，阳极上发生的主要反应为 $OH^-$ 放电和有机物的氧化破解，阴极上析出金属镍。电解法又分为膜电解法、内电解法、双相电解质和微电解法等。

膜电解法利用离子交换膜把溶液和电极分隔开，在直流电场的作用下，有选择性地让部分溶质通过离子交换膜实现迁移，从而实现自动控制电极反应的程度及类型，得到常规电解法很难实现的效果。P. T. Bolger[73]等人采用膜电解法处理化学镀镍废液。研究表明，使用廉价的阳离子交换膜处理化学镀镍废液可以选择性的去除钠离子，且 pH 值和电流密度是选择阴离子的关键操作参数。通过对废液进行简单的操作，可以降低镀液的 pH 值，从而有效地减少有用离子的损耗，实验得到的最优 pH 值为 3~3.5。增加电流密度，可使膜具有更好的渗透性，镍的去除效果更好；但电流密度并非越大越好，实际处理过程中还需要考虑电流的整体利用率。试验结果还表明，MA3475 膜去除污染物的效果比其他阴离子交换膜更好。

内电解法利用活性炭和铁屑构成原电池，污染物在电池的正极或负极发生氧化还原反应而被去除；此外，原电池自身也会发生反应，产生 $Fe(OH)_2$、$Fe^{2+}$ 和 $H_2$ 等物质，它们可通过吸附、絮凝和氧化还原等作用将污染物去除。Y. Z. Jin [74]等人用内电解法处理化学镀镍废液，大大降低了废液的 COD，提高了废液的可生化性，处理后水质可达国家规定的排放标准。

微电解法[75]主要是以工业废铁屑经过活化处理与惰性材料混合作为原料，

放入反应器中，利用微电池腐蚀原理所引起的电化学和化学反应及物理作用，包括催化、氧化、还原、置换、絮凝、吸附、共沉淀及过滤等联合作用，将废水中的 $Ni^{2+}$ 离子及重金属离子除去的方法，达到净化废水的目的。一般控制进入微电解反应器废水的 pH 值为 3 左右，pH 值过高，反应不完全；pH 值过低，反应器中填料的铁消耗量及后续碱中和处理投入的碱量加大，增加处理成本，且出水色度较高。若废水的 pH 值为 4~6 时，可补充少量的酸洗废液以调节 pH 值至合适的范围。为了使氧化还原等作用完全进行，微电解反应需要停留一段时间来提高污染物的去除率，但时间过长，出水中含铁量会增加，导致出水色度偏高，因此，必须控制好停留时间的长短。废水处理过程中，为防止填料的板结，可采用合适的气、水联合反冲洗的方法，并进行填料的定期清洗，除去其表面的钝化膜，保证其具有较高的活性，以达到净化废水除去重金属离子的目的。该法的优点是：集氧化还原、吸附、絮凝作用于一身，不用投加化学试剂，运行费用低，产生的污泥量少，原料易得，利用工业废铁屑，达到了以废治废的目的，装置简易，能实现自动化操作，可以减少工人的劳动强度，对于小型化学镀镍企业具有较好的应用前景；缺点是：只能处理浓度低于 100mg/L 的废水。

叶春雨[76]等人采用电解法回收化学镀镍废液中的重金属，考察了直流电解时废液 pH 值、温度、电解时间等因素对重金属 $Ni^{2+}$ 回收率的影响，并且通过脉冲电解降低能耗，探索出高效率、低能耗回收废液中重金属镍的可行途径。用直流电解时，废液 pH 值为 7、反应温度 60℃、搅拌、电流密度 8.0mA/cm$^2$、电解 2h，可以使废液中镍的浓度从 4.47g/L 降到 0.048g/L，回收率达到 98.93%，电流效率为 40.40%，能耗为 5.88kW·h/kgNi$^{2+}$；采用脉冲电流时，镍离子回收率提高，能耗降低 12.93%。闫雷[77]等人研究电解法处理化学镀镍废液的可行性及处理效果，以泡沫镍为阴极、Ti 基 $RuO_2$ 涂层电极作阳极电解回收废液中的镍。当 pH=7~8，表观电流强度 $I$=0.45~0.5A，试验温度 80℃、电解 2h，可以使废液中镍的质量浓度从 2018mg/L 降至 53.7mg/L，去除率高达 97% 以上。此外，经过 2h 的电解处理，废液中的总有机碳（TOC）的质量浓度可降低 97.3%。清华大学的张少峰[78]研究了脉冲电解法处理酸性含镍工业模拟废水的工艺条件。最优的电解条件为泡沫铜为阴极，脉冲电源频率为 1000Hz，占空比为 40%，峰流 1.8A，流速为 22cm/s，极距为零，采用阳膜双室电解槽，能使初始浓度为 370mg/L 的含镍废水降低至 1mg/L，去除率达到 99% 以上。崔磊[79]等人以铅板为阴极，以镍板为阳极，在不同条件下进行亚磷酸盐电解还原转化为次磷酸盐的试验。结果表明，阴极使亚磷酸盐确实在一定程度上被转化为次磷酸盐，但是转化率太低，还达不到工业生产的要求。赵静怡[80]在常规电解方法的基础上采用膜电解法对含镍废水的处理进行了研究，在理论分析的基础上研究了电解液 pH 值、$Ni^{2+}$浓度、电流强度等影响因素。实验结果表明，对于 pH 值为 0.5~1.0、

$Ni^{2+}$ 的平均质量浓度为 1400mg/L 的含镍废水，在电解电流 150mA、电压 5V 的条件下，控制电解时间为 20~24h，调节电解液初始 pH 值为 4，采用离子交换法将 $Ni^{2+}$ 富集到 14000mg/L 时，平均电流效率可达到 90.7%，镍的平均去除率为88.7%，可比普通电化学法电流效率提高 30%，节能 50% 以上，是一种十分理想的处理工艺。

电解法处理效率高、操作方便，但是很难去除亚磷酸盐，不利于实现化学镀镍废液的循环使用。当电解过程中镍的浓度降低到一定程度时，会导致电流效率降低，能耗升高。因此，若要将镍的含量降低至排放标准就不能只单独采用此法，需进一步用其他方法处理。

从经济角度上来分析，虽然投资和设备运行的费用都很高，但由于电解法没有废渣产生，不易造成二次污染，所以综合费用还是低于化学沉淀法，而且除镍效果好，因而在欧美一些国家被普遍采用。

### 8.3.4　离子交换法

利用离子交换树脂富集回收贵金属或分离重金属已经工业应用多年。化学镀镍废液的特殊性在于钠离子浓度高、络合剂浓度高等。迄今尚未见选择性吸附镍离子而不吸附钠离子的交换树脂商品报道。常用的弱酸型阳离子交换树脂，对于含有强络合剂的废液中的金属离子的吸附不一定有效。而应选择离子交换树脂类型，优化工艺参数，如流动床树脂装填量、流速流量、脱洗和再生控制等，以便获得满意的处理效果。

离子交换树脂是具有三维空间结构的不溶性高分子化合物，其功能是可与水中的离子起交换反应。利用离子交换法处理、回收贵金属或分离重金属，是一种有效、可行的方法，现已在生产上得到应用[81]。该法的关键在于树脂的选择、工艺的设计及操作管理。

#### 8.3.4.1　阳离子交换树脂法[82]

化学镀镍液中含有机络合剂，如柠檬酸三钠、乳酸等，镍以络合阴离子形式存在，工业上采用 $H_2O_2$、NaClO、$KMnO_4$ 等先氧化破络，以游离镍离子形式存在，然后选用 110、D151、D152、美国的 Amberelite IRC-84、法国的 Duolite-464、EMolite-433 等弱酸性阳离子交换树脂回收镍，硫酸洗脱，氢氧化钠再生。采用弱酸性阳离子树脂交换时，通常将树脂转为 Na 型，因为 H 型交换速率极慢。含 $Ni^{2+}$ 废水流经 Na 型弱酸性阳离子树脂层时，发生如下交换反应[83]：

$$2R-COONa + Ni^{2+} \longrightarrow (R-COO)_2Ni + 2Na^+$$

水中的 $Ni^{2+}$ 被吸附在树脂上，而树脂上的 $Na^+$ 便进入水中。当全部树脂层与 $Ni^{2+}$ 交换达到平衡时，用一定浓度的 HCl 或 $H_2SO_4$ 再生：

$$(R-COO)_2Ni + H_2SO_4 \longrightarrow 2R-COOH + NiSO_4$$

此时树脂为 H 型，需用 NaOH 转为 Na 型：

$$R - COO + NaOHNa + H_2O$$

如此树脂可重新投入运行，进入下一循环。废水经处理后可回清洗槽重复使用，得到的硫酸镍经净化后可回镀槽使用。在众多的阳离子交换树脂中，国内的 D751 螯合树脂是一种有前途的镍离子交换树脂，选择性强、交换率很高，但洗脱率不高。阳离子交换树脂回收废水中的镍离子是一种深度处理方法[84]，其关键在于树脂的选择、工艺的设计和设备的管理。该法缺点是处理能力有限，树脂易被氧化和污染，需合成抗氧化和抗有机物污染的新型树脂。

### 8.3.4.2 阴离子交换树脂

在化学镀镍废液中，镍以配位阴离子形式出现。开始用阴离子交换树脂处理，饱和树脂用 NaOH 洗脱，但此类树脂不能降低 COD 和 BOD；继而采用先氧化破络，使镍以 $Ni^{2+}$ 的形式存在于溶液中，再选用弱酸性阳离子交换树脂回收镍，用硫酸洗脱、NaOH 转型，然而该树脂易被氧化和污染。经过一段长期的探索研究，又开始用阴离子交换树脂去除亚磷酸根离子。

孙志良[85]等人用国产 710 弱碱性阴离子交换树脂去除亚磷酸根，取得了很好的效果。谢东方[86]等人采用离子交换工艺对原有化学镀镍废液预处理工艺进行改造，改造后的预处理工艺采用离子交换系统吸附回收化学镀镍废液中的镍，交换树脂饱和后再用稀硫酸洗脱回收镍，硫酸镍洗脱液可综合利用进一步蒸发浓缩成硫酸镍产品，离子交换加石灰沉淀除磷，然后经过压滤，压滤液排放至废水净化车间深度处理后达标排放。改造后采用大孔隙苯乙烯系列螯合型离子交换树脂，该树脂对金属离子的选择性类同于 EDTA，并高于强酸性或弱酸性阳离子交换树脂，经过对比试验证明，该树脂非常适合回收化学镀镍废液中的二价镍离子，树脂在使用前需用稀酸将其转化为 H 型树脂。采用改造后的预处理工艺后，不仅降低了废液预处理成本，节约大量的化工原料，在减轻环境污染的同时又可提高镍资源的回收利用率，达到了综合利用的目的，具有明显的环境效益及经济效益。Parker 发现弱碱性阴离子交换树脂去除亚磷酸根效果最好，但次磷酸盐的损失与亚磷酸盐相近。哈尔滨工业大学[55]采用一种对亚磷酸根和次亚磷酸根有很好选择性的阴离子交换树脂，将化学镀镍液的寿命由原来的 10 个周期延长至 22 个周期，但去除硫酸钠效果甚微。美国田纳西州的 Doe Oka Ridge 试验室研制的化学镀镍无废工艺流程包括离子交换、沉淀、蒸发等处理单元，基本实现了化学镀镍的闭路循环[87]。

### 8.3.4.3 离子交换法应用现状

利用离子交换法处理、回收废水中的镍离子或去除溶液中的亚磷酸根离子，在化学镀镍的废水处理中已得到广泛的应用，是一种深度处理的方法之一。但化学镀镍废液中的钠离子和镍离子的浓度均很高，至今仍没有发现只交换其中一种阳离子的交换树脂，因此，多选用阴离子交换树脂去除废液中的亚磷酸根等阴离子。

随着高分子学科及材料科学的不断发展，许多新型的离子交换树脂相应出世，如螯合树脂，该类螯合树脂对金属离子的结合力非常强，交换率也相当高。Auderson R W[88]等人对多种离子交换树脂进行选择性研究。结果表明，氨基膦酸树脂的吸附能力强，解吸速度快，可回收到 320mg/L 的镍溶液；其适应的 pH 值范围为 3~12，处理后水质很好（$Ni^{2+}$≤0.020mg/L）。Rahman Ismail M M[89]等人的研究表明用离子交换树脂处理化学镀镍废液是可行的。Lu H X[90]等人采用树脂处理模拟废水，研究了树脂的尺寸对镍去除效果的影响，结果表明，树脂的厚度为 3~4mm 时的处理效果最好。

离子交换法回收的镍离子溶液质量高，可用作化学镀镍槽补充溶液。该项工艺化学药品消耗少，具有十分显著的优点。目前的缺点在于离子交换树脂处理能力有限，一次处理 1m³ 废镀液大约需要 1m³ 的离子交换树脂，投资太高。因此，目前离子交换法仅用于处理稀的废水溶液。

### 8.3.5　膜分离法

膜分离技术是利用高分子膜所具有的选择性来进行物质分离的一种技术[91]，从而达到净化化学镀镍废液的目的。常用的膜分离技术有反渗透、扩散渗析和电渗析等。

反渗透[92]是将溶液中溶剂（如水），在压力作用下透过一种对溶剂（如水）有选择透过性的半透膜进入膜的低压侧，而溶液中的其他成分（如盐）被阻留在膜的高压侧，从而得到分离浓缩，在电镀废水处理中利用反渗透膜截留重金属离子和有机添加剂，而让水分子透过膜，从而达到分离浓缩目的。国内用反渗透处理含镍废水有两种方法[93]：一种是单反渗透处理，另一种为反渗透与离子交换法联合处理。采用单反渗透处理，出水可继续用于镀件漂洗，浓液直接返回镀镍槽，不影响镀件质量，去除率分别为：镍 95%~99%、$SO_4^{2-}$ 98%、$H_3BO_3$ 30%、$Cl^-$ 80%~90%。采用离子交换-反渗透法，离子交换再生液含硫酸镍浓度可达 180g/L，通过反渗透器运行不到 1h，可将再生液浓缩到 280g/L。当操作压力为 3.92MPa、流速为 25cm/s 时，透水率达 0.25~0.45$t/(m^2·d)$，去除率可达 97.8%。从反渗透器出来的浓液稍加调整即可补充到光亮镀镍槽，不影响镀件质量，而从树脂出来的水可回至漂洗用，故能实现"零排放"。胡齐福等人[94]建立 24m³/d 电镀镍漂洗水膜法闭路循环回收系统，采用两级反渗透（RO）膜分离技术对电镀废水浓缩 50 倍以上，23.6m³/d 透过液回用到电镀生产线作为漂洗用水，浓缩液再用蒸发器进一步浓缩后直接回到镀槽，废水处理实现闭路循环。整个系统运行良好，对含镍 250~350mg/L 的漂洗废水中镍的回收率达到 99.9% 以上，实现清洁生产，基本上实现了电镀含镍废水的零排放。美国芝加哥[95] API 工艺公司采用 B-9 芳香族聚酰胺中空纤维 RO 膜组件处理电镀镍漂洗水，处理后的废水含 $Ni^{2+}$ 0.65mg/L、浓缩液含 $Ni^{2+}$ 达到 13.00g/L，$Ni^{2+}$ 截留率为 92%。

电渗析法[96]的原理是利用电场力的作用，使废液中的阳离子和阴离子分别通过阳、阴离子交换膜，从而达到分离提纯的目的。Heydecke J[97] 等人采用电渗析法处理化学镀镍废液，验证了其可行性。P. D. Longfield[98] 等人成功地用电渗析法连续再生化学镀镍废液，延长了其使用寿命。实验表明，在 130 MTO 的生产条件下，理论上该技术能无限延伸化学镀镍溶液的使用寿命，再生后的镀液化学镀镍速率不变，镀件表面的外观和质量与之前相同；且电镀效率很高，补给溶液较少，成产率提高；生产中断时间减少，产生的废渣量减少，生产成本也大大降低。与目前的其他处理技术相比，该项技术对化学镀镍液中钠盐、亚磷酸盐和硫酸盐的选择性更高。D. E. Crotty[99] 等人设计了四组不同的处理化学镀镍废液的方案，以延长废液的使用寿命。其中间歇方案的处理效果最好，该套电渗析方案既可有效的去除钠盐和硫酸盐，同时还考虑到贵重金属镍和次磷酸盐等有效成分的损耗，并对其进行定量补充，实现了化学镀镍槽的稳定连续工作。Li C L[100] 等利用电渗析法去除化学镀镍废液中的有害成分，如磷酸根、钠离子和硫酸根等，同时通过反渗透装置降低有用物质的损耗率，如次磷酸根离子和镍离子；用电流密度、膜的污染程度、电流效率、主要离子去除率来表征实验效果，讨论了工作电流、离子浓度变化及运行时间之间的关系。实验结果表明，电流密度对选择性地去除有害物质有决定性作用，电流密度由初始离子浓度决定；雷诺数为 185（电渗析内离子平均流速度在 3.47cm/s）、电流密度为 67.8mA/cm² 时，磷酸盐的去除率约为 50%、硫酸盐和钠的去除率超过 50%；有用离子浓度降低的速度变缓，次磷酸钠消耗速率约降低 10%、镍的消耗速率降低 30%。

用乳状液膜法处理化学镀镍废液，具有一定的技术可行性，在经济方面也具有很好的发展前景。目前，国外有不少企业将扩散渗透、电渗析和反渗透等技术与真空蒸发等装置结合，实现了化学镀镍车间系统的全封闭和无排放。膜分离技术可以去除化学镀镍溶液中有害的钠离子、亚磷酸根离子和硫酸根离子等，使镀液的使用寿命得到了有效地延长，节省了大量的资源，大大降低了化学镀镍成本，经济效益很显著；同时，该法可使污染物排放量大大降低，环境效益十分的显著；该法还具有高效、快速、选择性强、操作方便、流程短、占地面积小、分离速度快、排放废液中的污染物含量可达到电镀废水综合标准要求等特点。但是膜分离技术的投资费用较高，设备维护费也不低，且只有镀液中亚磷酸盐含量较高时才能得到有效的使用。

## 8.3.6 吸附法

吸附法[101]是利用比表面积大、吸附性能好、吸附速率快、稳定性好、解吸性好的多孔材料来去除化学镀镍废水中的镍。在对化学镀镍废水及重金属废水的处理中，吸附法得到越来越广泛的应用。常用的吸附剂有高岭土、活性炭、活性白土、硅藻土和沸石等。

O. Yavuz[102]等人利用高岭土吸附来去除废水的铜和镍等重金属，结果表明，高岭土对镍和铜的吸附规律均符合 Langmuir 方程。A. F. Ngomisk[103]等人用磁性的海藻提取物吸附废水中的镍，结果表明，该吸附过程分两个阶段完成，当吸附反应时间为 8.0h 时，镍的去除率最高可达到 70%；且吸附容量随着 pH 值的变化而改变，当 pH 值为 8 时，吸附效果最好，吸附模型符合 Langmuir 方程。Rajeshwarisivaraj[104]等人利用自制的活性炭处理由甲苯兰、苯酚和汞组成的复合含镍废水体系，吸附实验结果表明活性炭粉末可以同时去除废水中的有机污染物和重金属离子。V. K. Gupta[105]等人用制糖工业产生的废物飞灰处理废水中的镍和镉，结果表明，该吸附过程为吸热反应，当吸附时间分别为 60min 和 80min 时，镉和镍的去除率均可达到 80%。

近年来，因纤维状吸附材料直径小（<10μm），比表面积大，具有吸附率高、吸附速率快和洗脱率高、渗透稳定性极好等优点，作为吸附与离子交换的新型材料人们开始将其应用于废水的处理。吴之传[106]等人采用偕胺肟螯合纤维（AOCF）作吸附材料，对镀镍废液中的镍离子进行吸附去除。试验结果表明，AOCF 对镀镍废液中的镍离子的吸附最佳条件为：pH=2.5，吸附时间 $t$=80min；静态吸附时 AOCF 用量为 5.0g 时，可以一次性处理电镀废液 100mL、累积处理 300mL 的废液达国家排放标准。动态吸附下，柱径 50:1、柱长 50cm 的 AOCF，以 $10 \times 10^{-3}$ mL/s 的流量，镀镍废液循环 4 次处理后达排放标准。偕胺肟螯合纤维能累积处理 400mL 的废液达国家允许排放标准。吸附镍离子后 AOCF 用稀酸浸泡 1~2h，纤维的颜色由淡绿色变为白色，取出用水洗涤、挤干，这样 AOCF 再生后可以继续使用。AOCF 对镍离子的吸附符合 Freundlich 等温经验式。目前还开发出一类新型材料（含氮类螯合树脂[107]），该材料的核心就是利用氨基可与铜、镍等重金属离子形成稳定的螯合环，选择性地吸收此类离子。采用此类吸附剂可减少 80% 以上的重金属污泥，还可以将 90% 以上的过程用水转换成清洁用水再使用，大幅降低了废水污染的防治成本。范建凤[108]等人采用壳聚糖吸附化学镀镍废液中的镍离子。近几年来，人们对具有特别选择性、螯合离子能力强的高分子化合物的研究越来越关注，壳聚糖是一种天然的阳离子交换树脂，能与很多金属离子形成配合物，具有多孔结构，大的比表面积，能够大容量的吸附金属离子。范建凤等人的研究结果表明，pH 值是影响吸附的主要因素，在 pH 值 5.0 的酸性条件下，吸附效果较好，壳聚糖对镍离子的静态饱和吸附量为 72.25mg/L，壳聚糖能重复使用三次，对镍离子吸附率的影响不大，镀镍废液中的乳酸络合剂的投加量对壳聚糖吸附镍离子效果影响不大，其他离子对吸附产生影响。齐延山[109]

等人用粉状活性炭吸附废液中的镍离子。研究结果表明，粉状活性炭吸附络合镍离子为单分子层吸附，在 1h 内可以完成吸附作用，当溶液的 pH 值为 11.0、粉状活性炭的投加量为 10.0g/L 时，镍离子的去除率在 72% 左右，吸附量为 1.45mg/g。吸附饱和的粉状活性炭用 0.1mol/L 的 HCl 溶液解析，镍离子的洗脱率达到 91% 以上，粉状活性炭再生 5 次后，其吸附镍离子的能力与开始基本相近，可以实现吸附剂的多次重复使用。同时，用高锰酸钾改性粉状活性炭后其对镍离子的去除率比未改性前提高 25.3%，吸附能力达到了 97.6%。印度的 Amit Bhatnagar[110]用石榴皮作吸附剂吸附废水中的镍，最大的吸附量可达 52mg/g。罗道成[111]采用聚季铵盐聚丙烯酰胺对电镀废水中 $Ni^{2+}$ 的吸附，结果表明，在废水 pH 值为 6.0~8.0、$Ni^{2+}$ 浓度 0~100mg/L 范围内，吸附时间为 80min、吸附温度为 20℃时，按 $Ni^{2+}$ 与 PQAAM 质量比为 1∶30 投加 PQAAM 进行处理，$Ni^{2+}$ 去除率可达 98% 以上。含 $Ni^{2+}$ 电镀废水经 PQAMM 吸附后，废水中 $Ni^{2+}$ 的含量低于国家排放标准，PQAMM 吸附 $Ni^{2+}$ 后经脱附再生可重复使用。天然斜发沸石经 NaOH 熔融改性[112]处理，制得与天然斜发沸石孔道不同的新型改性沸石（Na-Y型沸石），其对电镀废水中的 $Ni^{2+}$ 有较高的吸附效率，吸附时间、pH 值、温度及 Na-Y 型沸石的投加量对 $Ni^{2+}$ 的去除率有一定的影响。在室温、pH＝4.50 的条件下，加入改性沸石 0.4%、吸附时间为 2h 时，废水溶液中 $Ni^{2+}$ 的去除率达到 99% 以上，处理后废水中 $Ni^{2+}$ 含量低于国家排放标准要求。处理后的 Na-Y 型沸石经 HCl、NaCl 混合溶液再生后可重复使用。再生后吸附量有所下降，但下降不明显，表明 NaY 型沸石可用于处理实际含镍废水。多种氨基试剂经氯化和胺化反应对稻草秸秆[113]进行改性，制成多种改性氨基纤维并用于电镀废水中重金属离子 $Fe^{3+}$、$Ni^{2+}$、$Cu^{2+}$、$Zn^{2+}$ 的吸附，结果表明，乙二胺基稻草纤维吸附 $Fe^{3+}$、$Ni^{2+}$、$Cu^{2+}$、$Zn^{2+}$ 的性能明显优于稻草纤维原料和其他氨基改性稻草纤维。氨基改性稻草纤维对金属离子吸附能力与含氮量有一定的相关性。乙二胺基稻草纤维吸附电镀废液中 $Fe^{3+}$、$Ni^{2+}$、$Cu^{2+}$、$Zn^{2+}$ 的效果明显。于泊蓂[114]采用氢氧化镁吸附处理废水中的镍离子，常温下，废水 pH 值在 4.8~8.6 之间时，以 1.5g/L 的投加量加入氢氧化镁搅拌 4min，废液中镍离子去除率达到 90% 以上。回收吸附过镍离子的氢氧化镁经过轻烧后仍能处理工业含镍废水，且效果显著。周笑绿[115]等人将粉煤灰与 NaOH 溶液按 1∶6 的比例混合成泥浆状，在 95℃合成 48h，分别用去离子水、95% 乙醇反复清洗，得到的产品再用 1mol/L NaCl 溶液进行钠饱和，最后用去离子水洗涤钠饱和沸石 4 遍，95% 乙醇洗涤 3 遍后烘干，得到改性后的粉煤灰产品。处理含镍废水，在 pH 值小于 7 时，吸附起主导作用；pH 值大于 8 时，由于沉淀作用，处理效果急剧增加；当 pH 值为 10 时，对镍的去除率接近 100%。

　　吸附法的优点是吸附后的材料可以再生、重复使用，但其去除效果较差，且不能回收利用重金属资源，因此其应用受到了一定的限制。

### 8.3.7 其他处理工艺

目前正在探索将较为先进的某些近代技术应用于化学镀镍废液处理中，比如，生物法、有机溶剂萃取法、间隔取液法、冷冻法和综合处理法等。这些处理技术和设备正在应用试验之中，目前存在问题是投资成本、操作费用较高。考虑到世界各国保护环境将对三废排放执行更加苛刻严厉的控制，加上能源资源价格的上涨因素，采用高效率的先进技术处理化学镀废水的技术经济性问题，将会逐步得到解决。

#### 8.3.7.1 生物法[116]

生物法[30,117]处理镀镍废水技术，主要依靠人工培养一种复合功能菌，这种功能菌具有酶的催化转化作用、静电吸附作用、络合作用、絮凝作用、包藏共沉淀作用以及对 pH 值的缓冲作用。在废水处理中，通过功能菌的作用，使废水中的镍离子被菌体吸附和络合，经固液分离，废水达标排放或者回用，重金属离子沉淀成污泥，功能菌在一定温度下靠养分不断繁殖生长，从而长期产生废水处理所需的菌源。生物法不使用化学药剂，污泥量比较少，处理方法简便，综合处理能力较强，但功能菌繁殖速度缓慢，平均需要 24h 以上，反应效率也需要提高，且处理后的废水中含有大量的微生物，不能用于工业生产，只能配菌或者冲洗厕所。

由于重金属盐对微生物的毒害作用较大，目前关于生化法处理化学镀镍废液应用的文献较少。T. Pümpel[118,119] 等人用生物流化床处理化学镀镍废液，并取得了一定效果。实验表明，完全溶解在废液中的镍通过生物沙滤装置时的去除率为 1mg/L。作者还建立了废水中镍形态的模型，通过 PHREEQC 预测过滤器中镍可能生成的沉淀物；然后用电子显微镜和 X 射线衍射分析镍的形态，结果表明在细菌体内，镍都以 $Ni_3(PO_4) \cdot 2.8H_2O$ 和羟基磷灰石的形态存在；XRD、TEM 和 EDAX 验证了 PHREEQC 模型预测所得镍的形态。实验结果还表明，镍的去除与细菌的新陈代谢过程及细菌体内的酶有关。此外，细菌表面的生物吸附作用可以去除镍，且形成晶核；生物膜可捕捉沉淀和胶体，形成结晶；金属离子可通过化学渗透外排，使胞外的 pH 值升高；有 1% 的镍去除率是通过生物吸附作用完成的，降低 pH 值可提高镍的去除率。

生物法中，功能菌对镍离子的富集程度很高，污泥的生成量较少，成本较低。但是功能菌的繁殖速度非常慢，抗冲击负荷能力较差，处理后的化学镀镍废液虽能达标排放，但其中却有大量的微生物，在工业中不能得到有效的回用。

#### 8.3.7.2 有机溶剂萃取法

萃取法[120]利用有机物溶剂萃取镀镍废液中的镍，并用硫酸反萃取液，以制取工业级硫酸镍。

Tanaka M[121]等用有机溶剂萃取的方法来处理化学镀镍废液。他们选用 2-羟基-5-壬基-苯乙酮肟作萃取剂、2-乙基-己基膦酸作加速剂, 萃取去除镍, 考察了加速剂、流速和萃取剂用量对实验效果的影响。研究结果表明, 随着加速剂投加量的增加, 镍的提取效率显著增加; 有机相和水相流速对镍的提取率和分离效率都有较大的影响。采用三相逆流过程萃取时, 镍的萃取效率最高可达 99.9%, 而在两相萃取中浓硫酸镍溶液浓度最高只能达到 $0.49 \mathrm{kmol/m^3}$, 萃取效率仅为 98.4%。在工程应用中, 该项连续萃取技术能有效地回收化学镀镍废液中的镍。Y. Huang[122]等利用有机溶剂萃取法处理化学镀镍废液的研究表明, 采用多级萃取可以有效地回收镍; 分析了有机物用量与萃取效率的关系, 拟定了萃取模型。试验结果表明, 当两相流速分别为 $2.2 \times 10^{-4} \mathrm{m/s}$ 和 $1.5 \times 10^{-3} \mathrm{m/s}$ 时, 萃取效果较好, 界面萃取速率约为 $4.9 \times 10^{-7} \mathrm{m/s}$; 当 $T = 295 \sim 299 \mathrm{K}$ 和 $5.9 \times 10^{-7} \mathrm{m/s}$ 时, 使用模型分析可以有效地估算工程中镍的萃取率, 并确定最佳工艺条件。J. E. Silva[123]等人用 2-乙基磷酸 (D2EHPA) 和 2, 4, 4-三甲基戊基膦酸 (Cyanex272) 及煤油作为萃取剂处理化学镀镍废液。为了便于萃取去除废液中的锌和镍, 先通过沉淀去除废液中的铜和铬, 然后再进行萃取实验。实验探讨了变量如 pH 值、接触时间、萃取剂浓度、初始条件以及不同浓度的硫酸对镍提取率的影响, 并用沉淀分离出废液中的锌, 有效地回收了纯硫酸镍。初步研究结果表明, D2EHPA 对镍的萃取效果很好, 用硫酸反萃取 Cyanex272 后, 硫酸镍的提取率更高。江丽[18]等人采用二-(2-乙基己基)磷酸-煤油三级逆流萃取化学镀镍废液中的镍, 萃取率达 96%以上。萃取液以硫酸反萃取, 制取工业级硫酸镍。邓锋[54]用碱性萃取剂三-辛基甲基氯化铵 (TOMAC) 萃取苛性碱化学镀镍废液中的镍和柠檬酸盐, 螯合萃取剂取代 8-羟基喹啉 (LIX26) 有利于萃取氨碱型化学镀镍废液中的镍, 萃取率均大于 90%, 用稀盐酸反萃取。

萃取法的操作非常简单, 可有效地提取重金属污染物, 且萃取剂还能循环使用; 但萃取液的用量太大, 反应较慢, 不易用于工业。

### 8.3.7.3 间隔取液法

间隔取液法又称弃补溶液法, 是指定期抽取一部分因为磷酸根等副产物的积累而老化的化学镀镍溶液, 并及时补充一定量新镀液的方法。取液周期和数量及增加的新溶液量可根据实验确定。一些学者的研究表明, 该法能有效地延长化学镀镍液的使用寿命。

前人的研究表明, 当每升镀液沉积 $1200 \mathrm{cm^2}$ 左右的镀层时, 弃去 10%左右的镀镍溶液, 并补充适量的有效成分可使之再生, 连续进行 31 次的间隔取液操作后, 化学镀镍溶液仍是透明清澈的且能继续使用。间隔取液法简单易行, 且能使化学镀镍液寿命得到有效的延长, 但不能无限期的使用, 且仍会产生一定量的废液。张永声[124]等人发现，每升镀液沉积约 1200cm² 的镀层后，弃去约 10% 的旧液，补充成分使之再生，实践补加 31 次，镀液仍清澈透明，可继续使用。日本学者研究了弃液量与工作周期数的关系，每周期弃去旧液 10%，镀液使用周期提高近 1 倍。

该法的优点是简单易行，有效延长镀液寿命。但其根本在于通过弃去旧镀液以降低亚磷酸根的浓度，故不能无限期使用。

### 8.3.7.4  冷冻法

利用各种亚磷酸盐的溶解度不同，通过降低溶液温度结晶出有害的亚磷酸根。该方法可在生产过程中连续取液操作。

### 8.3.7.5  综合处理法

化学镀镍废液组分相当复杂，使用单一的处理方法很难达标。因此，许多学者通过两种或多种工艺的组合来处理废液。

P. T. Bolger[117]等人综合了化学镀镍废液处理及延长其使用寿命的方法。J. J. Qin[30, 125]等人采用超滤/反渗透膜法（UF/RO）再生化学镀镍废液，并考察了 pH 对处理效果的影响。实验在 pH 值为 2.54~6.64 的范围内进行，用超滤对废液进行预处理。研究结果表明，当溶液 pH 值为 3.68 时，镍离子不能通过超滤膜，但当 pH 值升高，镍离子通过率随之升高，当 pH 值为 6.64 时，其通过率可达到 98.7%。对于反渗透系统，渗透膜的 pH 值远高于废液的 pH 值，临界点渗透 pH 值等于进料的 pH 值约为 6。反渗透装置中污染物的浓度随着进料 pH 值的增加而减少，渗透电导率随进料 pH 值的上升而下降，膜的通量随着进料 pH 值的增加而增加，总有机碳（TOC）随着进料 pH 值的增加而增加。因此，pH 值对超滤/反渗透膜装置有很显著的影响，最适宜的 pH 值在 3.7~5.6 之间。F. S. Wong[126]等人采用微滤、紫外线照射、活性炭吸附、纳滤和离子交换等复合工艺处理并回收化学镀镍废水。处理过程包括四个步骤：（1）废水的分流，该步骤把化学镀镍冲洗水与其他的污染更严重的废水分离开来处理；（2）预处理，主要去除废水中的微粒、微生物和游离氯，并降低废水 TOC；（3）去除重金属，预处理后的废水分流进入浓缩装置和由纳滤膜组成的渗透装置；（4）终极处理，通过混合床去除离子，终极处理后的废水返回电镀清洗槽重复使用。初步研究结果表明，使用纳滤膜系统，能连续回收高品质的水（不含重金属且电导率为 5S/cm），废水回收率达到 90%。使用这种混合工艺处理回收化学镀镍废水，不会对环境产生不利影响。还设计出一个处理能力为 25m³/h 的 NF 系统，该系统预测回收期为 13 至 18 个月，适合处理含重金属镍的废水。

综上所述，化学沉淀法和氧化还原法具有工艺成熟、成本低廉、操作方便和效果显著等特点，在中小型企业的应用前景十分广泛，但仍需开展减少废渣生成量的深层次研究，加强对废液中重金属资源和磷的有效利用，尽量避免产生二次污染。萃取法萃取剂用量较大，在我国很少有工业化的应用。电解法比较先进，但其能耗较高，且不能实现废水的达标排放。电渗析法和离子交换树脂法产生的污染小，自动化程度很高，能再生废液，大大地延长镀液的使用寿命，实现资源的循环利用，但其投资较大，维护费用也很高，在小企业很难得到应用。因此，其适用于大型连续生产的企业，若与其他的处理技术结合，可能会使化学镀镍系统实现全封闭和无排放。

### 8.3.8　化学镀镍废液处理方法的比较和展望

由于化学镀镍废水成分复杂，任何一种单一的方法都不能很好地达到处理目的。目前采用的主要是以下几种方法的配合使用，即氧化法、沉淀分离法、电渗析法、细菌分解法、电化学方法、离子交换等方法。

单纯使用钙盐沉淀法很难去除镀液中的次磷酸根，因而事先要将次磷酸根氧化成亚磷酸根或正磷酸根。这种方法也很难处理有机酸，当有机酸浓度过高时，即便采用次氯酸氧化法也十分困难。

从处理原理上看采用离子交换膜进行离子交换，或者采用电渗析法是最好的，然而由于离子交换膜以及交换树脂的选择十分困难，价格十分昂贵，操作也比较复杂，因而目前它的使用并不十分广泛。

从另一个角度看，可以将废液进行电化学处理，最理想的是使镍离子在阴极还原，而亚磷酸及有机酸在阳极氧化，这种方法虽然有一定效果，但有机酸很难在阳极发生完全氧化。

综上所述，现有的各种工艺对节省能源、资源的有效利用和环境保护都有一定的作用。今后发展方向是将各种工艺有效组合，一方面回收其中有价值的金属资源、磷资源；另一方面延长镀液的使用寿命，降低化学镀镍成本，达到环境效益和经济效益的统一。

## 8.4　化学镀镍废液的再生利用

### 8.4.1　电渗析法

电渗析法的原理是在电场力作用下，溶液中的阴、阳离子分别透过阴、阳离子交换膜，达到溶液脱盐目的，可大量去除有害的亚磷酸根离子和无用的钠离子、硫酸根离子，并尽量保留镀液中的 $Ni^{2+}$、次亚磷酸根离子和有机酸，使镀液得到再生。

哈尔滨工业大学李朝林等人[31, 32, 127]用自制的电渗析装置净化再生化学镀镍废液，研究了国产 3361 和 3362 非均相离子交换膜、日本 Tokuyama 公司的 AM、CM 型均相离子交换膜、国产聚乙烯均相离子交换膜后发现，非均相膜在选择性和脱盐率两方面均优于均相膜，镀液中亚磷酸根、钠盐、硫酸盐均被去除50%；以络离子形式存在的镍损失不到30%，次亚磷酸根仅被去除10%，处理后镀液重新用于施镀，镀层外观、耐蚀性、结合力符合生产要求，将镀液使用寿命延长至少17个周期。殷雪峰[128]等人用电渗析法，使化学镀镍老化液中亚磷酸根、$Na^+$、$SO_4^{2-}$被大量脱除，而$Ni^{2+}$、次磷酸根、有机酸的损失很少，达到再生化学镀镍老化液的要求。最佳工艺参数为：室温，pH = 5.0，电流密度300mA/$cm^2$，流速75L/min。赵雨[129]等人及大连理工大学的金帅[130]对电渗析法再生化学镀镍老化液进行了研究。赵雨等人采用3种离子交换膜对化学镀镍废液进行电渗析再生处理，结果表明，在电流密度为65mA/$cm^2$的条件下，镀液中的有害成分$HPO_3^{2-}$可被大量去除，在补加有效成分后可以达到回用目的。金帅在电渗析法处理化学镀镍老化液的实验中，对电流密度、pH值、流量、温度四个参数对离子的去除率和选择性能的影响进行了实验研究，得出的最优工艺条件是：电流密度65mA/$cm^2$，pH值4.5，物料流量100L/h，温度为15℃。在此条件下经过电渗析处理的老化液在使用16周期后仍可再生利用，在再生液中得到的镀层的外观、磷含量、硬度等性能指标都可以满足生产使用要求。

电渗析法可大大延长镀液使用寿命，节省镍、磷资源，降低化学镀镍成本，具有显著的经济效益和环境效益；不足之处是一次投资成本高、操作费用高、能耗大。

### 8.4.2  碳酸钙过滤床法

萨如拉[131]等人采用碳酸钙过滤-离子交换法去除废液中的有害成分亚磷酸根、硫酸根、钠离子，使化学镀镍废液得到净化再生。研究确定了本实验的优化工艺条件为：碳酸钙过滤床，pH值为7，静置时间2h，流速1.1m/h，室温，循环处理；离子交换，pH值为7，流速1m/h。在此优化条件下，亚磷酸根、硫酸根、钠离子的去除率分别达到50%、30%、80%，能满足回用的要求。

### 8.4.3  钙盐沉淀法

冯立明[132]以CaO和$(NH_4)_2CO_3$为沉淀剂，通过二次沉淀，获得一种节省镍资源，减少污染、提高经济效益和环境效益的化学镀镍液再生工艺，研究结果，在投料比$[Ca^{2+}]/[HPO_3^{2-}] = 1.1$、处理时间为3.5h下，在室温至85℃范围内，亚磷酸盐和硫酸盐的去除率达到95%和57%以上，镍的损失率不超过10%，次磷酸盐没有变化，络合剂总量损失在46%~50%，残余的钙离子利用碳酸铵去除后，再用活性炭吸附处理，镀液主要成分基本没有变化，再生后的镀液沉积速度、镀层硬度、孔隙率等指标与新配镀液接近。戎馨亚[133]等人采用可溶性钙盐对以乳酸为络合剂，次磷酸盐为还原剂的失效化学镀镍溶液的再生进行研究，研究结果表明，这是一种比较理想的方法，并且可以多次再生，再生后镀速和镀层外观均与新配槽液相当。再生的最优条件是：在 pH = 5.5～5.8，温度为 45～50℃，搅拌 2h，陈化 0.5h，$CaSO_4$ 分三次加入的情况下，可以使失效槽液中的 $Na_2HPO_3$ 从 156g/L 降到 23.06g/L，去除率达到 85%，而镍盐降低的很少。对于槽液中过量的 $SO_4^{2-}$ 可以采用冷冻法（5～10℃）使它以 $NaSO_4 \cdot 7H_2O$ 或 $NaSO_4 \cdot 10H_2O$ 形式结晶而除掉。孙鸿燕[134]等人采用可溶性钙沉淀法去除废液中的亚磷酸盐和硫酸盐，之后加入可溶性氟化物以去除溶液中残余的钙离子。$[Ca^{2+}]/[HPO_3^{2-}]$ 的投入比为 0.32 时，亚磷酸根离子的去除效果最佳，达到 67%，去除钙离子时，$[Ca^{2+}]/[F^-]$ 的最佳投入比为 0.5，此时溶液中价格较贵的络合剂浓度几乎不损失，镍离子浓度因总体积减小反而增大 29%。处理后的溶液补充硫酸镍和亚磷酸盐得到再生工作液，再分别用于对铁基体和铝基体施镀，其施镀速度都稍有提高，所得镀件的效果良好。王利[62]等人以钙盐沉淀法对玻璃纤维化学镀镍钴磷废液的再生进行了研究，以乙酸钙为沉淀剂，考察了在不同的温度、用量、pH 值以及反应时间条件下，去除亚磷酸根的情况，讨论了采用 $Ca(OH)_2$、CaO 为沉淀剂的除磷效果；以乙酸钙处理后的废液对玻纤施镀，用扫描电镜和能谱分析对镀层进行了分析，得知施镀效果较好，从亚磷酸根的去除效率以及施镀效果综合考虑，得出用乙酸钙处理废液时的最佳条件为：反应温度 40～50℃，反应时间 20min，乙酸钙的投加量为 90～100g/L。通过该方法对化学镀镍废液的净化与再生，即脱除一部分反应副产物亚磷酸根，镀液经调整补加成分后继续使用，得到了镀层外观良好，导电性优良的玻璃纤维，既延长镀液的使用寿命、降低成本，又减少污染物的排放，具有经济与环境的双重效应。该方法工艺简单，成本低，但须加强对镍、磷资源有效利用的深层次研究，开发废渣的综合利用途径，避免废渣填埋的二次污染。梅天庆[135]等人采用氢氧化钙沉淀法去除化学镀镍液中的亚磷酸根、硫酸根等有害离子，并用氟化物去除多余的钙离子（因为 $F^{2-}$ 和 $Ca^{2+}$ 生成沉淀的溶度积常数很小，可以大大降低 $Ca^{2+}$ 的质量浓度，另外，适量氟化物的存在对施镀无大的影响），分析了亚磷酸根去除率与钙离子添加量、沉淀时间、温度的关系，研究结果表明，氢氧化钙投加量最好为计算量的二分之一，可以尽量避免镀液自分解同时有效去除有害离子，时间控制在 6h 以上，温度为 55℃时，反应能够充分进行，可以有效去除镀液中的有害离子，得到的新镀液具有较好性能，能够实现化学镀镍废液循环利用。

### 8.4.4 电解再生法

金海玲[136]等人进行了化学镀镍废液的电解净化再生研究，结果表明，通过电解再生产生的镍离子代替化学镀镍工艺中所需的硫酸镍是可行的，其操作简便，成本低廉，电解后槽液的性能与药品补充的相当。电解再生一定程度上将化学镀镍废液中的产物亚磷酸钠转化为次磷酸钠，但其结果不稳定，有待进一步分析和探讨。该研究还发现利用化学镀镍和电镀复合沉积工艺（即电镀时所耗用的亚磷酸盐为化学镀镍的有害副产物），既可减小镀液中亚磷酸钠的含量，还可使化学镀液得到再生和提高镀层镀速。

电解再生可代替药品法对旧化学镀镍槽液中的 $Ni^{2+}$ 进行补充，操作简单易行，成本低廉，再生后槽液的性能与药品补充的槽液相当。最理想的是使镍离子在阴极还原，而亚磷酸及有机酸在阳极氧化，这种方法虽然有一定效果，但有机酸很难在阳极发生完全氧化。

### 8.4.5  其他工艺法

马楠[50]等人采用 $NaOH-KMnO_4-CaCl_2$ 的沉淀-氧化-沉淀三步处理法，使化学镀镍废液中的镍磷含量大大降低，达到国家排放标准，COD 去除率达 74%。于秀娟[19]等人采用 $Ca(OH)_2$ 沉淀镍后用硫酸溶解回收，$Ca(ClO)_2$ 氧化次亚磷酸根、亚磷酸根后形成正磷酸钙沉淀，排放液中镍、磷浓度均低于国家排放标准。沉淀中镍低于 1.4mg/kg，以 $P_2O_5$ 计的磷含量高达 67.3%，符合农用污泥污染物控制指标，可作农业肥料使用。王卫红[51]等人探索将除镍化学镀镍液制成浓缩液复合肥用于芥菜、玉米生长，肥效与过磷酸钙复合肥无显著差异，提高了土壤 N、P、K 含量。

沉淀法会产生大量的含镍废渣，这种废渣的处理费用很高，以往采取填埋处理，易造成二次污染。日本的 Taihei 化工有限公司找到了一种新的沉淀法处理化学镀镍老化液。首先，按照每摩尔镍离子加入 1~1.3mol 草酸的比例向老化液中投加草酸，使镍离子以草酸镍形式沉淀出来，最佳条件：pH 值为 1.8~2.4、温度为 70℃下反应 3h，以确保反应完全。沉淀可经高温煅烧成为镍的氧化物，作为再生镍源。再向老化液中加入无机硫化物和石灰，进一步形成沉淀，将沉淀在空气中高温煅烧，使其中的有机物分解，转变为具有一定医用价值的磷石灰。此方法不仅使老化液达到了排放标准，且做到了废物回收利用。

## 8.5  展望

虽然近几年来镀液的回收和再生技术有了新发展，但还面临一些问题。现有的化学镀镍废液处理工艺在保护环境、利用资源和节约资源方面都有一定的成效，但目前还没有一套成熟可靠的、经济方便的、行之有效的处理方法。化学镀镍废液处理工艺发展的方向是：在实现废液达标排放的同时有效地回收废液中的镍资源和磷资源，实现经济效益和环境效益的双赢。从目前情况来看，采用多种方法综合处理化学镀镍废水是比较有效的途径。相信随着科技的不断进步，在不久的将来简单高效的化学镀液处理及再生方法将会取得突破性的进展。

# 参 考 文 献

[1] 张丽峰，杨军. 沉淀转化法处理化学镀镍废液 [J]. 油气田地面程，2007，26（1）：34~35.

[2] Juttner K，Galla U，Schmieder H. Electrochemical approaches to environmental problems in the process Industry [J]. Electrochemical Acta，2000，1（45）：2575~2594.

[3] Martyak N M. Counterion effects during electroless nickel plating [J]. Metal Finishing，2003，101（3）：41~47.

[4] Liu Z M，Gao W. Electroless nickel plating on AZ91 Mg alloy substrate [J]. Surface and Coatings Technology，2006，200（16~17）：5087~5093.

[5] 翟金坤，黄子勋. 化学镀镍 [M]. 北京：北京航空航天大学出版社，1987.

[6] 戎馨亚，陶冠红，何建平，等. 化学镀镍溶液的处理及回收利用 [J]. 电镀与精饰，2004，23（6）：30~35.

[7] Martyak N M. Removal of orthophosphate ions from electroless nickel plating baths [P]. United States Patent：6048585，2000-04.

[8] 李宁，袁国伟，黎德育. 化学镀镍基合金理论与技术 [M]. 哈尔滨：哈尔滨工业大学出版社，2000.

[9] 沃尔夫冈·里德尔. 化学镀镍 [M]. 上海：上海交通大学出版社，1996.

[10] Green T A，Roy S，Scott K. Recovery of metal ions from spent solutions used to electrodeposit magnetic materials [J]. Separation and Purification Technology，2001，22（1~3）：583~590.

[11] 韦友欢，黄秋蝉，苏秀芳. 镍对人体健康的危害效应及其机理研究 [J]. 环境科学管理，2008，33（9）：45~48.

[12] 康立娟，孙凤春. 镍与人体健康及毒理作用 [J]. 世界元素医学，2006，13（3）：39~42.

[13] 刚葆琪，庄志雄. 我国镍毒理学研究进展 [J]. 卫生毒理学杂志，2000，14（3）：129~135.

[14] 叶春雨. 化学镀镍废液的资源回收与处理 [D]. 乌鲁木齐：新疆大学，2009.

[15] 刘彦明. 碱性化学镀镍废液的净化处理 [J]. 环境污染与防治，2000，22（2）：16~19.

[16] 孙红，赵立军，杨永生. 化学沉淀法处理化学镀镍废液中镍的研究 [J]. 黑龙江大学自然科学学报，1999，16（2）：102~105.

[17] 陈志勇，刘彦明，王辉. 化学镀镍液的循环利用及废水处理研究 [J]. 信阳师范学院学报（自然科学版），1996，9（3）：296~299.

[18] 江丽，刘辉. 化学镀镍废液中镍的萃取及综合利用 [J]. 广西化工，1999，28（3）：61~62.

[19] 于秀娟，赵南霞，周力，等. 化学镀镍老化液中镍、磷的处理与回收 [J]. 环境保护科学，2001，27（2）：15~18.

[20] 于秀娟，李淑琴，闫雷，等. 化学沉淀法处理化学镀镍废水的数学模型及应用 [J]. 哈尔滨建筑大学学报，2002，35（6）：33~37.

[21] 刘贵昌，万众，杨长青，等. 化学镀镍废液再生 [J]. 电镀与环保，1997，17（4）：11~14.

[22] 张翼，张婧元，方永奎. 化学镀镍液的再生与回用 [J]. 电镀与精饰，2002，24（1）：5~8.

[23] 尚学军，宋广文. 镍-磷合金化学镀镍在标准砝码表面防护中的应用 [J]. 材料保护，1998，31（10）：27~29.

[24] 姚红宇，聂宇. 化学镀镍液的电解再生 [J]. 电镀与环保，1993，13（2）：16~18.

[25] Cahill C S. Electrolytic Metal Recovery [J]. Products Finishing, 1985, 38 (4): 13~16.

[26] 王海林，郭庆春. 化学镀镍的废水处理 [J]. 电镀与精饰，1993，15（3）：38~39.

[27] 陈军，张允什. 树脂对贮氢合金化学镀镍废液的交换与再生 [J]. 水处理技术，1996，22（2）：119~121.

[28] Glenn O. Mallory, Konrad Parker. The effect of monovalent cations on electroless nickel plating [J]. Plating and Surface Finishing, 1994, 81 (12): 55~59.

[29] 李春华. 离子交换法处理电镀废水 [M]. 北京：轻工业出版社，1989.

[30] Qin J J, Oo M H, Wai M N, et al. Effeet of feed pH on an integrated membrane process for the reclamation of a combined rinse water from electroless nickel plating [J]. Journal of Membrane Science, 2003, 217 (1~2): 261~268.

[31] 李朝林，周定，唐彩虹. 电渗析脱除化学镀镍老化液中亚磷酸盐的研究 [J]. 水处理技术，1997，23（6）：322~326.

[32] 李朝林，周定，唐彩虹. 电渗析法再生化学镀镍液的研究 [J]. 电镀与环保，1997，17（1）：13~15.

[33] 李朝林，周定，唐彩虹. 国外化学镀镍老化液处理现状 [J]. 环境保护科学，1997，23（3）：8~11.

[34] 于秀娟，周定，王海燕，等. 电渗析法净化处理再生、化学镀镍老化液的研究 [J]. 环境科学学报，2000，20（S1）：120~124.

[35] 于德龙，覃奇贤，刘淑兰. 电解回收镀镍废水中镍的研究 [J]. 电镀与环保，1997，17（2）：22~25.

[36] 张利文，黄万抚. 乳状液膜法处理含镍废水的原理与研究现状 [J]. 电镀与涂饰，2003，22（1）：27~29.

[37] 史红文，陈安国，夏畅斌，等. 氢氧化钠-膜过滤法处理含镍电镀废液 [J]. 环境污染与防治，2002，24（2）：93~94.

[38] 屠振密，黎德育，李宁，等. 化学镀镍废水处理的现状和进展 [J]. 电镀与环保，2003，23（2）：1~5.

[39] 闫雷，于秀娟，李淑琴，等. 硼氢化钠还原法处理化学镀镍废液 [J]. 化工环保，2002，22（4）：213~216.

[40] 丘常芳，戴文龙. 硫铁矿处理含镍废水的研究 [J]. 工业水处理，1995，15（5）：14~15.

[41] 郑礼胜，王士龙，张虹，等. 用沸石处理含镍废水 [J]. 材料保护，1998，31（7）：24~25.

[42] 姜述芹，周保学，于秀娟，等. 含镍废水的氢氧化镁净化研究 [J]. 哈尔滨工业大学学报，2003，35（10）：1212~1215.

[43] 沈学优，陈曙光，王烨，等. 不同黏土处理水中重金属的性能研究 [J]. 环境污染与防治，1998，20（6）：15~18.

[44] 朱利中，刘春花. 酸性膨润土处理含重金属废水初探 [J]. 环境污染与防治，1993，15（1）：13~16.

[45] 陈志勇，王辉. 漂白粉氧化处理化学镀镍废液的研究 [J]. 电镀与环保，2001，21（4）：30~31.

[46] 沈伟. 化学镀镍的三废处理 [J]. 材料保护，1995，28（11）：40~42.

[47] 万众. 化学镀镍废液的再生 [J]. 山东师大学报，1996，11（1）：110~112.

[48] 吴隽贤，关山，胡如南. 化学镀镍溶液的再生 [J]. 电镀与涂饰，1999，18（4）：51~53.

[49] 李宁，黎德育，翟淑芳，等. 化学镀镍液的长寿命技术 [J]. 电镀与精饰，2001，23（1）：18~22.

[50] 马楠，徐立冲，陆柱. 化学镀镍废水处理研究 [J]. 净水技术，1996，56（2）：5~8.

[51] 王卫红，吴小令，刘可星，等. 除镍化学镀镍液制成复合肥的芥菜肥效试验研究 [J]. 土壤与环境，2002，11（1）：22~24.

[52] 郭志军，麦青，苏敏. 化学镀镍磷合金的废液处理 [J]. 材料保护，1995，25（1）：25~26.

[53] 袁孝友. 废化学镀镍液合成 N-P 纳米粉 [J]. 电镀与环保，1999，19（5）：31~33.

[54] 邓锋. 溶剂萃取法处理化学镀镍废液 [J]. 有色冶炼，2001，4：7~10.

[55] 任冬艳. 分离化学镀镍废液中亚磷酸盐方法的研究 [D]. 哈尔滨：哈尔滨工业大学，1995.

[56] 于秀娟，周定，闫雷，等. 化学镀镍老化液资源化处理工艺的研究 [J]. 环境保护科学，2003（115）：5~8.

[57] 王娟，常青，刁静茹. 高分子重金属絮凝剂 ISXA 与 ISX 除浊、除 $Ni^{2+}$ 性能的比较研究 [J]. 环境科学学报，2007，27（4）：575~579.

[58] 朱福良，谢建平，黄达，等. 不溶性交联淀粉黄原酸酯的合成及处理含锌废水的研究 [J]. 湿法冶金，2009，28（2）：112~114.

[59] 相波，刘亚菲，李义久，等. DTC 重金属捕集剂研究的进展 [J]. 电镀与环保，2003，23（6）：1~4.

[60] 刘富强，朱兆华，邓华利. 硫化钠沉淀法处理化学镀镍废液 [J]. 环境工程，2008，26（S1）：142~143.

[61] 冯粒克，施银燕，汪向阳，等. 化学沉淀法处理化学镀镍废水的研究 [J]. 山东化工，2010，39（8）：18~20.

[62] 王利，黄英，王艳丽，等. 玻璃纤维化学镀镍钴磷合金废液的处理与回用 [J]. 工业用水与废水，2006，37（3）：41~44.

[63] 刘娟，张振忠，赵芳霞，等. 硼氢化钠还原法从化学镀镍废液中回收镍 [J]. 电镀与环保，2010，30（1）：37~40.

［64］Veglio F, Quaresima, Fornari P, et al. Recovery of valuable metals from electronic and galvanic industrial wastes by electrowinning ［J］. Waste Management, 2003, 23 （3）: 245~252.

［65］冯玉杰. 电化学技术在环境工程中的应用 ［M］. 北京: 化学工业出社, 2002.

［66］Liu C K, Li C W. Simultaneous recovery of copper and surfactant by an electrolytic process from synthetic solution prepared to simulate a concentrate waste stream of a micellar - enhanced ultra-filtration process ［J］. Desalination, 2004, 2 （169）: 185~192.

［67］Zaied M, Bellakhal N. Electrocoagulation treatment of black liquor from paper industry ［J］. Journal of Hazardous Materials, 2009, 2 （163）: 995~1000.

［68］Yi S Z, Ma Y Y, Wang X C, et al. Green chemistry: Pretreatment of seawater by a one-step electrochemical method ［J］. Desalination, 2009, 1 （239）: 247~256.

［69］Tugba Olmez. The optimization of Cr （Ⅵ） reduction and removal by electrocoag- ulation using response surface methodology ［J］. Journal of Hazardous Materials, 2009, 2 （162）: 1371~1378.

［70］Abdelwahab O, Amin N K, El-Ashtoukhy E-S Z. Electrochemical removal of phenol from oil re-finery wastewater ［J］. Journal of Hazardous Materials, 2009, 2 （163）: 711~716.

［71］Njau K N, Woude M vd, Visser G J, et al. Electrochemical removal of nickel ions from industri-al wastewater ［J］. Chemical Engineering, 2000, 3 （79）: 187~195.

［72］Idhayachander R, Palanivelu K. Electrolytic recovery of nickel from spent electroless nickel bath solution ［J］. Journal of Chemistry, 2010, 7 （4）: 1412~1420.

［73］Bolger P T, Szlag D C. Investigation into the rejuvenation of spent electroless nickel baths by e-lectrodialysis ［J］. Environmental Science and Technology, 2002, 36 （10）: 2273~2278.

［74］Jin Y Z, Zhang Y F, Li W. Micro-electrolysis technology for industrial wastewater treatment ［J］. Journal of Environmental Science, 2003, 15 （3）: 334~338.

［75］刘西德. 化学镀镍废水的处理 ［J］. 枣庄学院学报, 2005, 22 （5）: 77~79.

［76］叶春雨, 黄雪莉, 刘桂昌, 等. 电解法回收化学镀镍废液中镍的研究 ［J］. 辽宁化工, 2009, 38 （8）: 512~515.

［77］闫雷, 于秀娟, 李淑芹. 电解法处理化学镀镍废液 ［J］. 沈阳建筑大学学报 （自然科学版）, 2009, 25 （4）: 762~766.

［78］张少峰, 胡熙恩. 脉冲电解法处理含镍废水 ［J］. 环境科学与管理, 2011, 36 （11）: 91~95.

［79］崔磊, 王维德, 倪海霞, 等. 化学镀镍废液亚磷酸盐的电解转化研究 ［J］. 水处理技术, 2006, 32 （7）: 36~38.

［80］赵静怡, 王三反, 唐玉霖. 膜电解法处理含镍废水的技术经济性能研究 ［J］. 铁道劳动安全卫生与环保, 2006, 33 （1）: 16~20.

［81］Papadopoulos A, Fatta D, Parperis K, et al. Nickel uptake from a wastewater stream produced in a metal finishing industry by combination of ion-exchange and precipitation methods ［J］. Separation and Purification Technology, 2004, 39 （3）: 181~188.

［82］宫成云. 电化学与化学法结合再生化学镀镍老化液 ［D］. 大连: 大连理工大学, 2009.

［83］付丹. 离子交换技术与镀镍废水处理［J］. 电镀与环保，2006，26（3）：36~37.

［84］展漫军，毛宇晖，刘国光. 化学镀镍废液的处理及再生技术研究进展［J］. 化工环保，2004，24（5）：340~342.

［85］孙志良. 离子交换法净化酸性化学镀镍废液的研究［J］. 上海环境科学，1984，3（5）：2~4.

［86］谢东方，田国元，李玉清，等. 化学镀镍废液预处理工艺改造［J］. 水处理技术，2005，31（4）：80~82.

［87］王海燕，于秀娟，周定，等. 化学镀镍废液再生技术研究现状［J］. 材料保护，2000，33（7）：9~10.

［88］Auderson R W, Neff W A. Electroless nickel bath recovery by cation change and precipitation［J］. Plating and Surface Finishing, 1992, 79（3）：18~26.

［89］Rahman Ismail M M, Furusho Y, Begum Z A, et al. Separation of lead from high matrix electroless nickel plating waste solution using an ion-selective immobilized macrocycle system［J］. Microchemical Journal, 2011, 98（1）：103~108.

［90］Lu H X, Wang J Y, Bu S F, et al. Influence of resin particle size distribution on the performance of electrodeionization process for $Ni^{2+}$ removal from synthetic wastewater［J］. Separation Science and Technology, 2011, 46（3）：404~408.

［91］Ken H, Muneo M, Hidehiro N, et al. Method for circulating electroless nickel plating solution［P］. United States Patent：6245389B1, 2001-12.

［92］楼永通，陈玲芳，方丽娜，等. 膜分离技术与电镀清洁生产［J］. 水处理技术，2005，31（3）：80~82.

［93］王洪刚，李淑民，韩永艳. 含镍电镀废水处理技术研究进展［J］. 河北化工，2012，35（4）：57~60.

［94］胡齐福，吴遵义，黄德便，等. 反渗透膜技术处理含镍废水［J］. 水处理技术，2007，33（9）：72~74.

［95］谭永文，张维润，沈炎章. 反渗透工程的应用及发展趋势［J］. 膜科学与技术，2003，23（4）：114~119.

［96］Helmut H. Extending the operating life of electroless nickel by chemical means［J］. Metal Finishing, 2004, 102（10）：38~41.

［97］Heydecke J, David C. New process technology for electroless nickel［J］. Galvanotechnik, 2005, 96（3）：713~722.

［98］Longfield P D, Rauppius R, Richtering W. Novel long-life electroless nickel with continuous regeneration by electrodialysis［J］. Metal Finishing, 2001, 99（5）：38~43.

［99］Crotty D E. A comparison of alkaline zinc plating with potassium & sodium salts［J］. Plating and Surface Finishing, 2001, 88（7）：48~53.

［100］Li C L, Zhao H X, Tsurua T, et al. Recovery of spent electroless nickel plating bath by electrodialysis［J］. Journal of Membrane Science, 1999, 157（2）：241~249.

［101］Genc-Fuhrman H, Mikkelsen P S, Ledin A. Simultaneous removal of As, Cd, Cr, Cu, Ni and

Zn from stormwater: Experimental comparison of 11 different sorbents [J]. Water Research, 2007, 41 (3): 591~602.

[102] Yavuz O, Altunkaynak Y, Guzel F. Removal of copper, nickel, cobalt and manganese from aqueous solution by kaolinite [J]. Water Research, 2003, 37 (4): 948~952.

[103] Ngomisk A F, Bee A, Siaugue J M, et al. Nickel adsorption by magnetic alginate microcapsules containing an extractant [J]. Water Research, 2006, 40 (9): 1848~1856.

[104] Rajeshwarisivaraj, Subburam V. Activated parthenium carbon as an adsorbent for the removal of dyes and heavy metal ions from aqueous solution [J]. Bioresource Technology, 2002, 85 (2): 205~206.

[105] Gupta V K, Jain C K, Ali L, et al. Removal of cadmium and nickel from wastewater using bagasse fly ash - a sugar industry waste [J]. Water Research, 2003, 37 (16): 4038~4044.

[106] 吴之传, 陶庭先, 孙志娟. 偕胺肟螯合纤维处理镀镍废液的研究 [J]. 安徽工程科技学院学报, 2003, 18 (2): 8~11.

[107] 任志宏. 重金属废水中含镍废水的处理 [J]. 太原科技, 2007, 16 (2): 72~73.

[108] 范建凤, 王保鱼. 壳聚糖对化学镀镍废液中 $Ni^{2+}$ 的吸附 [J]. 工业水处理, 2007, 27 (12): 46~48.

[109] 齐延山, 陈晶晶, 高灿柱. 活性炭吸附处理化学镀镍废液的研究 [J]. 电镀与精饰, 2011, 33 (6): 39~43.

[110] Bhatnagar A, Minocha A K. Biosorption optimization of nickel removal from water using punica granatum peel waste [J]. Colloids and Surfaces B: Biointerfaces, 2010, 76 (2): 544~548.

[111] 罗道成, 刘俊峰. 聚季铵盐聚丙烯酰胺对电镀废水中 $Ni^{2+}$ 的吸附性能研究 [J]. 材料保护, 2007, 40 (4): 50~53.

[112] 陈尔余. 用新型改性沸石处理含 $Ni^{2+}$ 电镀废水的研究 [J]. 材料保护, 2007, 40 (2): 55~56.

[113] 谭婷, 许秀成, 杨晨, 等. 氨基稻草纤维的制备及对电镀废水中 $Fe^{3+}$、$Ni^{2+}$、$Cu^{2+}$、$Zn^{2+}$ 的吸附 [J]. 现代化工, 2011, 31 (6): 45~47.

[114] 于泊蕖, 吕树芳, 赵建海. 氢氧化镁处理含镍废水条件探索及机理研究 [J]. 工业安全与环保, 2011, 37 (1): 10~11.

[115] 周笑绿, 卢江涛. 改性粉煤灰对含镍废水的吸附研究 [J]. 洁净煤技术, 2009, 16 (2): 97~100.

[116] 陈琳, 李俊儒. 化学镀镍废液处理研究现状 [J]. 化工设计通讯, 2016, 42 (5): 124~126.

[117] Bolger P T, Szlag D C. Current and emerging technologies for extending the lifetime of electroless nickel plating baths [J]. Clean Technologies and Environmental Policy, 2001, 2 (4): 209~219.

[118] Pümpel T, Ebner C, Pernfusz B, et al. Treatment of rinsing water from electroless nickel plating with a biologically active moving-bed sand filter [J]. Hydrometallurgy, 2001, 59 (2~3): 383~393.

[119] Pümpel T, Macaskie L E, Finlay J A, et al. Nickel removal from nickel plating waste water using a biologically active moving-bed sand filter [J]. Biometals, 2003, 16 (4): 567~581.

[120] Sana T, Shiomori K, Kawano Y. Extraction rate of nickel with 5-dodecylsalicylaldoxime in a vibro-mixer [J]. Separation and Purification Technology, 2005, 44 (2): 160~165.

[121] Tanaka M, Huang Y, Yahagi T, et al. Solvent extraction recovery of nickel from spent electroless nickel plating baths by a mixer-settler extractor [J]. Separation and Purification Technology, 2008, 62 (1): 97~102.

[122] Huang Y, Tanaka M. Analysis of continuous solvent extraction of nickel from spent electroless nickel plating baths by a mixer-settler [J]. Journal of Hazardous Materials, 2009, 164 (2~3): 1228~1235.

[123] Silva J E, Paiva A P, Soares D, et al. Solvent extraction applied to the recovery of heavy metals from galvanic sludge [J]. Journal of Hazardous Materials, 2005, 120 (1~3): 113~118.

[124] 张永声, 章兆兰. 化学镀镍液的补充调整及再生方法 [J]. 电镀与精饰, 1989, 11 (1): 37~38.

[125] Qin J J, Oo M H, Wai M N, et al. A dual membrane UF/RO process for reclamation of spent rinses from a nickel-plating operation - a case study [J]. Water Research, 2003, 37 (13): 3269~3278.

[126] Wong F S, Qin J J, Wai M N, et al. A pilot study on a membrane process for the treatment and recycling of spent final rinse water from electroless plating [J]. Separation and Purification Technology, 2002, 29 (1): 41~51.

[127] 王海燕, 周定. 利用电渗析法净化再生延长化学镀镍溶液使用寿命的研究 [J]. 燕山大学学报, 2000, 24 (3): 279~281.

[128] 殷雪峰, 刘贵昌. 电渗析法再生化学镀镍老化液的实验研究 [J]. 电镀与精饰, 2006, 28 (1): 46~49.

[129] 赵雨, 何湘柱, 赵国鹏, 等. 离子交换膜及电流密度对电渗析法再生化学镀镍废液的影响 [J]. 表面技术, 2010, 39 (5): 32~34.

[130] 金帅. 电渗析法再生化学镀镍老化液 [D]. 大连: 大连理工大学, 2007.

[131] 萨如拉, 杨润昌. 化学镀镍废液碳酸钙过滤-离子交换法再生技术研究 [J]. 电镀与环保, 2004, 24 (2): 35~37.

[132] 冯立明. CaO/(NH$_4$)$_2$CO$_3$ 二次沉淀法再生化学镀镍废液工艺及其对镀液成分的影响 [J]. 腐蚀与防护, 2008, 29 (1): 32~34.

[133] 戎馨亚, 吴纯素, 陶冠红, 等. 化学镀镍废液再生 [J]. 航空材料报, 2005, 25 (3): 53~56.

[134] 孙鸿燕, 邱贤华, 史少欣, 等. 化学镀镍废液再生利用工艺研究 [J]. 江西科学, 2007, 25 (13): 99~102.

[135] 梅天庆, 何冰. 化学镀镍溶液再生的方法 [J]. 电镀与精饰, 2011, 33 (9): 21~23.

[136] 金海玲, 胡恭任, 王维德. 化学镀镍废液的电解净化再生研究 [J]. 环境技术, 2004, 22 (3): 24~26.